工程造价编制疑难问题解答丛书

园林绿化工程造价编制 800 问

本书编写组　编

中国建材工业出版社

图书在版编目(CIP)数据

园林绿化工程造价编制 800 问/《园林绿化工程造价编制 800 问》编写组编.—北京:中国建材工业出版社,2012.6

(工程造价编制疑难问题解答丛书)

ISBN 978-7-5160-0103-5

Ⅰ.①园… Ⅱ.①园… Ⅲ.①园林-绿化-工程造价-预算编制-问题解答 Ⅳ.①TU986.3-44

中国版本图书馆 CIP 数据核字(2012)第 008582 号

园林绿化工程造价编制 800 问
本书编写组 编

出版发行:中国建材工业出版社
地 址:北京市西城区车公庄大街 6 号
邮 编:100044
经 销:全国各地新华书店
印 刷:北京紫瑞利印刷有限公司
开 本:850mm×1168mm 1/32
印 张:11
字 数:316 千字
版 次:2012 年 6 月第 1 版
印 次:2012 年 6 月第 1 次
定 价:30.00 元

本社网址:www.jccbs.com.cn
本书如出现印装质量问题,由我社发行部负责调换。电话:(010)88386906
对本书内容有任何疑问及建议,请与本书责编联系。邮箱:dayi51@sina.com

内容提要

本书依据《建设工程工程量清单计价规范》(GB 50500—2008)和园林绿化工程相关概预算定额进行编写,重点对园林绿化工程造价编制时常见的疑难问题进行了详细解释与说明。全书主要内容包括园林绿化工程造价基础,园林绿化工程定额,园林绿化工程工程量清单计价,绿化工程,园路、园桥、假山工程,园林景观工程,园林绿化工程招投标等。

本书对园林绿化工程造价编制疑难问题的讲解通俗易懂,理论与实践紧密结合,既可作为园林绿化工程造价人员岗位培训的教材,也可供园林绿化工程造价编制与管理人员工作时参考。

园林绿化工程造价编制 800 问
编 写 组

主　编：刘　爽
副主编：郭　靖　　梁金钊
编　委：秦礼光　　黄志安　　李良因　　方　芳
　　　　伊　飞　　杜雪海　　范　迪　　马　静
　　　　侯双燕　　郭　旭　　葛彩霞　　汪永涛
　　　　王　冰　　徐梅芳　　蒋林君　　何晓卫
　　　　沈志娟

前 言

　　工程造价涉及到国民经济各部门、各行业，涉及社会再生产中的各个环节，其不仅是项目决策、制定投资计划和控制投资以及筹集建设资金的依据，也是评价投资效果的重要指标以及合理利益分配和调节产业结构的重要手段。编制工程造价是一项技术性、经济性、政策性很强的工作。要编制好工程造价，必须遵循事物的客观经济规律，按客观经济规律办事；坚持实事求是，密切结合行业特点和项目建设的特定条件并适应项目前期工作深度的需要，在调查研究的基础上，实事求是地进行经济论证；坚持形成有利于资源最优配置和效益达到最高的经济运作机制，保证工程造价的严肃性、客观性、真实性、科学性及可靠性。

　　工程造价编制有一套科学的、完整的计价理论与计算方法，不仅需要工程造价编制人员具有过硬的基本功，充分掌握工程定额的内涵、工作程序、子目包括的内容、工程量计算规则及尺度，同时也需要工程造价编制人员具备良好的职业道德和实事求是的工作作风，并深入工程建设第一线收集资料、积累知识。

　　为帮助广大工程造价编制人员更好地从事工程造价的编制与管理工作，快速培养一批既懂理论，又懂实际操作的工程造价工作者，我们组织工程造价领域有着丰富工作经验的专家学者，编写这套《工程造价编制疑难问题解答丛书》。本套丛书包括的分册有：《建筑工程造价编制 800 问》、《装饰装修工程造价编制 800 问》、《水暖工程造价编制 800 问》、《通风空调工程造价编制 800 问》、《建筑电气工程造价编制 800 问》、《市政工程造价编制 800 问》、《园林绿化工程造价编制 800 问》、《公路工程造价编制 800 问》、《水利水电工程造价编制 800 问》、《管道工程造价编制 800 问》。

　　本套丛书的内容是编者多年实践工作经验的积累，丛书从最基础的工程造价理论入手，采用一问一答的编写形式，重点介绍了工程造价的组成及编制方法。作为学习工程造价的快速入门级读物，丛书在阐述工程造价基础理论的同时，尽量辅以必要的实例，并深入浅出、循序渐进地进行讲解说明。丛书中还收集整理了工程造价编制方面的技巧、经验和相关数据资料，使读者在了解工程造价主要知识点的同时，还可快速掌握工程预算编制的方法与技巧，从而达到易学实用的目的。

本套丛书主要包括以下特点：

（1）丛书内容全面、充实、实用，对建设工程造价人员应了解、掌握及应用的专业知识，融会于各分册图书之中，有条理进行介绍、讲解与引导，使读者由浅入深地熟悉、掌握相关专业知识。

（2）丛书以"易学、易懂、易掌握"为编写指导思想，采用一问一答的编写形式。书中文字通俗易懂，图表形式灵活多样，对文字说明起到了直观、易学的辅助作用。

（3）丛书依据《建设工程工程量清单计价规范》（GB 50500—2008）及建设工程各专业概预算定额进行编写，具有一定的科学性、先进性、规范性，对指导各专业造价人员规范、科学地开展本专业造价工作具有很好的帮助。

由于编者水平及能力所限，丛书中错误及疏漏之处在所难免，敬请广大读者及业内专家批评指正。

编　者

目 录

第一章 园林绿化工程造价基础 / 1

1. 什么是工程造价? / 1
2. 工程造价的含义主要体现在哪些方面? / 1
3. 为什么要对工程造价含义进行区分? / 2
4. 工程造价的作用有哪些? / 2
5. 工程造价具有哪些特点? / 2
6. 什么是工程造价分析? / 3
7. 园林造价初学者应注重哪些方面的学习? / 4
8. 园林绿化工程造价编制依据有哪些? / 4
9. 园林绿化工程造价由哪些内容构成? / 4
10. 建筑安装工程费用计算的程序是怎样的? / 5
11. 直接费由哪些部分构成? / 5
12. 什么是直接工程费? 由哪些费用组成? / 5
13. 什么是人工费? 如何确定? / 6
14. 什么是材料费? 如何确定? / 7
15. 什么是施工机械使用费? 如何确定? / 7
16. 什么是措施费? 由哪些费用构成? / 7
17. 如何确定环境保护费? / 7
18. 如何确定文明施工费? / 8
19. 如何确定安全施工费? / 8
20. 临时设施费由哪些部分组成? 如何确定? / 8
21. 如何确定夜间施工增加费? / 9
22. 如何确定二次搬运费? / 9
23. 如何确定大型机械进出场及安拆费? / 9
24. 如何确定混凝土、钢筋混凝土模板及支架费? / 9
25. 如何确定脚手架搭拆费? / 10
26. 如何确定已完工程及设备保护费? / 10
27. 如何确定施工排水、降水费? / 10
28. 间接费由哪些部分构成? / 10
29. 什么是规费? / 10
30. 什么是企业管理费? / 10
31. 如何确定间接费? / 10
32. 如何确定规费费率? / 11
33. 如何确定企业管理费费率? / 11

34. 税金由哪几部分构成？ / 12
35. 计算工程直接费时应注意哪些问题？ / 12
36. 怎样编制园林绿化工程造价？ / 12
37. 什么是人工工日单价？ / 13
38. 怎样计算人工单价？ / 13
39. 材料单价由哪几部分构成？ / 13
40. 什么是材料运杂费？ / 14
41. 怎样计算材料运输费？ / 14
42. 哪些因素会导致材料价差？ / 15
43. 园林绿化工程材料价差调整的方法有哪些？ / 15

第二章 园林绿化工程定额 / 18

1. 什么是工程定额？其编制依据有哪些？ / 18
2. 工程定额的作用是什么？ / 18
3. 什么是定额计价？ / 18
4. 工程定额按适用范围可分为哪几类？ / 19
5. 工程定额按内容和用途可分为哪几类？ / 19
6. 工程定额按生产要素可分为哪几类？ / 19
7. 工程定额按费用的性质可分为哪几类？ / 19
8. 工程定额具有哪些特性？ / 19
9. 什么是劳动定额？其作用是什么？ / 19
10. 如何用技术测定法进行劳动定额编制？ / 19
11. 如何用经验估计法进行劳动定额编制？ / 20
12. 如何用统计分析法进行劳动定额编制？ / 20
13. 如何用比例类推法进行劳动定额编制？ / 21
14. 什么是材料消耗定额？其作用是什么？ / 21
15. 什么是机械台班使用定额？其编制步骤是怎样的？ / 21
16. 工程概预算分为哪几类？ / 22
17. 什么是工程概预算？其作用是什么？ / 22
18. 工程定额计价的原则是什么？ / 22
19. 什么是预算定额？ / 23
20. 预算定额与施工定额有何区别？ / 23
21. 预算定额的编制原则有哪些？ / 24
22. 预算定额的编制依据是什么？ / 24
23. 预算定额的编制分为哪几个阶段？ / 25
24. 分项工程定额指标包括哪些内容？ / 25
25. 定额的套用分为哪几种情况？ / 25
26. 在工程造价中预算定额具有哪些作用？ / 26
27. 定额的换算类型有哪几种？ / 26
28. 定额的换算原则是什么？ / 26
29. 如何进行砌筑砂浆的换算？ / 26
30. 如何进行抹灰砂浆换算？ / 27
31. 不同专业定额项目是否可以

借用？ /27
32. 编制工程预算时允许补充预算定额的范围和依据是什么？ /27
33. 什么是企业定额？ /28
34. 企业定额的表现形式有哪几种？ /28
35. 企业定额的作用是什么？ /29
36. 什么是概算定额？其作用是什么？ /29
37. 园林工程概算定额的作用是什么？ /30
38. 园林工程概算定额编制依据有哪些？ /30
39. 园林工程概算定额的内容由哪些部分组成？ /30
40. 什么是概算指标？ /31
41. 概算指标有哪些作用？ /31
42. 概算指标的内容包括哪些？ /31
43. 怎样应用概算指标？ /31
44. 概算指标有哪几种表现形式？ /32
45. 概算指标的编制依据有哪些？ /32
46. 园林工程设计概算的内容有哪些？ /32

第三章 园林绿化工程工程量清单计价 /34

1. 什么是工程量清单？ /34
2. 工程量清单的编制依据有哪些？ /34
3. 什么是工程量清单计价？ /35
4. 工程量清单计价具有哪些优点？ /35
5. 分部分项工程量清单的项目编码应如何设置？ /36
6. 工程量清单项目特征描述具有哪

些意义？ /37
7. 如何确定清单工程量的有效位数？ /37
8. 分部分项工程量清单描述包括哪些内容？ /38
9. 编制工程清单时，当出现《计价规范》中未出现的项目应怎样处理？ /38
10. 什么是综合单价？ /39
11. 什么是措施项目？ /39
12. 什么是暂列金额？ /40
13. 什么是暂估价？ /40
14. 什么是计日工？ /40
15. 编制工程量清单应注意哪些问题？ /41
16. 同样的清单条目为何有不同的综合单价？ /41
17. 执行工程量清单是否还有独立费的概念？ /41
18. 税金项目清单应怎样进行列项？ /41
19. 编制工程量清单时是否应列出施工方法？ /42
20. 《计价规范》附录中的清单项目可否拆开列项？ /42
21. 园林工程中仿古工程如何执行《计价规范》？ /42
22. 投标报价的编制依据是什么？ /42
23. 投标报价的编制包括哪些内容？ /43
24. 投标报价时措施项目费应怎样确定？ /43

25. 投标人对其他项目费投标报价应按哪些原则进行？ / 43
26. 投标报价时计算直接成本应注意哪些问题？ / 44
27. 投标报价时计算间接成本应注意哪些问题？ / 44
28. 清单计价中，牵涉安装工程的多专业（工种）"联动试车费"是否能计取？ / 44
29. 描述清单项目特征时，全部描述比较烦琐，能否引用施工图进行描述？ / 44
30. 工程量清单计价时如何确定合同价？若投标人已知工程量计算错误、漏项或设计变更，怎样进行调整？ / 44
31. 工程合同价款的约定，应满足哪几方面的要求？ / 45
32. 工程建设合同有哪几种形式？ / 45
33. 综合单价由哪几部分构成？ / 45
34. 工程价款调整有哪些方法？ / 46
35. 因清单漏项或非承包人原因的工程变更，造成清单项目增加，如何确定其综合单价？ / 46
36. 怎样进行措施费的调整？ / 46
37. 若施工期内市场价格波动超出一定幅度，而合同没有约定调整工程价款或约定不明确的，应怎样处理？ / 46
38. 因不可抗力事件导致的费用，发、承包双方应如何处理？ / 47
39. 当合同中未就工程价款调整报告作出约定或《计价规范》中有关条款未作规定时，应如何处理？ / 47
40. 办理竣工结算的原则是什么？ / 48
41. 办理竣工结算的依据是什么？ / 48
42. 发、承包双方发生工程造价合同纠纷时应怎样处理？ / 48
43. 清单计价与施工图预算如何协调？ / 49
44. 在制定工程量清单时，可否使用一个暂估量，以节省发包方的人力投入？ / 49
45. 实行工程量清单报价，综合单价在哪些情况下可以做调整？ / 49
46. 投标人参照基础定额作综合单价分析时，其工程量（施工量）的计算除按施工组织设计外，是否应参照基础定额中相关子目的工程量计算规则？ / 50
47. 清单计价与定额计价的工程结算方式有何区别？ / 50
48. 工程量清单招投标的程序有哪些环节？ / 50
49. 工程量清单投标报价的特点有哪些？ / 51
50. 工程量清单的投标报价程序是怎样的？ / 52
51. 工程量清单投标报价的前期准备工作有哪些？ / 52

52. 工程量清单投标报价的原则是什么? /52
53. 工程量清单投标报价时应注意哪些问题? /53
54. 工程量清单合同具有哪些特点? /53
55. 工程量清单与施工合同之间的关系如何? /54
56. 哪些招标项目可以考虑高报价? /54
57. 哪些招标项目可以考虑低报价? /55
58. 投标人在报价时,总报价是否应填报其他项目费? /55
59. 怎样进行暂定工程量的报价? /55
60. 清单工程量计算对合同管理有哪些影响? /56
61. 怎样进行工程变更? /57
62. 怎样变更工程量单价? /57
63. 怎样利用增加建议方案进行投标? /58
64. 怎样处理好施工过程中的索赔事项? /58
65. 当前工程量清单计价法在实际应用中存在哪些问题? /58

第四章 绿化工程 /60

1. 什么是绿化工程? /60
2. 什么是绿地? /60
3. 什么是公共绿地? /60
4. 什么是专用绿地? /60
5. 什么是道路绿化? /61
6. 什么是人工整理绿化用地? 如何计算清单工程量? /61
7. 伐除树木应注意哪些问题? /61
8. 什么叫掘苗? /62
9. 挖坑(槽)应注意哪些问题? /62
10. 绿地整理过程中需要清理的障碍物有哪些? /62
11. 现场清理的内容有哪些? /62
12. 清除草皮的方法有哪些? /62
13. 整理用地时,土方开挖应注意哪些问题? /63
14. 机械挖方前需要做好哪些准备? /64
15. 绿地整理过程中人工挖方应注意哪些问题? /64
16. 土方回填前怎样进行基底清理? /65
17. 土方回填的填埋顺序是怎样的? /65
18. 土方的填埋方式有哪些? /65
19. 土方压实有哪些要求? /66
20. 怎样进行土方的压实? /66
21. 横截面法计算绿地整理土方量的步骤是怎样的? /67
22. 方格网法计算土方量如何划分方格网? /69
23. 方格网法计算土方量如何确定施工标高? /70
24. 方格网法计算土方量如何确定零点位置? /70
25. 绿化工程准备工作的工程量如何计算? /71
26. 绿化工程定额包括哪些内容? /71
27. 怎样区分人工整理绿化用地和挖填土方? /72

28. 筛土的费用是否包含在人工整理绿化用地里? /72

29. 什么是原土过筛? /72

30. 什么是客土? 什么条件下计取客土费? /72

31. 怎样计算客土工程量? /72

32. 客土量、筛土量与土球土量、坑径土量之间存在着怎样的关系? /72

33. 人工整理绿地用地超过设定深度时,怎样计算工程量? /73

34. 整理绿化用地的渣土外运工程量如何计取? /73

35. 地下停车场进行绿化时,平整土地工程量如何计算? /73

36. 整理绿化用地土方运输实际运距超过 100m 时,应如何计算? /73

37. 什么是栽植还土? /73

38. 怎样理解园林预算定额中的"起挖工程"子目? /73

39. 伐树、挖树根、砍挖灌木及割挖草皮分别包括哪些工作内容? 工程量如何计算? /74

40. 栽植工程包括哪些工作内容? /74

41. 栽植工程中的土质有哪几类? /74

42. 栽植苗木工程中若遇到实际土质不良,施工方是否可以换土? /75

43. 绿化苗木有哪些类型? /75

44. 绿化工程中绿篱、色带、攀缘植物、草花,若无规定,通常每平方米或每延长米栽植数量为多少? /75

45. 若设计要求变动苗木每延长米或每平方米的数量,其费用如何调整? /75

46. 栽植穴槽的挖掘应注意哪些问题? /76

47. 普坚土栽植,设计要求筛土或未要求时,应执行什么定额子目? /77

48. 苗木栽植的成活率应符合哪些规定? /77

49. 怎样计算绿化苗木的损耗量? /77

50. 如果苗木死亡率在规定范围内,所补植苗木是否另计费用? /77

51. 各类苗木规格高于或低于定额规定的苗木规格上下限,应如何计取? /77

52. 怎样计算苗木本身的价值? /78

53. 落叶乔木在非种植时节时,应采取哪些技术措施? /78

54. 怎样计算绿化种植工程换土工程量? /78

55. 怎样选择大树的移植时间? /78

56. 栽植后的养护管理中,扶植封堰包括哪些内容? /79

57. 大树的预掘方法有哪几种? /79

58. 大树的移植方法有哪些? /81

59. 怎样计算大树移植的埋植深度? /81

60. 大树移植工程中,若实际工作中采用人工移植的办法,结算时是否扣除机械费用? /81

61. 大树移植时,实际没有采用混凝

目 录

土桩扶正支撑、辅助支撑,这部分费用是否需要计算? / 81

62. 在起挖苗木的时候,有些子目包含有修剪、打浆,有些子目只考虑了包扎,对此该如何准确套用定额? / 81

63. 大树成活后,混凝土桩应怎样处理? / 81

64. 怎样进行大树的栽植? / 82

65. 如何计取植物栽植挖坑的费用? / 82

66. 绿化工程中若甲方负责苗木采购,施工方只负责栽植,费用如何计算? / 83

67. 水生植物中苗木规格如何规定?其造价如何计算? / 83

68. 非正常种植季节施工所发生的费用如何计算? / 83

69. 什么是园林绿化后期管理? / 83

70. 栽植工程包括哪些工作内容? / 84

71. 绿化工程对苗木的计量规定有哪些? / 84

72. 园林工程定额中对大树移植有哪些规定? / 84

73. 怎样计算绿化种植前障碍物等清理费用? / 84

74. 怎样计算绿化树木起挖移栽球径尺寸? / 84

75. 怎样计取绿化移植工程相关费用? / 85

76. 怎样计算苗木种植的工程量? / 85

77. 什么是栽植?栽植的工作内容有哪些? / 85

78. 选苗时应注意什么? / 86

79. 掘苗前要做好哪些准备工作? / 86

80. 掘苗时应注意哪些问题? / 86

81. 如何确定树干绕草绳的高度?草绳如何计算? / 87

82. 怎样对岩生植物进行选择? / 87

83. 古树名木的保护应遵循哪些规定? / 87

84. 如何理解绿化工程的材料搬运? / 87

85. 栽植定额是按使用哪种肥料考虑的? / 87

86. 怎样计算大树移植的工程量? / 87

87. 绿化养护工程定额工程量计算应注意哪些问题? / 88

88. 如何计算蕨类植物工程量? / 88

89. 绿化工程中施工现场内建设单位不能提供水源时,浇水费用如何计算? / 88

90. 苗木栽植和起挖时对不同的土质,人工耗用量应如何调整? / 88

91. 掘苗、场外运苗包括哪些工作内容? / 88

92. 掘苗及运苗费用是否不论苗木大小都要计取? / 89

93. 掘苗定额是否不分土壤类型都要计取? / 89

94. 概、预算中计算苗木价格的依据有哪些? / 89

| 95. 怎样计算绿化工程苗木种植费用？ / 89
| 96. 什么是攀缘植物？有哪些品种？ / 89
| 97. 什么是苗木生长期？ / 89
| 98. 灌木林稀密如何区分？ / 89
| 99. 市场采购苗木是否计算起挖、假植、包装等费用？ / 90
| 100. 如何计算伐树、挖树根工程量？ / 90
| 101. 如何计算砍伐灌木丛工程量？ / 90
| 102. 怎样计算绿化工程中反季节苗木种植所产生的技术措施费？ / 90
| 103. 乔木类常用苗木有哪些？ / 90
| 104. 喷头的类型有哪几种？ / 93
| 105. 喷头的布置有哪些形式？ / 93
| 106. 完成一个完整的喷灌系统，需要哪些步骤？ / 95
| 107. 喷灌系统由哪些部分组成？各承担着哪些作用？ / 95
| 108. 怎样选择喷灌设备？ / 95
| 109. 供水泵施工应注意哪些问题？ / 96
| 110. 喷灌管道分为哪几类？ / 96
| 111. 绿地喷灌安装工程中怎样计取调试费用？ / 96
| 112. 管道沟槽开挖应满足哪些要求？ / 97
| 113. 管道沟槽回填应满足哪些要求？ / 97
| 114. 伐除树木应注意哪些问题？其清单工程量怎样计算？ / 97
| 115. 清理工程包括哪些内容？其清单工程量怎样计算？ / 97
| 116. 整理绿化用地工程内容有哪些？其清单工程量怎样计算？ / 98
| 117. 屋顶花园基底构造是怎样的？基底处理的工程内容有哪些？ / 98
| 118. 屋顶花园基底处理时，抹水泥砂浆找平层的步骤是怎样的？ / 99
| 119. 屋顶花园排水层应做怎样的处理？ / 100
| 120. 竹类植物有哪些？其工程量怎样计算？ / 100
| 121. 什么是棕榈？ / 100
| 122. 灌木的种类有哪些？ / 100
| 123. 绿篱如何分类？ / 101
| 124. 绿篱的形式有哪些？ / 101
| 125. 怎样进行绿篱养护？ / 101
| 126. 攀缘植物有哪些生长特性？ / 102
| 127. 什么是土球苗木？ / 102
| 128. 什么是木箱苗木？ / 103
| 129. 什么是一、二年生花卉、宿根花卉、木本花卉？ / 103
| 130. 花卉如何分类？ / 103
| 131. 花卉的栽植有哪几种形式？ / 103
| 132. 怎样进行花卉的管理与养护？ / 104
| 133. 栽植花卉的工程内容有哪些？ / 104
| 134. 水生植物按水的相对位置不同可分为哪几类？ / 105
| 135. 栽种水生植物应遵循哪些原则？ / 105
| 136. 园林中有哪些常见水生植物？ / 106

目录

137. 怎样计算栽种水生植物工程量? / 107
138. 草皮按来源可分为哪几类? / 108
139. 草皮按不同的区域可分为哪几类? / 108
140. 草皮按培植年限可分为哪几类? / 109
141. 草皮按使用目的可分为哪几种? / 109
142. 草皮按栽培基质的不同可分为哪几种? / 110
143. 怎样进行新建草坪的养护和后期管理? / 110
144. 怎样计算铺种草皮工程量? / 110
145. 树坑的工作内容有哪些? 怎样计算其工程量? / 112
146. 施肥的工作内容有哪些? 怎样计算其工程量? / 112
147. 修剪的工作内容有哪些? 怎样计算其工程量? / 112
148. 防治病虫害的工作内容有哪些? 怎样计算其工程量? / 112
149. 喷灌设施的工程内容有哪些? / 113
150. 绿地喷灌设备主要有哪些? / 113
151. 绿化喷灌所用的管道有哪些品种? / 113
152. 如何计算喷灌设施工程量? / 114
153. 管道安装工作要点有哪些? / 115
154. 如何计算管道油漆工程量? / 116
155. 怎样计算喷灌调试费用? / 116
156. 定额计价时对不符合要求长度的管件能否进行调整? / 116
157. 怎样套用新旧管道接口的定额子目? / 116
158. 钢管新旧管焊接的工作内容有哪些? 如何计算其工程量? / 116
159. 闭水试验时应注意哪些问题? / 117
160. 管道试压包括哪些工作内容? 如何计算其工程量? / 117
161. 怎样计算管道清洗脱脂、试压吹(冲)洗工程量? / 117
162. 套用管道泵验冲洗定额时应注意哪些问题? / 118
163. 阀门安装时为何要加垫? / 118
164. 常见管材有哪几种接口方式? / 118
165. 常见管件的连接方式有哪些类型? / 119
166. 管道附件有哪些种类? / 119
167. 螺纹法兰安装应注意哪些问题? / 119
168. 焊接法兰安装需注意哪些问题? / 119
169. 怎样进行水表安装? / 120
170. 如何计算管道安装工程量? / 120
171. 怎样计算地下直埋管道挖土、回填土工程量? / 121
172. 若施工过程中存在一段管间内既有土方又有石方,应如何处理? / 121
173. 绿化喷灌喷头有哪几种类型?

怎样计算其工程量? / 121
174. 管道阀门、水表、喷头刷油工程量如何计算? / 121
175. 进行管道耐水压试验应注意哪些问题? / 121
176. 如何计算UPVC给水管固筑工程量? / 122
177. 铰接头在喷灌中的作用是什么?怎样计算其工程量? / 122
178. 园林喷灌技术参数主要体现在哪几方面? / 122
179. 怎样计算绿地喷灌工程灌水量? / 122
180. 怎样计算绿地灌溉时间? / 123
181. 怎样计算喷灌系统用水量? / 123
182. 喷灌工程怎样进行水头计算? / 124
183. 如何计算自设水泵给水系统的扬程? / 124
184. 如何计算有压管流程的损失? / 126
185. 怎样计算管道沿程阻力系数? / 126
186. 怎样计算沿程水头损失? / 126
187. 《北京市建设工程预算定额》对绿地喷灌工程工程量计算有哪些说明? / 127
188. 绿化工程中的现场管理费、企业管理费、利润、税金分别以什么为基数进行计算? / 128

第五章 园路、园桥、假山工程 / 129

1. 什么是园路? / 129
2. 园路的布置要考虑哪些因素? / 129
3. 园路具有哪些作用? / 129
4. 园路的结构是怎样的? / 130
5. 园路有哪些类型? / 131
6. 什么是干结碎石? / 131
7. 什么是天然级配砂砾? / 131
8. 什么是煤渣石灰土? / 131
9. 什么是二灰土? / 132
10. 什么是嵌草路面? / 132
11. 什么是干法铺筑? / 132
12. 什么是湿法铺装? / 133
13. 什么是路牙? / 133
14. 路缘石的作用是什么? / 133
15. 路缘石的设置要点有哪些? / 134
16. 什么是树池? / 134
17. 什么是天然砂石? / 134
18. 什么是素混凝土垫层? / 135
19. 园路路面基层施工过程是怎样的? / 135
20. 路面基层施工要点有哪些? / 135
21. 园路施工要特别注意哪些问题? / 135
22. 散料面层铺砌分哪几类? / 136
23. 散料面层铺砌施工方法是怎样的? / 136
24. 结合层施工应注意哪些问题? / 136
25. 怎样进行彩色水泥抹面装饰? / 136
26. 怎样进行彩色水磨石地面铺装? / 137
27. 水泥混凝土路面层施工应注意哪些问题? / 137

28. 园路和绿地之间有着怎样的关系？ / 138
29. 怎样计算园路工程量？ / 138
30. 怎样计算庭院甬路工程量？ / 139
31. 怎样计算园路、地坪垫层工程量？ / 139
32. 庭园工程中的园路定额适用范围是怎样的？ / 139
33. 怎样计算山丘、坡道所包括的垫层、路面、路牙的费用？ / 139
34. 为什么花岗石道路侧石应以断面面积划分不同档次？ / 139
35. 混凝土路、停车场、厂、院及住宅小区内的道路应怎样执行相应定额？ / 140
36. 怎样进行嵌草路面的铺砌？ / 140
37. 园林地貌应遵循哪些原则进行创作？ / 140
38. 若道路侧石需磨边、抛光，应如何执行定额？ / 141
39. 怎样进行道牙、边条、槽块安装？ / 141
40. 怎样计算弧形花架基础土方量？ / 141
41. 《北京市建设工程预算定额》对园路工程工程量计算有哪些说明？ / 142
42. 怎样确定石笋的高度？ / 142
43. 如何划分台阶与踏步？ / 142

44. 园林的小型砌体包括哪些内容？ / 142
45. 如何确定园路面层饰面的损耗系数？ / 142
46. 加工后的砖件、石制品、木构件、预制钢筋混凝土构件场内运距超过定额规定，应如何处理？ / 143
47. 怎样确定道路侧石安装工程量？ / 143
48. 翻挖路面、垫层及人行道板和平侧石定额，若施工方法发生调整，是否应调整？ / 143
49. 当实际要求用砂数量与设计要求不符时是否可进行调整？ / 143
50. 定额中的斜道子目适用哪种情况？ / 144
51. 混凝土及钢筋混凝土定额对毛石混凝土的毛石掺量有何规定？ / 144
52. 如何计算道牙、树池围牙工程量？ / 144
53. 怎样计算铁艺围墙工程量？ / 144
54. 若花岗石侧石单价发生差价，应如何处理？ / 144
55. 怎样确定标准砖的数量？ / 144
56. 园林绿化工程中台阶和木栈道的预算做法是什么？ / 144
57. 块料面层规格与设计不同时如何处理？ / 145
58. 路牙、路缘材料与路面材料相同时，计算时可否并入到路面工程？ / 145

59. 地面铺装中的砍砖、筛选是否另行
    计算? / 145
60. "人字纹"、"席纹"、"龟背锦"铺装如
    何套用定额? / 145
61. 园路施工中,怎样确定铺筑基层的
    摊铺厚度? / 145
62. 如何确定园路垫层宽度? / 145
63. 怎样计算墁地面工程量? / 146
64. 怎样确定园路的宽度? / 146
65. 如何确定不同类型路面的纵横
    坡度? / 146
66. 如何确定主路、次路、小路、小径的
    宽度? / 147
67. 园林定额对无障碍设计有哪些
    要求? / 147
68. 怎样确定车道的宽度? / 147
69. 怎样确定园路的转弯半径? / 148
70. 园林定额中对双车道路面加宽值是
    有哪些要求? / 149
71. 怎样确定弯道路面加宽缓和段的
    长度? / 149
72. 园林定额对园路纵向坡度有何规定?
    / 149
73. 如何计算道路中央分车绿带的宽度?
    / 150
74. 怎样确定路基的标高? / 150
75. 如何确定园路路面各结构层次的铺
    设厚度? / 150
76. 怎样确定踏步的高度及宽度? / 150
77. 在路口外形成三角形区域,怎样确

    定视距三角形及安全视距? / 151
78. 怎样进行重量比与体积比换算? / 151
79. 如何计算伸缩缝工程量? / 152
80. 园林定额对照明器的安装高度和纵
    向间距有哪些要求? / 152
81. 如何确定路灯规格? / 152
82. 园路工程内容有哪些? 其工程量
    怎样计算? / 152
83. 路牙铺设工程内容有哪些? 其工
    程量怎样计算? / 154
84. 什么是平树池? / 155
85. 什么是高树池? / 155
86. 什么是树池围牙? / 155
87. 树池围牙、盖板的工程内容有哪些?
    其工程量怎样计算? / 156
88. 什么是园桥? / 156
89. 常见的园桥造型形式有哪些? / 157
90. 什么是桥基? / 158
91. 石活的连接有哪几种方法? / 158
92. 桥面指的是什么? / 158
93. 桥面铺装的作用是什么? / 159
94. 什么是桥面排水与防水? / 159
95. 什么是伸缩缝? / 160
96. 桥梁支座具有哪些作用? / 160
97. 混凝土桥基础具有哪些特点? / 160
98. 什么是金刚墙? / 160
99. 桥墩指的是什么? / 160
100. 梁架指的是什么? / 161
101. 什么是檐板? / 161
102. 什么是型钢? / 161

103. 什么是花岗石河底海墁？ / 161
104. 拱桥基础设计施工应注意哪些问题？ / 161
105. 牙子石指什么？ / 161
106. 什么是平板桥？ / 161
107. 接头灌缝指什么？ / 162
108. 园林定额对桥面板有哪些具体规定？ / 162
109. 如何进行平曲桥造型设计？ / 162
110. 园林定额对空心板产品有何具体规定？ / 162
111. 栏杆由哪些要素构成？什么是栏杆安装？ / 162
112. 栏杆的形式有哪些？ / 163
113. 如何确定栏杆的高度？ / 163
114. 制作栏杆的材料有哪些？ / 163
115. 不同类型栏杆和扶手的构造是怎样的？ / 164
116. 什么是栏板、撑鼓？ / 164
117. 什么是寻杖栏板？ / 164
118. 什么是罗汉板？ / 164
119. 园林定额对栈道路面宽度有何规定？ / 165
120. 怎样确定横梁的长度？ / 165
121. 什么是石桥基础？其工程量怎样计算？ / 165
122. 桩基础分为哪些种类？ / 167
123. 石桥墩、石桥台各指什么？其工程量怎样计算？ / 167
124. 什么是拱旋石？其工程量怎样计算？ / 169
125. 金刚墙砌筑的工作内容有哪些？怎样计算其工程量？ / 169
126. 石桥面铺筑工程量怎样计算？ / 169
127. 什么是石桥面檐板？其工程量怎样计算？ / 170
128. 什么是仰天石、地伏石？其工程量怎样计算？ / 171
129. 如何确定石望柱的柱高、柱截面、柱头？ / 171
130. 什么是木制步桥？ / 171
131. 木制步桥的木材选用有哪些要求？ / 172
132. 木制步桥所用普通胶合板有哪几类？ / 173
133. 如何计算木制步桥工程量？ / 173
134. 什么是假山？ / 173
135. 假山分为哪几类？ / 174
136. 什么是叠山？ / 174
137. 叠山的技术措施有哪些？ / 174
138. 叠山在艺术处理方面应注意哪些问题？ / 175
139. 什么是掇山？ / 175
140. 什么是湖石？可分为哪几种？ / 175
141. 什么是塑山？其工艺特点是怎样的？ / 175
142. 什么是黄石？ / 176
143. 怎样计算假山工程石料用量？ / 176
144. 假山置石具有哪些特点？ / 177
145. 什么是特置？ / 177

146. 怎样进行特置山石的安置? / 177
147. 特置山石在工程结构方面有哪些要求? / 178
148. 什么是散置? / 178
149. 什么是对置? / 179
150. 什么是群置? / 179
151. 人造独立峰具有怎样的构造特点? / 181
152. 怎样进行山石器设的布置? / 181
153. 盆景山水在园林景观中有何作用? / 181
154. 怎样确定人造独立峰及峰石、石笋的高度? / 182
155. 什么是池山? / 182
156. 假山放样前需做哪些准备工作? / 182
157. 怎样对假山进行实地放样? / 182
158. 什么是土山点石? / 182
159. 堆砌假山包括哪些工作内容? / 183
160. 堆砌石假山工程量怎样计算? / 183
161. 什么是砖骨架塑山? 其工作程序是怎样的? / 184
162. 如何确定现场预制混凝土板的制作费用? / 185
163. 砖骨架塑假山包括哪些费用? / 185
164. 怎样进行假山基础施工? / 185
165. 什么是塑假山? / 186
166. 塑假山是否包括模型的费用? / 186
167. 怎样计算塑假山工程量? / 186
168. 塑假山包括哪些材料? / 186

169. GRC 材料用于塑山的优点有哪些? / 186
170. 什么是 FRP 塑山材料? / 186
171. 什么是零星点布? / 187
172. 什么是假山山脚? / 187
173. 拉底的方式有哪些? / 187
174. 拉底的技术要求有哪些? / 187
175. 起脚应注意哪些问题? / 187
176. 做脚的方法有哪些? / 188
177. 砌石假山、塑假山工程是否应计取脚手架的费用? / 189
178. 银锭扣具有哪些规格? 有什么作用? / 189
179. 铁爬钉具有什么作用? 其构造要求是怎样的? / 189
180. 铁扁担具有什么作用? 其构造要求是怎样的? / 189
181. 怎样进行山石的支撑固定? / 190
182. 怎样进行山石的捆扎固定? / 190
183. 什么是钢骨架塑山? 其工作程序是怎样的? / 191
184. 钢丝网铺设前应注意哪些问题? / 191
185. GRC 塑山材料有哪些特点? / 191
186. 山石勾缝和胶结材料有哪些? / 191
187. 山石胶结的操作要点有哪些? / 192
188. 人工塑造山石怎样进行基架设置? / 192
189. 人工塑造山石怎样铺设钢丝网? / 192

190. 挂水泥砂浆以成石脉与皱纹时怎样进行材料的选取？ / 192
191. 如何对假山山顶结构进行设计处理？ / 193
192. 塑山过程中如何确定石色水泥砂浆的配合比？ / 193
193. 什么是景石？用料与定额不同时怎样处理？ / 194
194. 什么是点风景石？其工程量怎样计算？ / 194
195. 怎样计算景石、散点工程量？ / 194
196. 怎样计算湖石和黄石假山工程量？ / 195
197. 整块湖石峰和人工造湖石峰有哪些区别？ / 195
198. 散点石和过水汀石如何套用定额？ / 195
199. 什么是池石、盆景山？其工程量怎样计算？ / 195
200. 什么是山石护角？ / 196
201. 什么是山坡石台阶？ / 196
202. 假山石台阶的构造做法是怎样的？ / 196
203. 如何计算山坡石台阶工程量？ / 197
204. 驳岸有哪些作用？ / 197
205. 驳岸的水位关系是怎样的？ / 197
206. 什么是规则式驳岸？ / 198
207. 什么是自然式驳岸？ / 199
208. 什么是混合式驳岸？ / 199
209. 什么是砌石类驳岸？ / 199
210. 砌石驳岸的构造是怎样的？ / 200
211. 重力式驳岸结构构造是怎样的？ / 200
212. 驳岸的施工程序是怎样的？ / 201
213. 砌石类驳岸结构做法是怎样的？ / 201
214. 什么是原木桩驳岸？ / 203
215. 原木桩驳岸的施工要点有哪些？ / 203
216. 怎样计算原木桩驳岸工程量？ / 203
217. 什么是散铺砂卵石护岸？ / 203
218. 散铺砂卵石护岸的施工要点有哪些？ / 204
219. 什么是堆筑土山丘？ / 204
220. 土丘坡度要求中的"坡度"指的是什么？ / 204
221. 怎样确定土山的高度？ / 205
222. 怎样计算堆筑土山丘工程量？ / 205
223. 什么是石笋？其工程量怎样计算？ / 206
224. 石笋分为哪几种？ / 207

第六章 园林景观工程 / 209

1. 什么是园林建筑小品？ / 209
2. 园林建筑小品有哪几类？各具有什么特点？ / 209
3. 传统园林建筑小品与现代园林建筑小品有什么关系？ / 209
4. 亭的构造是怎样的？ / 209
5. 亭按平面可分为哪几种形式？ / 210
6. 亭按亭顶可分为哪几种形式？ / 210

7. 亭按柱可分为哪几种形式？ / 211
8. 亭按材料可分为哪几类？ / 211
9. 亭按功能可分为哪几类？ / 211
10. 现代亭分为哪几类？ / 211
11. 廊的形式有哪些？ / 212
12. 怎样计算挖土方工程量？ / 212
13. 怎样计算挖土槽工程量？ / 212
14. 哪种情况下土方工程量按挖地坑计算？ / 213
15. 怎样计算挖地槽、地坑的高度？ / 213
16. 怎样计算挖管槽工程量？ / 213
17. 怎样计算平整场地工程量？ / 213
18. 怎样计算挖地槽原土回填工程量？ / 213
19. 怎样依据《北京市建筑工程预算定额》计算园林景观土方工程量？ / 214
20. 《北京市建筑工程预算定额》关于园林景观工程的相关说明有哪些？ / 215
21. 怎样依据《北京市建筑工程预算定额》计算园林景观砖石工程量？ / 216
22. 园林砖石工程定额计价的一般规定有哪些？ / 216
23. 怎样计算标准砖墙体的厚度？ / 216
24. 如何划分基础与墙身？ / 217
25. 怎样计算外墙与内墙的基础长度？ / 217
26. 怎样计算砖基础工程量？ / 217
27. 怎样计算内外墙长度？ / 217
28. 怎样计算实砌砖身工程量？ / 217
29. 如何确定墙身高度？ / 217
30. 怎样计算附墙烟囱工程量？ / 217
31. 怎样计算框架结构间砌墙工程量？ / 218
32. 怎样计算围墙工程量？ / 218
33. 零星砌体定额适用哪些项目？ / 218
34. 怎样理解园林混凝土及钢筋混凝土工程定额？ / 218
35. 怎样计算混凝土与钢筋混凝土工程量？ / 219
36. 怎样计算混凝土柱工程量？ / 219
37. 怎样计算混凝土梁工程量？ / 219
38. 怎样计算混凝土板工程量？ / 219
39. 怎样计算枋、桁的工程量？ / 220
40. 景观工程其他项目包括哪些？怎样计算其工程量？ / 220
41. 怎样计算装配式构件工程量？ / 221
42. 怎样理解园林结构工程定额？ / 221
43. 怎样计算园林金属结构定额工程量？ / 221
44. 园林金属结构定额工程量计算应符合哪些规定？ / 221
45. 怎样计算普通窗定额工程量？ / 222
46. 怎样计算木窗台板定额工程量？ / 222
47. 怎样计算木楼梯、挂镜线及门窗贴脸定额工程量？ / 222
48. 怎样计算木隔板定额工程量？ / 222
49. 怎样计算间壁墙定额工程量？ / 222
50. 什么是现浇混凝土斜屋面板？其

工程量怎样计算？　　　　　/ 222
51. 什么是穹顶？　　　　　　　/ 224
52. 什么是压型钢板？　　　　　/ 224
53. 什么是彩色压型钢板攒尖亭屋
　　面板？　　　　　　　　　/ 224
54. 压型金属板的类型有哪些？　/ 224
55. 屋面板自防水嵌缝材料的种类有
　　哪些？　　　　　　　　　/ 230
56. 怎样设置草屋面的坡度？其工程
　　量怎样计算？　　　　　　/ 230
57. 什么是竹屋面？其工程量怎样计算？
　　　　　　　　　　　　　　/ 231
58. 什么是树皮屋面？其工程内容有
　　哪些？　　　　　　　　　/ 231
59. 园林屋面定额工程量计算应注意
　　哪些问题？　　　　　　　/ 231
60. 怎样计算园林屋面定额工程量？
　　　　　　　　　　　　　　/ 231
61. 怎样计算顶棚、木地板、栏杆扶
　　手、屋架定额工程量？　　/ 232
62. 怎样理解园林地面工程定额？/ 232
63. 怎样计算楼地面层定额工程量？
　　　　　　　　　　　　　　/ 233
64. 怎样计算楼地面防潮层定额工
　　程量？　　　　　　　　　/ 233
65. 怎样计算伸缩缝定额工程量？/ 233
66. 怎样计算踢脚板定额工程量？/ 233
67. 怎样计算散水坡道定额工程量？
　　　　　　　　　　　　　　/ 233
68. 怎样计算原木、竹构件工程量？/ 234

69. 什么是原木（带树皮）墙？其工程
　　量怎样计算？　　　　　　/ 235
70. 原木（带树皮）墙的防护材料有哪
　　些种类？　　　　　　　　/ 237
71. 怎样进行原木（带树皮）墙的防护
　　处理？　　　　　　　　　/ 237
72. 什么是竹吊挂楣子？　　　　/ 237
73. 什么是竹柱、梁、檩、椽？其工程
　　量怎样计算？　　　　　　/ 238
74. 什么是竹编墙？其工程量怎样
　　计算？　　　　　　　　　/ 238
75. 水池在园林景观工程中的作用是
　　什么？　　　　　　　　　/ 239
76. 水池由哪几部分组成？　　　/ 239
77. 刚性材料水池施工工艺是怎样的？
　　　　　　　　　　　　　　/ 240
78. 柔性材料水池施工工艺是怎样的？
　　　　　　　　　　　　　　/ 240
79. 水池的给水系统有哪些形式？/ 241
80. 直流给水系统的工作原理是怎
　　样的？　　　　　　　　　/ 241
81. 陆上水泵循环给水系统工作原理
　　是怎样的？　　　　　　　/ 242
82. 潜水泵循环给水系统工作原理是
　　怎样的？　　　　　　　　/ 242
83. 盘式水景循环给水系统工作原理
　　是怎样的？　　　　　　　/ 243
84. 水池防水材料有哪些种类？　/ 243
85. 水池池底的构造是怎样的？　/ 244
86. 水池池壁的构造是怎样的？　/ 245

87. 水池池壁压顶的作用是什么? / 247
88. 供水管、补给水管、泄水管和溢水管如何布置? / 247
89. 水池排水系统由哪几部分组成? / 248
90. 怎样做好室外水池的防冻? / 249
91. 怎样理解水池工程定额? / 250
92. 什么是现浇混凝土花架柱、梁? 其工程量怎样计算? / 250
93. 什么是预制混凝土花架柱、梁? / 251
94. 怎样进行花架的组装? / 251
95. 什么是木花架柱、梁? / 251
96. 木花架有哪些形式? / 251
97. 木花架的用途有哪些? / 252
98. 什么是金属花架柱、梁? / 252
99. 怎样计算园林小品工程定额工程量? / 252
100. 怎样计算花架及园林小品工程定额工程量? / 252
101. 花架小品工程模板制作包括哪些工作? / 253
102. 《北京市建筑工程预算定额》关于园林景观工程水池、花架制品的相关说明有哪些? / 254
103. 怎样依据《北京市建筑工程预算定额》计算园林景观工程水池、花架及小品工程量? / 254
104. 什么是木制飞来椅? 其清单工程量怎样计算? / 254
105. 什么是钢筋混凝土飞来椅? 其工程量怎样计算? / 255
106. 什么是竹制飞来椅? / 256
107. 什么是桌凳? / 256
108. 园椅园凳的造型有哪些? / 256
109. 钢筋混凝土桌凳的结构有哪些? / 257
110. 怎样计算现浇混凝土凳工程量? / 259
111. 什么是预制混凝土桌凳? 其工程量怎样计算? / 261
112. 石桌、石凳有哪些优点? 怎样计算其工程量? / 261
113. 庭院中石桌、石凳的布置应注意哪些问题? / 261
114. 什么是塑树根桌凳? 怎样计算其工程量? / 262
115. 什么是塑树节椅? 其工程量怎样计算? / 262
116. 园林装饰工程工程量计算应注意哪些问题? / 262
117. 园林定额中,抹灰是否划分等级? 是否可以换算? / 263
118. 园林定额中,是否可以对抹灰厚度及砂浆种类进行换算? / 263
119. 计算水泥白石子浆工程量时应注意哪些问题? / 263
120. 如何计算顶棚抹灰工程量? / 263
121. 如何计算内墙抹灰工程量? / 263
122. 如何计算外墙抹灰工程量? / 264
123. 如何计算勾缝及墙面贴壁纸工

程量?	/265
124. 如何计算园林脚手架工程定额工程量?	/265
125. 不适合使用综合脚手架定额的建筑应如何计算脚手架工程量?	/265
126. 《北京市建筑工程预算定额》关于园林景观工程装饰及杂项工程的相关说明有哪些?	/266
127. 怎样依据《北京市建筑工程预算定额》计算园林景观工程装饰及杂项工程工程量?	/266
128. 《北京市建筑工程预算定额》关于园林景观工程钢筋加工、脚手架等工程的相关说明有哪些?	/267
129. 怎样依据《北京市建筑工程预算定额》计算园林景观工程钢筋加工、脚手架等工程工程量?	/268
130. 怎样进行校正焊接?	/269
131. 喷泉有哪些类型?	/269
132. 如何确定喷泉的相关尺寸?	/271
133. 如何选择喷头的类型?	/271
134. 什么是雪松喷头?	/271
135. 什么是喇叭花喷头?	/271
136. 什么是三层水花喷头?	/271
137. 什么是蒲公英喷头?	/271
138. 什么是旋转喷头?	/271
139. 什么是扇形喷头?	/272
140. 什么是直流式喷头?	/272
141. 什么是旋流式喷头?	/272
142. 什么是环隙式喷头?	/272
143. 什么是散射式喷头?	/272
144. 什么是吸气(水)式喷头?	/272
145. 什么是组合喷头?	/273
146. 如何确定喷头的实际扬程?	/273
147. 什么是水头损失?	/273
148. 泵房的形式有哪些?	/273
149. 怎样对泵房内的管线进行安置?	/273
150. 在进行泵房管线布置时应注意哪些问题?	/273
151. 怎样进行喷泉管道布置?	/274
152. 怎样进行喷泉的日常管理?	/275
153. 喷泉管道的固定方式有哪几种?	/275
154. 喷泉常用的灯具有哪些形式?	/275
155. 色彩照明灯具、滤色片有哪几种?	/276
156. 对瀑布进行投光照明的方法有哪些?	/276
157. 怎样计算水下艺术装饰灯具工程量?	/277
158. 常用的电力电缆有哪几类?	/277
159. 什么是喷泉电缆? 其工程量怎样计算?	/277
160. 喷泉电缆的品种及规格有哪些?	/277
161. 配电箱有哪些形式?	/278
162. 电气控制柜基础型钢安装有哪些要求?	/279

163. 柜盘就位的操作步骤是怎样的？ / 279
164. 怎样计算喷泉管道安装工程量？ / 279
165. 喷泉工程定额工程量计算应注意哪些问题？ / 280
166. 《北京市建筑工程预算定额》关于园林景观工程喷泉安装的相关说明有哪些？ / 280
167. 怎样依据《北京市建筑工程预算定额》计算园林景观工程喷泉安装工程量？ / 281
168. 什么是路灯？ / 281
169. 什么是草坪灯？ / 282
170. 地灯具有哪些特点？适用于哪些部位？ / 282
171. 庭园灯具有哪些特点？ / 282
172. 广场灯应怎样设置？ / 282
173. 旗帜的照明灯具安装应注意哪些问题？ / 282
174. 什么是塑仿石音箱？其清单工程内容包括哪些？ / 283
175. 什么是塑树皮梁、柱？其工程量怎样计算？ / 283
176. 什么是塑竹梁、柱？其工程量怎样计算？ / 283
177. 什么是花坛铁艺栏杆？其工程量怎样计算？ / 284
178. 如何确定栏杆的高度？ / 284
179. 标志牌有哪些作用？ / 284
180. 标志牌的制作材料有哪些？ / 285
181. 标志的色彩及造型设计有哪些？ / 285
182. 怎样进行雕刻？ / 285
183. 什么是石浮雕？ / 285
184. 石浮雕的种类有哪些？ / 285
185. 浮雕的形式有哪些？ / 286
186. 雕塑石料的种类有哪些？ / 286
187. 什么是石镌字？ / 287
188. 什么是砖石砌小摆设？其工程量怎样计算？ / 287
189. 花架在园林工程中与亭、廊有何异同？ / 287
190. 园林满堂脚手架及悬空脚手架工程量计算应注意哪些问题？ / 288
191. 油漆脚手架费用计算应注意哪些问题？ / 288
192. 花坛有哪些基本类型？ / 288
193. 怎样进行果皮箱设置？ / 288
194. 果皮箱的设置应注意哪些问题？ / 288
195. 如何确定果皮箱的容量？ / 289

第七章　园林绿化工程招投标　/ 290

1. 什么是招标？ / 290
2. 园林绿化工程招标按工程承包范围可分为哪几类？ / 290
3. 园林绿化工程招标按工程项目建设可分为哪几类？ / 290
4. 园林绿化工程招标按建设项目的构成可分成哪几类？ / 291

5. 园林绿化工程招标建设单位应具备的条件有哪些? / 291
6. 园林绿化工程招标工程项目单位应具备的条件有哪些? / 291
7. 什么是公开招标? / 292
8. 什么是邀请招标? / 292
9. 邀请招标与公开招标有何区别? / 293
10. 园林绿化工程的招标程序是怎样的? / 293
11. 我国招标工作机构的形式有哪些? / 294
12. 工程量清单计价招标的工作程序是怎样的? / 294
13. 工程量清单计价招标的优点有哪些? / 295
14. 园林绿化工程的招标内容有哪些? / 296
15. 园林绿化工程招标公告的内容有哪些? / 296
16. 什么是资格预审?资格预审的程序是怎样的? / 297
17. 资格预审文件由哪些部分组成? / 297
18. 评审资格预审文件的方法有哪些? / 297
19. 资格预审的要求有哪些? / 298
20. 什么是资格后审? / 298
21. 公开招标的投标邀请书与邀请招标的投标邀请书有何区别? / 298
22. 招标文件的发售有哪些要求? / 298
23. 园林绿化工程招标文件由哪些内容组成? / 299
24. 招标文件的澄清应注意哪些问题? / 300
25. 如何进行招标文件的修改? / 300
26. 园林绿化工程招标文件的编制原则是什么? / 300
27. 园林绿化工程招标文件的作用是什么? / 301
28. 什么是园林建设全过程发包承包? / 301
29. 什么是园林绿化阶段发包承包? / 301
30. 什么是园林绿化工程专项发包承包? / 301
31. 什么是园林绿化工程总承包? / 302
32. 什么是园林绿化工程分承包? / 302
33. 什么是园林绿化工程直接承包? / 302
34. 园林绿化工程分标的原则是什么? / 302
35. 园林绿化工程分标考虑的因素有哪些? / 302
36. 什么是招标控制价? / 303
37. 招标控制价的编制依据有哪些? / 304
38. 编制招标控制价应注意哪些问题? / 304
39. 编制招标控制价的原则是什么? / 304

40. 招标控制价的编制人员具有哪些要求？ / 305
41. 什么是投标？ / 305
42. 投标的作用有哪些？ / 305
43. 投标过程中承包商和投标团队需要哪些人才？ / 305
44. 投标按其性质可分为哪几类？ / 306
45. 投标按其效益可分为哪几类？ / 306
46. 投标决策包括哪些内容？ / 307
47. 投标决策前期阶段指什么？ / 307
48. 投标决策后期阶段指什么？ / 308
49. 常见的投标策略有哪几种？ / 308
50. 什么是不平衡报价？ / 309
51. 哪些情况适合不平衡报价？ / 309
52. 怎样进行计日工报价？ / 310
53. 什么是多方案报价法？ / 310
54. 什么是突然袭击法报价？ / 311
55. 什么是低投标价夺标法？ / 311
56. 什么是先亏后盈法？ / 311
57. 什么是开口升级法？ / 311
58. 什么是联合保标法？ / 311

59. 什么是投标有效期？ / 312
60. 投标文件编制的一般要求是什么？ / 312
61. 技术标的编制应注意哪些问题？ / 313
62. 投标有效期能否进行延长？ / 314
63. 开标的程序是怎样的？ / 314
64. 哪些情况可视为招标文件无效？ / 315
65. 开标的方法是怎样的？ / 315
66. 评标委员会是怎样组成的？ / 315
67. 评标的基本原则是什么？ / 316
68. 什么是综合评议推荐法评标？ / 316
69. 什么是评分法评标？ / 317
70. 初步评审包括哪些内容？ / 317
71. 什么是符合性评审？ / 317
72. 什么是技术性评审？ / 317
73. 什么是商务性评审？ / 317
74. 评标中应注意哪些问题？ / 318
75. 评标报告由哪些内容组成？ / 318

参考文献 / 320

第一章

·园林绿化工程造价基础·

1. 什么是工程造价?

工程造价是指进行一个工程项目的建造所需要花费的全部费用,即从工程项目确定建设意向直至建成、竣工验收为止的整个建设期间所支出的总费用。这是保证工程项目建造正常进行的必要前提,是建设项目投资中的最主要的部分。

对于任何一项园林绿化工程,我们都可以根据设计图纸在施工前确定工程所需要的人工、机械和材料的数量、规格、费用,预先计算出该项工程的全部造价。

园林绿化工程属于艺术范畴,它不同于一般的工业、民用建筑等工程,由于每项工程各具特色,风格各异,工艺要求不尽相同,且项目零星,地点分散,工程量小,工作面大,花样繁多,形式各异,又受气候条件的影响较大,因此,不可能用简单、统一的价格对园林绿化产品进行精确的核算,必须根据设计文件的要求和园林绿化产品的特点,对园林绿化工程事先从经济上加以计算,以便获得合理的工程造价,保证工程质量。

2. 工程造价的含义主要体现在哪些方面?

工程造价含义体现在以下两方面:

(1)工程造价是指建设一项工程预期开支或实际开支的全部固定资产投资费用。显然,这一含义是从投资者——业主的角度来定义的。投资者选定一个投资项目,为了获得预期的效益,就要通过项目评估进行决策,然后进行设计招标、工程招标,直至竣工验收等一系列投资管理活动。在投资活动中所支付的全部费用形成了固定资产和无形资产。所有这些开支就构成了工程造价。从这个意义上说,工程造价就是工程投资费用,建设项目工程造价就是建设项目固定资产投资。

(2)工程造价是指工程价格,即为建成一项工程,预计或实际在土地市场、设备市场、技术劳务市场,以及承包市场等交易活动中所形成的建筑安装工程的价格和建设工程总价格。显然,工程造价的第二种含义是以社会主义商品经济和市场经济为前提的,它是以工程这种特定的商品形式作为交易对象,通过招投标或其他交易方式,在进行多次预估的基础上,最终由市场形成的价格。

3. 为什么要对工程造价含义进行区分?

区分工程造价的两种含义,其理论意义在于为投资者和以承包商为代表的供应商的市场行为提供理论依据。当政府提出降低工程造价时,是站在投资者的角度充当着市场需求主体的角色;当承包商提出要提高工程造价、提高利润率,并获得更多的实际利润时,它是要实现一个市场供给主体的管理目标。这是市场运行机制的必然。不同的利益主体决不能混为一谈。同时,两种含义也是对单一计划经济理论的一个否定和反思。

4. 工程造价的作用有哪些?

(1)工程造价是项目决策的依据。
(2)工程造价是筹集建设资金的依据。
(3)工程造价是评价投资效果的重要指标。
(4)工程造价是制定投资计划和控制投资的依据。
(5)工程造价是合理利益分配和调节产业结构的手段。

5. 工程造价具有哪些特点?

(1)大额性。能够发挥投资效用的任意一项工程,不仅实物形体庞大,而且造价高昂。动辄数百万、数千万、数亿、十几亿,特大型工程项目的造价可达百亿、千亿元人民币。工程造价的大额性使其关系到有关各方面的重大经济利益,同时也会对宏观经济产生重大影响。这就决定了工程造价的特殊地位,也说明了造价管理的重要意义。

(2)个别性、差异性。任何一项工程都有特定的用途、功能和规模。因此,对每一项工程的结构、造型、空间分割、设备配置和内外装饰都有具体的要求,因而使工程内容和实物形态都具有个别性、差异性。产品的差异性决定了工程造价的个别性差异。同时,每项工程所处地区、地段都不相同,使这一特点得到强化。

(3)动态性。任何一项工程从决策到竣工交付使用,都有一个较长的建设期间,而且由于不可控因素的影响,在预计工期内,许多影响工程造价的动态因素,如工程变更、设备材料价格、工资标准以及费率、利率、汇率会发生变化。这种变化必然会影响到造价的变动,因此,工程造价在整个建设期中处于不确定状态,直至竣工决算后才能最终确定工程的实际造价。

(4)层次性。造价的层次性取决于工程的层次性。一个建设项目往往含有多个能够独立发挥设计效能的单项工程(如车间、写字楼、住宅楼等)。一个单项工程又是由能够各自发挥专业效能的多个单位工程(土建工程、电气安装工程等)组成。与此相适应,工程造价有 3 个层次:建设项目总造价、单项工程造价和单位工程造价。如果专业分工更细,单位工程(如土建工程)的组成部分——分部分项工程也可以成为交换对象,如大型土方工程、基础工程、装饰工程等,这样工程造价的层次就增加分部工程和分项工程而成为 5 个层次。即使从造价的计算和工程管理的角度看,工程造价的层次性也是非常突出的。

(5)兼容性。工程造价的兼容性,首先表现在它具有两种含义,其次表现在工程造价构成因素的广泛性和复杂性。在工程造价中,首先来说成本因素非常复杂。其中为获得建设工程用地支出的费用、项目可行性研究和规划设计费用、与政府一定时期政策(特别是产业政策和税收政策)相关的费用占有相当的份额。再次,盈利的构成也较为复杂,资金成本较大。

6. 什么是工程造价分析?

工程造价分析,是在建设项目施工中或竣工后,对施工图预算执行情况的分析,即:设计预算与竣工决算对比,运用成本分析的方法,分析各项资金运用情况,核实预算是否与实际接近。成本控制分析的目的是总结经验,找出差距和原因,为改进以后工作提供依据。

7. 园林造价初学者应注重哪些方面的学习?

对于园林造价初学者来说,为尽快地掌握园林工程造价,需要注重以下几个方面:

(1)熟悉园林工程造价计价规则。对工程价格组成、费用计取要熟悉,这是最基本的专业知识,只有熟悉了计价规则才能更好、更全面地计算工程量,避免计算漏项、少项。

(2)掌握绿化苗木的相关知识。能够对苗木进行栽植、分类、维护,这样才能更好地列项以确定工程内容。

(3)熟悉和了解本地区苗木的价格行情、市场行情,基本的、常用的苗木和材料的价格要及时关注。

8. 园林绿化工程造价编制依据有哪些?

(1)施工图纸、设计说明。
(2)施工规范和标准图集。
(3)施工组织设计。
(4)基准材料预算价格和材料价格调整规定,人工工日单价,施工机械单班单价。
(5)园林绿化工程费用计算规定以及费用定额。
(6)工程预算定额。
(7)园林绿化工程施工工具书和相关手册。

9. 园林绿化工程造价由哪些内容构成?

园林绿化工程造价的构成主要划分为设备及工具、器具购置费用,建筑安装工程费用,工程建设其他费用,预备费,建设期贷款利息,固定资产投资方向调节税等几项。工程造价具体构成内容如图1-1所示。

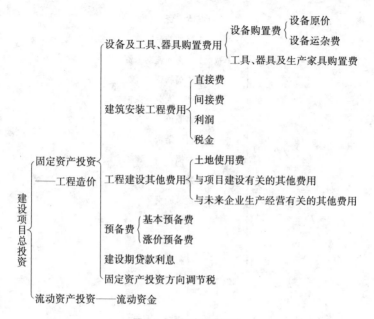

图 1-1 工程造价的构成

10. 建筑安装工程费用计算的程序是怎样的?

(1)计算工程直接费。

(2)计算工程间接费。

(3)计算利润。

(4)计算税金。

(5)确定工程预算造价。

11. 直接费由哪些部分构成?

直接费由直接工程费和措施费两部分构成。

12. 什么是直接工程费?由哪些费用组成?

直接工程费是指施工过程中耗费的构成工程实体的各项费用,包括人工费、材料费、施工机械使用费(图 1-2)。

直接工程费＝人工费＋材料费＋施工机械使用费

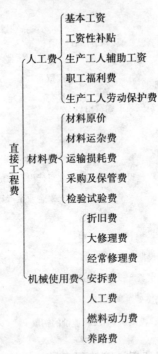

图 1-2 直接工程费

13. 什么是人工费？如何确定？

人工费是指直接从事建筑安装工程施工的开支的各项费用。

$$人工费 = \sum(工日消耗量 \times 日工资单价)$$

$$日工资单价(G) = \sum_{1}^{5} G$$

$$基本工资(G_1) = \frac{生产工人平均月工资}{年平均每月法定工作日}$$

$$工资性补贴(G_2) = \frac{\sum 年发放标准}{全年日历日 - 法定假日} + \frac{\sum 月发放标准}{年平均每月法定工作日} + 每工作日发放标准$$

$$生产工人辅助工资(G_3) = \frac{全年无效工作日 \times (G_1 + G_2)}{全年日历日 - 法定假日}$$

$$职工福利费(G_4) = (G_1 + G_2 + G_3) \times 福利费计提比例(\%)$$

$$生产工人劳动保护费(G_5) = \frac{生产工人年平均支出劳动保护费}{全年日历日-法定假日}$$

14. 什么是材料费？如何确定？

材料费是指施工过程中耗费的构成工程实体的原材料、辅助材料、构配件、零件、半成品的费用。

$$材料费 = \sum(材料消耗量 \times 材料基价) + 检验试验费$$

$$材料基价 = \{(供应价格 + 运杂费) \times [1+运输损耗率(\%)]\} \times [1+采购保管费率(\%)]$$

$$检验试验费 = \sum(单位材料量检验试验费 \times 材料消耗量)$$

15. 什么是施工机械使用费？如何确定？

施工机械使用费是指施工机械作业所发生的机械使用费，以及机械安拆费和场外运费。施工机械台班单价应由折旧费、大修理费、经常修理费、安拆费及场外运费、人工费、燃料动力费、车船使用费及年检费等七项组成。

$$施工机械使用费 = \sum(施工机械台班消耗量 \times 机械台班单价)$$

$$台班单价 = 台班折旧费 + 台班大修费 + 台班经常修理费 + 台班安拆费及场外运费 + 台班人工费 + 台班燃料动力费 + 台班车船使用税$$

16. 什么是措施费？由哪些费用构成？

措施费是指为完成工程项目施工，发生于该工程施工前和施工过程中非工程实体项目的费用。其构成如图 1-3 所示。

17. 如何确定环境保护费？

$$环境保护费 = 直接工程费 \times 环境保护费费率(\%)$$

$$环境保护费费率(\%) = \frac{本项费用年度平均支出}{全年建安产值 \times 直接工程费占总造价比例(\%)}$$

```
                    ┌ 环境保护费
                    │ 文明施工费
                    │ 安全施工费
                    │              ┌ 周转使用临建
                    │ 临时设施费 ┤ 一次性使用临建夜间施工费
                    │              └ 其他临时设施
           措   │ 二次搬运费
           施   ┤ 大型机械设备进出场及安拆费
           费   │ 混凝土、钢筋混凝土模板及支架费 ┤ 模板及支架费
                    │                                              └ 租赁费
                    │ 脚手架费 ┤ 脚手架搭拆费
                    │              └ 租赁费
                    │ 已完工程及设备保护费
                    └ 施工排水、降水费
```

图 1-3 措施费构成

18. 如何确定文明施工费？

文明施工费 = 直接工程费 × 文明施工费费率(%)

$$文明施工费费率(\%) = \frac{本项费用年度平均支出}{全年建安产值 \times 直接工程费占总造价比例(\%)}$$

19. 如何确定安全施工费？

安全施工费 = 直接工程费 × 安全施工费费率(%)

$$安全施工费费率(\%) = \frac{本项费用年度平均支出}{全年建安产值 \times 直接工程费占总造价比例(\%)}$$

20. 临时设施费由哪些部分组成？如何确定？

临时设施费由以下三部分组成：

(1) 周转使用临建费(如活动房屋)。

(2) 一次性使用临建费(如简易建筑)。

(3) 其他临时设施费(如临时管线)。

$$临时设施费=(周转使用临建费+一次性使用临建费)\times$$
$$[1+其他临时设施所占比例(\%)]$$

其中

$$周转使用临建费=\sum[\frac{临建面积\times每平方米造价}{使用年限\times365\times利用率(\%)}\times工期(天)]+$$
$$一次性拆除费$$

$$一次性使用临建费=\sum临建面积\times每平方米造价\times[1-残值率(\%)]+$$
$$一次性拆除费$$

其他临时设施在临时设施费中所占比例,可由各地区造价管理部门依据典型施工企业的成本资料经分析后综合测定。

21. 如何确定夜间施工增加费？

$$夜间施工增加费=\left(1-\frac{合同工期}{定额工期}\right)\times\frac{直接工程费中的人工费合计}{平均日工资单价}\times$$
$$每工日夜间施工费开支$$

22. 如何确定二次搬运费？

$$二次搬运费=直接工程费\times二次搬运费费率(\%)$$

$$二次搬运费费率(\%)=\frac{年平均二次搬运费开支额}{全年建安产值\times直接工程费占总造价的比例(\%)}$$

23. 如何确定大型机械进出场及安拆费？

$$大型机械进出场及安拆费=\frac{一次进出场及安拆费\times年平均安拆次数}{年工作台班}$$

24. 如何确定混凝土、钢筋混凝土模板及支架费？

$$模板及支架费=模板摊销量\times模板价格+支、拆、运输费$$

其中

$$摊销量=一次使用量\times(1+施工损耗)\times[1+(周转次数-1)\times$$
$$补损率/周转次数-(1-补损率)50\%/周转次数]$$

$$租赁费=模板使用量\times使用日期\times租赁价格+支、拆、运输费$$

25. 如何确定脚手架搭拆费?

脚手架搭拆费＝脚手架摊销量×脚手架价格＋搭、拆、运输费

其中

$$\text{脚手架摊销量} = \frac{\text{单位一次使用量} \times (1-\text{残值率})}{\text{耐用期}/\text{一次使用期}}$$

租赁费＝脚手架每日租金×搭设周期＋搭、拆、运输费

26. 如何确定已完工程及设备保护费?

已完工程及设备保护费＝成品保护所需机械费＋材料费＋人工费

27. 如何确定施工排水、降水费?

排水、降水费＝∑排水、降水机械台班费×排水、降水周期＋排水、降水使用材料费、人工费

28. 间接费由哪些部分构成?

间接费由规费和企业管理费组成。

29. 什么是规费?

规费是指政府和有关权力部门规定必须缴纳的费用,包括工程排污费、工程定额测定费(于2009年1月1日起,停止征收)、社会保障费、住房公积金、危险作业伤害意外伤害保险。

30. 什么是企业管理费?

企业管理费是指建筑安装企业组织施工生产和经营管理所需费用。企业管理费包括管理人员工资、办公费、差旅交通费、固定资产使用费、工具用具使用费、劳动保险费、工会经费、职工教育经费、财产保险费、财务费、税金及其他。

31. 如何确定间接费?

间接费的计算方法按取费基数的不同分为以下三种:

(1)以直接费为计算基础。

间接费＝直接费合计×间接费费率(%)

(2)以人工费和机械费合计为计算基础。

间接费＝人工费和机械费合计×间接费费率(%)

(3)以人工费为计算基础。

间接费＝人工费合计×间接费费率(%)

间接费费率(%)＝规费费率(%)＋企业管理费费率(%)

32. 如何确定规费费率？

规费费率的计算公式如下：

(1)以直接费为计算基础：

$$规费费率(\%)=\frac{\sum 规费缴纳标准 \times 每万元发承包价计算基数}{每万元发承包价中的人工费含量} \times$$

人工费占直接费的比例(%)

(2)以人工费和机械费合计为计算基础：

$$规费费率(\%)=\frac{\sum 规费缴纳标准 \times 每万元发承包价计算基数}{每万元发承包价中的人工费含量和机械费含量} \times 100\%$$

(3)以人工费为计算基础：

$$规费费率(\%)=\frac{\sum 规费缴纳标准 \times 每万元发承包价计算基数}{每万元发承包价中的人工费含量} \times 100\%$$

33. 如何确定企业管理费费率？

企业管理费费率计算公式如下：

(1)以直接费为计算基础：

$$企业管理费费率(\%)=\frac{生产工人年平均管理费}{年有效施工天数 \times 人工单价} \times$$

人工费占直接费比例(%)

(2)以人工费和机械费合计为计算基础：

$$企业管理费费率(\%)=\frac{生产工人年平均管理费}{年有效施工天数 \times (人工单价+每工日机械使用费)} \times$$

100%

(3) 以人工费为计算基础：

$$企业管理费费率(\%) = \frac{生产工人年平均管理费}{年有效施工天数 \times 人工单价} \times 100\%$$

34. 税金由哪几部分构成？

税金包括营业税、城市维护建设税与教育附加费。

35. 计算工程直接费时应注意哪些问题？

(1) 在园林绿化工程中，苗木、花卉的费用需要单独计算，对于种植前清除垃圾及清除障碍物的费用需要单独计算，材料超运距（超过施工地点 50m 范围的运输）费用需要单独计算。

(2) 在堆砌假山及塑假石山工程中，对于假山基础工料费，钢骨架塑假石山的基础、脚手架等费用，需要并入相应的人工费和材料费用中。

(3) 在园路和园桥工程中，若路沿和路牙的材料与路面不一致，应另行计算路沿和路牙的工料费。

(4) 其他需要计算的费率执行当地颁布的费率。

36. 怎样编制园林绿化工程造价？

(1) 收集编制依据材料，如预算定额、材料基准价格信息、材料市场价格信息、机械台班单价等。

(2) 熟悉和掌握施工图纸及说明。施工图纸和设计说明是编制园林景观工程造价的重要基础，只有统一的施工图纸和设计说明才能更好地统一工程造价。

(3) 踏勘现场有利于熟悉施工的实际环境，确定相关的施工技术措施和施工组织措施，确定相关的施工工艺是否满足现场需要。

(4) 熟悉相关的工程预算定额以及规定，了解和熟悉定额的总说明、每册说明、每章说明等内容，了解和熟悉定额子目的工程内容、施工工艺、材料规格、技术要求、工程量计算规则、定额计量单位等。只有很好地熟悉了上述内容才能更好地编制工程造价。

(5)工程列项,计算工程量。依据施工图纸确定项目的划分,并根据划分列工程项目内容。根据施工图纸具体尺寸,结合施工现场的施工条件,按照工程量计算规则和工程计量单位,对列项的工程内容的工程量进行具体计算。

37. 什么是人工工日单价？

人工工日单价也称人工预算价格或定额工资单价,是指一个建筑安装工人一个工作日在预算中应记入的全部人工费用。它基本上反映了建筑安装工人的工资水平和一个工人在一个工作日中可以得到的报酬。预算定额的人工单价包括综合平均等级的基本工资、辅助工资、工资性质津贴、职工福利费和劳动保护费。

38. 怎样计算人工单价？

预算定额人工单价的计算公式为：

$$人工单价 = \frac{基本工资 + 工资性补贴 + 保险费}{月平均工作天数}$$

式中　基本工资——指规定的月工资标准；

工资性补贴——包括流动施工补贴、交通费补贴、附加工资等；

保险费——包括医疗保险,失业保险费等。

$$月平均工作天数 = \frac{365 - 52 \times 2 - 10}{12 \text{个月}} = 20.92 \text{ 天}$$

【例1-1】 已知砌砖工人小组综合平均月工资标准为315元/月,月工资性补贴为210元/月,月保险费为56元/月,求人工单价。

【解】 $人工单价 = \frac{315 + 210 + 56}{20.92} = \frac{581}{20.92} = 27.77 \text{ 元/日}$

39. 材料单价由哪几部分构成？

按照材料采购和供应方的不同,构成材料单价的费用也不同,一般分为以下几种：

(1)材料供货到工地现场。当材料供应商将材料送到施工现场时,材料单价由材料原价、采购和保管费构成。

(2)到供货地点采购材料。当需要派人到供货地点采购材料时,材料单价由材料原价、运杂费、采购和保管费构成。

(3)需二次加工的材料。当某些材料采购回来后,还需要进一步加工的材料,材料单价除了上述费用外还包括二次加工费。

综上所述,材料单价包括材料原价、运杂费、采购及保管费和二次加工费。

40. 什么是材料运杂费?

材料运杂费是指材料由其来源地运至工地仓库或堆放场地的全部运输过程中所支出的一切费用。包括车、船等的运输费、调车费或驳船费、装卸费及合理的运输损耗等。

调车费是指机动车到非公用装货地点装货时的调车费用。

装卸费是指火车、汽车、轮船出入仓库时的搬运费,按行业标准支付。

41. 怎样计算材料运输费?

材料运输费按运输价格计算,若供货来源地不同且供货数量不同时,需要计算加权平均运输费。其计算公式为:

$$加权平均运输费 = \frac{\sum_{i=1}^{n}(运输单价 \times 材料数量)_i}{\sum_{i=1}^{n}(材料数量)_i}$$

材料运输损耗是指材料在运输、搬运过程中发生的合理(定额)损耗。其费用计算公式为

材料运输损耗费=(材料原价+装卸费+运输费)×运输损耗率

属于材料预算价格的运杂费和有关费用只能算到运至工地仓库的全部费用。从工地仓库或堆置场地运到施工地点的各种费用应该包括在预算定额的原材料运输费中,或者计入材料二次搬运费中。

42. 哪些因素会导致材料价差？

(1) 国家政策因素。国家政策、法规的改变将会对市场产生巨大的影响，这种因体制发生变化而产生的材料价格的变化，即为"制差"。如：1998～1999 年期间国家存贷款利率一再下调，是 1993～1995 年国家为抑制经济增长过热过快而采取的一系列措施。

(2) 地区因素。预算定额估价表编制所在地的材料预算价格与同一时期执行该定额的不同地区的材料价格的差异，即为"地差"。

(3) 时间因素。定额估价表编制年度定额材料预算价格与项目实施年度执行材料价格的差异，即为"时差"。

(4) 供求因素。市场采购材料因产、供、销系统变化而引起的市场价格变化而形成的价差，即为"势差"。

(5) 地方部门政策文件因素。由于地方主要产业结构调整引起的部分材料价格变化而产生的价差，即为"地方差"。

43. 园林绿化工程材料价差调整的方法有哪些？

在工程实践中园林绿化工程材料价差调整通常采用表 1-1 所列几种方法。

表 1-1　　　　　　　　　　材料价差调整方法

方　法	内　容
实际价格调整法	此法是工程项目所在地材料的实际采购价（甲、乙双方核定后）按相应材料定额预算价格和定额含量，抽料抽量进行调整计算价差的一种方法。按下列公式进行： 某种材料单价价差＝该种材料实际价格（或加权平均价格）－定额中的该种材料价格 注：工程材料实际价格的确定：①参照当地造价管理部门定期发布的全部材料信息价格；②建设单位指定或施工单位采购经建设单位认可，由材料供应部门提供的实际价格。 某种材料加权平均价 $= \sum X_i J_i / \sum X_i (i=1,2,\cdots,n)$

续表

方　法	内　容
实际价格调整法	式中　X_i——材料不同渠道采购供应的数量； 　　　J_i——材料不同渠道采购供应的价格。 某种材料价差调整额＝该种材料在工程中合计耗用量×材料单价价差 按实调差的优点是补差准确，计算合理，实事求是。由于建筑工程材料存在品种多、渠道广、规格全、数量大的特点，若全部采用抽量调差，则费时费力，烦琐复杂
综合系数调整法	此法是直接采用当地工程造价管理部门测算的综合调差系数调整工程材料价差的一种方法，计算公式为 $$某种材料调差系数 = \sum K_1(各种材料价差)K_2$$ 式中　K_1——各种材料费占工程材料的比重； 　　　K_2——各类工程材料占直接费的比重。 单位工程材料价差调整金额＝综合价差系数×预算定额直接费 综合系数调差法的优点是操作简便，快速易行。但这种方法过于依赖造价管理部门对综合系数的测量工作。在实际工作中，常常会因项目选取的代表性，材料品种价格的真实性、准确性和短期价格波动的关系导致工程造价计算误差
按实调整与综合系数相结合	据统计，在材料费中三材价值占68％，而数目众多的地方材料及其他材料仅占材料费的32％。而事实上，对子目中分布面广的材料全面抽量是没有必要的。在有些地方，根据数理统计的A、B、C分类法原理，抓住主要矛盾，对A类材料重点控制，对B、C类材料作次要处理，即对三材或主材（即A类材料）进行抽量调整，其他材料（即B、C类材料）用辅材系数进行调整。这种方法克服了以上两种方法的缺点，有效地提高了工程造价的准确性，将预算编制人员从烦琐的工作中解放出来

续表

方 法	内 容
价格指数法	它是按照当地造价管理部门公布的当期建筑材料价格或价差指数逐一调整工程材料价差的方法。这种方法属于抽量补差,计算量大且复杂,常需造价管理部门付出较多的人力和时间。具体做法是先测算当地各种建材的预算价格和市场价格,然后进行综合整理定期公布的各种建材的价格指数和价差指数。计算公式为: 某种材料的价格指数＝该种材料当期预算价/该种材料定额中的取定价 某种材料的价差指数＝该种材料的价格指数－1 价格指数调整办法的优点是能及时反映建材价格的变化,准确性高,适用于建筑工程动态管理

第二章
·园林绿化工程定额·

1. 什么是工程定额？其编制依据有哪些？

工程定额是指在正常施工条件下，完成单位合格产品所必须消耗的劳动力、材料、机械台班的数量标准。工程定额反映了在一定社会生产力条件下工程行业的生产与管理水平。

工程定额通常由省、部、直辖市级行业职权部门和其授权部门编制。编制依据包括：正常的施工条件、国家颁发的施工及验收规范、质量评定标准和安全技术操作规程，施工现场文明安全施工及环境保护的要求，现行的标准图、通用图等。在我国，建筑工程定额有生产性定额和计价性定额两类，典型的生产定额是施工定额，典型的计价性定额是预算定额。

2. 工程定额的作用是什么？

(1) 工程定额是编制概算和估算指标的依据。

(2) 工程定额是编制施工图预算、进行工程招投标、签订建设工程承包合同、拨付工程款和办理竣工结算的依据。

(3) 工程定额是统一建设工程预(结)算工程量计算规则、项目划分及计量单位的依据。

(4) 工程定额是计算单位分项工程计价所需要的人工、材料、施工机械台班消耗量的依据。

3. 什么是定额计价？

定额计价实际上是国家通过颁布统一的估算指标、概算指标，以及概算、预算和有关定额，来对工程产品价格进行有计划的管理。国家以假定的工程产品为对象，制定统一的预算和概算定额。计算出每一单元子项的费用后，再综合形成整个工程的价格。

4. 工程定额按适用范围可分为哪几类？

工程定额按其适用范围可分为全国统一定额、行业统一定额、地区统一定额、企业定额和补充定额等。

5. 工程定额按内容和用途可分为哪几类？

工程定额根据其内容和用途可分为施工定额、预算定额、概算定额、概算指标和工期定额等。

6. 工程定额按生产要素可分为哪几类？

工程定额按其生产要素分类，可分为劳动消耗定额、材料消耗定额和机械台班消耗定额。

7. 工程定额按费用的性质可分为哪几类？

工程定额按其费用分类，可分为直接费定额和间接费定额等。

8. 工程定额具有哪些特性？

工程定额的特性体现在真实性和科学性，系统性和统一性，法令性，稳定性和时效性等。

9. 什么是劳动定额？其作用是什么？

劳动定额又称人工定额，是建筑安装工人在正常的施工（生产）条件下、在一定的生产技术和生产组织条件下、在平均先进水平的基础上制定的。它表明每个建筑安装工人生产单位合格产品所必须消耗的劳动时间，或在单位时间所生产的合格产品的数量。

劳动定额的作用主要表现在组织生产和按劳分配两方面，在一般情况下，两者是相辅相成的，即生产决定分配，分配促进生产。当前对企业基层推行的各种形式的经济责任制的分配形式，无一不是以劳动定额作为核算基础的。

10. 如何用技术测定法进行劳动定额编制？

技术测定法是通过对施工过程的具体活动进行实地观察，详细记录工人和机械的工作时间消耗、完成产品数量及有关影响因素，并将记录结果予以研究、分析,去伪存真,整理出可靠的原始数据资料,为制定定额提供科学依据的一种方法。

11. 如何用经验估计法进行劳动定额编制?

经验估计法是根据定额员、技术员、生产管理人员和老工人的实际工作经验对生产某一产品或完成某项工作所需的人工、机械台班、材料数量进行分析、讨论和估算,并最终确定定额耗用量的一种方法。经验估计法具有制定定额的工作过程短、工作量较小、省时、简便易行的特点,但是其准确度在很大程度上取定于参加估计人员的经验,有一定的局限性。因此,它只适用于产品品种多、批量小,某些次要定额项目中使用。

由于估计人员的经验和水平的差异,同一项目往往会提出一组不同的定额数据。此时,应对提出的各种不同数据进行认真的分析处理,反复平衡,并根据统筹法原理,进行优化以确定出平均先进的指标。计算公式如下:

$$t = \frac{a + 4m + b}{6}$$

式中　　t——表示定额优化时间(平均先进水平);

a——表示先进作业时间(乐观估计);

m——表示一般作业时间(最大可能);

b——表示后进作业时间(保守估计)。

12. 如何用统计分析法进行劳动定额编制?

统计分析法是将以往施工中所累积的同类型工程项目的工时耗用量加以科学地分析、统计,并考虑施工技术与组织变化的因素,经分析研究后制定劳动定额的一种方法。统计分析法简便易行,与经验估计法相比有较多的原始统计资料。采用统计分析法时应注意剔除原始资料中相差悬殊的数值,并将数值均换算成统一的定额单位,用加权平均的方法求出平均修正值。该方法适用于条件正常、产品稳定、批量较大、统计工作制度健全的施工过程。

13. 如何用比例类推法进行劳动定额编制？

比较类推法,又称"典型定额法"。它是以同类产品或工序定额作为依据,经过分析比较,以此推算出同一组定额中相邻项目定额的一种方法。例如:已知挖一类土地槽在不同槽深和槽宽的时间定额,根据各类土耗用工时的比例来推算挖二、三、四类土地槽的时间定额;又如:已知架设单排脚手架的时间定额,推算架设双排脚手架的时间定额。这种方法适用于制定规格较多的同类型产品的劳动定额。

比例类推法计算简便而准确,但是对典型定额的选择务必恰当合理,类推结果有的需要做调整。

比较类推的计算公式为

$$t = p \cdot t_0$$

式中　t——比较类推同类相邻定额项目的时间定额;

　p——比例关系;

　t_0——典型项目的时间定额。

14. 什么是材料消耗定额？其作用是什么？

材料消耗定额是指在正常的施工(生产)条件下,在节约和合理使用材料的情况下,生产单位合格产品所必须消耗的一定品种、规格的材料、半成品、配件等的数量标准。

材料消耗定额是编制材料需要量计划、运输计划、供应计划、计算仓库面积、签发限额领料单和经济核算的依据。制定合理的材料消耗定额,是组织材料的正常供应,保证生产顺利进行,以及合理利用资源,减少积压、浪费的必要前提,也是施工队组向工人班组签发限额领料单、考核和分析材料利用情况的依据。

材料消耗定额的编制方法有观测法、实验法、统计法三种。

15. 什么是机械台班使用定额？其编制步骤是怎样的？

机械台班使用定额或称机械台班消耗定额,是指在正常施工条件下,合理的劳动组合和使用机械,完成单位合格产品或某项工作所必需的机械工作时间,包括准备与结束时间、基本工作时间、辅助工作时间、不可避免的中断时间以及使用机械的工人生理需要与休息时间。

机械台班使用定额的编制程序如下：

(1)拟定施工机械的正常条件。

(2)确定机械1h纯工作正常生产率。

(3)确定施工机械的正常利用系数。

(4)计算施工机械台班定额。

16. 工程概预算分为哪几类？

工程概预算按不同设计阶段和所起作用以及编制依据的不同，一般可分为设计概算、施工图预算和施工预算三种。

17. 什么是工程概预算？其作用是什么？

工程概预算是指在工程建设过程中，根据不同的设计阶段设计文件的具体内容和有关定额、指标及取费标准，预先计算和确定建设项目的全部工程费用的文件。

概、预算的作用主要体现在以下几方面：

(1)为确定建设工程造价提供依据。

(2)为建设单位与施工单位进行工程投标提供依据，也是双方签订施工合同及办理工程竣工结算的依据。

(3)为建设银行拨付工程款或贷款提供依据。

(4)为施工企业组织生产、编制计划、统计工作量和实物量指标提供依据。

(5)为施工企业考核工程成本提供依据。

(6)为设计单位对设计方案进行技术经济分析、比较提供依据。

18. 工程定额计价的原则是什么？

工程定额计价实行"定额量、市场价、指导费"的计价原则。

(1)定额量。在编制建设工程预算、招标控制价、投标报价、工程结算时，构成工程实体的实体性消耗量以定额为依据；定额中非实体性消耗，参照定额的消耗标准，由企业自主确定。

(2)市场价。①定额中的人工、材料、机械等价格和以"元"形式出现的费用均为编制期的市场价格,在编制建设工程预算、招标控制价、投标报价、工程结算时,全部实行市场价格,以项目工程所在地是北京为例:发承包双方可参照北京市建设工程造价信息网站或《北京工程造价信息》中的市场信息价,自主协商确定价格,并在合同中约定。②对于已确定的材料、设备价格,在施工过程中,若发包方又单独指定,结算时的材料、设备价格按实际发生的价格调整。③发包方采购供应的材料、设备并运至承包方指定地点,承包方按实际发生的材料预算价格的99%退还发包方材料、设备款。

(3)指导费。①企业管理费、利润均为指导性费率,在保证上缴国家规定的各项社会保障基金等的基础上,可上下浮动。②分包方在施工现场需使用总承包方提供的水电、道路、脚手架、垂直运输机械等,按有偿服务的原则,总包向分包收取总包服务费,其标准可按分包总造价(不含设备费)的2%,由总、分包双方协商议定。

19. 什么是预算定额?

预算定额,是规定消耗在合格质量的单位工程基本构造要素上的人工、材料和机械台班的数量标准。所谓工程基本构造要素,即通常所说的分项工程和结构构件。

预算定额是工程建设中的一项重要的技术经济文件,它的各项指标反映了在完成规定计量单位符合设计标准和施工质量验收规范要求的分项工程消耗的劳动和物化劳动的数量限度。这种限度最终决定着单项工程和单位工程的成本和造价。

预算定额按照表现形式可分为预算定额、单位估价表和单位估价汇总表三种。

预算定额按照综合程度,可分为预算定额和综合预算定额。综合预算定额是在预算定额基础上,对预算定额的项目进一步综合扩大,使定额项目减少,更为简便适用,可以简化编制工程预算的计算过程。

20. 预算定额与施工定额有何区别?

预算定额与施工定额的性质不同,预算定额不是企业内部使用的定额,不具有企业定额的性质,预算定额是一种计价定额,是编制施工图预算、标底、投标报价、工程结算的依据。

施工定额作为企业定额,要求采用平均先进水平,而预算定额作为计价定额,要求采用社会平均水平。因此,在一般情况下,预算定额水平要比施工定额水平低 10%~15%。

预算定额比施工定额综合的内容要更多一些。预算定额不仅包括了为完成该分项工程或结构构件的全部工序,而且还考虑了施工定额中未包含的内容,如:施工过程之间对前一道工序进行检验,对后一道工序进行准备的组织间歇时间、零星用工、材料在现场内的超运距用工等。

21. 预算定额的编制原则有哪些?

为保证预算金额的质量、充分发挥预算定额的作用、实际使用简便,在编制工作中应遵循以下原则:

(1)按社会平均水平确定预算定额的原则。

(2)简明适用原则。

(3)坚持统一性和差别性相结合的原则。

(4)坚持由编写人员编审的原则。

22. 预算定额的编制依据是什么?

(1)现行全国统一劳动定额。预算定额是在现行劳动定额和施工定额的基础上编制的。预算定额中人工、材料、机械台班消耗水平,需要根据劳动定额或施工定额取定;预算定额的计量单位的选择,也要以施工定额为参考,从而保证两者的协调和可比性,减轻预算定额的编制工作量,缩短编制时间。

(2)现行设计规范、施工质量验收规范、质量评定标准和安全操作规程。预算定额在确定人工、材料和机械台班消耗数量时,必须考虑上述各项法规的要求和影响。

(3)具有代表性的典型工程施工图及有关标准图。对这些图纸进行仔细分析研究,并计算出工程数量,作为编制定额时选择施工方法确定定额含量的依据。

(4)新技术、新结构、新材料和先进的施工方法等。这类资料是调整定额水平和增加新的定额项目所必需的依据。

(5)有关科学试验、技术测定和统计、经验资料。这类资料是确定定额水平的重要依据。

(6)现行的预算定额、材料预算价格及有关文件规定等。包括过去定额编制过程中积累的基础资料,也是编制预算定额的依据和参考。

23. 预算定额的编制分为哪几个阶段?

预算定额的编制,大致分为准备工作、收集资料、编制定额、报批和修改定稿、整理资料五个阶段。

24. 分项工程定额指标包括哪些内容?

(1)定额计算量单位与计算精度的确定。

(2)工程量计算。

(3)人工消耗量指标的确定。

(4)材料消耗量指标的确定。

(5)机械台班消耗量指标的确定。

25. 定额的套用分为哪几种情况?

定额的套用分以下三种情况:

(1)当分项工程的设计要求、作法说明、结构特征、施工方法等条件与定额中相应项目的设置条件(如工作内容、施工方法等)完全一致时,可直接套用相应的定额子目。

在编制单位工程施工图预算的过程中,大多数项目可以直接套用预算定额。

(2)当设计要求与定额条件基本一致时,可根据定额规定套用相近定额子目,不允许换算。

(3)当设计要求与定额条件完全不符时,可根据定额规定套用相应定额子目,不允许换算。

26. 在工程造价中预算定额具有哪些作用？

(1)预算定额是编制施工图预算，确定建筑安装工程造价的基础。

(2)预算定额是编制施工组织设计的依据。

(3)预算定额是施工结算的依据。

(4)预算定额是施工单位进行经济活动分析的依据。

(5)预算定额是编制概算定额的基础。

(6)预算定额是合理编制招标标底、投标报价的基础。

27. 定额的换算类型有哪几种？

(1)砂浆换算：即砌筑砂浆换强度等级、抹灰砂浆换配合比及砂浆用量。

(2)混凝土换算：即构件混凝土、楼地面混凝土的强度等级、混凝土类型的换算。

(3)系数换算：按规定对定额中的人工费、材料费、机械费乘以各种系数的换算。

(4)其他换算：除上述三种情况以外的定额换算。

28. 定额的换算原则是什么？

为了保持定额的水平，在预算定额的说明中规定了有关换算原则，一般包括：

(1)定额的砂浆、混凝土强度等级，如设计与定额不同时，允许按定额附录的砂浆、混凝土配合比表换算，但配合比中的各种材料用量不得调整。

(2)定额中抹灰项目已考虑了常用厚度，各层砂浆的厚度一般不作调整。如果设计有特殊要求时，定额中工、料可以按厚度比例换算。

(3)必须按预算定额中的各项规定进行定额换算。

29. 如何进行砌筑砂浆的换算？

当设计图纸要求的砌筑砂浆强度等级在预算定额中缺项时，就需要调整砂浆强度等级，求出新的定额基价。砌筑砂浆换算公式为：

$$\begin{array}{c}\text{换算后定}\\ \text{额基价}\end{array} = \begin{array}{c}\text{原定额}\\ \text{基价}\end{array} + \begin{array}{c}\text{定额砂}\\ \text{浆用量}\end{array} \times \left(\begin{array}{c}\text{换入砂}\\ \text{浆基价}\end{array} - \begin{array}{c}\text{换出砂}\\ \text{浆基价}\end{array}\right)$$

30. 如何进行抹灰砂浆换算？

当设计图纸要求的抹灰砂浆配合比或抹灰厚度与预算定额的抹灰砂浆配合比或厚度不同时，就要进行抹灰砂浆换算。其换算公式为：

当抹灰厚度不变只换算配合比时，人工费、机械费不变，只调整材料费。

$$\begin{array}{c}\text{换算后定}\\ \text{额基价}\end{array} = \begin{array}{c}\text{原定额}\\ \text{基价}\end{array} + \begin{array}{c}\text{抹灰砂浆}\\ \text{定额用量}\end{array} \times \left(\begin{array}{c}\text{换入砂}\\ \text{浆基价}\end{array} - \begin{array}{c}\text{换出砂}\\ \text{浆基价}\end{array}\right)$$

当抹灰厚度发生变化时，砂浆用量要改变，因而人工费、材料费、机械费均要换算。

$$\begin{array}{c}\text{换算后定}\\ \text{额基价}\end{array} = \begin{array}{c}\text{原定额}\\ \text{基价}\end{array} + \left(\begin{array}{c}\text{定额人}\\ \text{工费}\end{array} + \begin{array}{c}\text{定额机}\\ \text{械费}\end{array}\right) \times (K-1) +$$
$$\sum \left(\begin{array}{c}\text{各层换入}\\ \text{砂浆用量}\end{array} \times \begin{array}{c}\text{换入砂}\\ \text{浆基价}\end{array} - \begin{array}{c}\text{各层换出}\\ \text{砂浆用量}\end{array} \times \begin{array}{c}\text{换出砂}\\ \text{浆基价}\end{array}\right)$$

式中 K——工、机费换算系数，且 $K = \dfrac{\text{设计抹灰砂浆总厚}}{\text{定额抹灰砂浆总厚}}$。

$$\begin{array}{c}\text{各层换入}\\ \text{砂浆用量}\end{array} = \dfrac{\text{定额砂浆用量}}{\text{定额砂浆厚度}} \times \text{设计厚度}$$

$$\begin{array}{c}\text{各层换出}\\ \text{砂浆用量}\end{array} = \text{定额砂浆用量}$$

31. 不同专业定额项目是否可以借用？

在编制建设工程预算、招标标底、投标报价、工程结算时，不同专业定额项目可以相互借用，但是在借用时应分别编制，并执行借用定额项目所在专业定额的取费标准。如建筑工程中设计若有部分仿古项目，可执行仿古建筑相应项目，单独编制预算，单独取费。

32. 编制工程预算时允许补充预算定额的范围和依据是什么？

允许补充预算定额的范围包括：预算定额中缺项的项目、工程建设中采用的新技术、新工艺、新材料的项目。

其编制补充定额的依据：

(1)补充定额的编制坚持按施工工序编制的原则,工程量计算方法与预算定额一致。

(2)补充定额中的人工、材料、机械消耗量,应以该工程的施工图纸、正常的施工条件、合理的施工方法、现行的施工及验收规范、质量评定标准、安全技术操作规程、施工现场文明安全施工及环境保护要求和有关规定为依据进行测定。

(3)补充定额中的人工、材料、机械价格均按该工程施工期间的市场价格,由发承包双方协商确定。

(4)补充定额中以"元"形式出现的费用,参照预算定额中相似或相近定额项目的标准,发承包双方协商确定。

33. 什么是企业定额?

所谓企业定额,是指施工企业根据本企业的技术水平和管理水平,编制完成单位合格产品所必需的人工、材料和施工机械台班的消耗量,以及其他生产经营要素消耗的数量标准。

企业定额反映企业的施工生产与生产消费之间的数量关系,是施工企业生产力水平的体现,每个企业均应拥有反映自己企业能力的企业定额。企业的技术和管理水平不同,企业定额的定额水平也就不同。因此,企业定额是施工企业进行施工管理和投标报价的基础和依据,从一定意义上讲,企业定额是企业的商业秘密,是企业参与市场竞争的核心竞争能力的具体表现。

34. 企业定额的表现形式有哪几种?

企业定额的编制应根据自身的特点,遵循简单、明了、准确、适用的原则。企业定额的构成及表现形式因企业的性质不同、取得资料的详细程度不同、编制的目的不同、编制的方法不同而不同。其构成及表现形式主要有以下几种：

(1)企业劳动定额。

(2)企业材料消耗定额。

(3)企业机械台班使用定额。

(4)企业施工定额。

(5)企业定额估价表。

(6)企业定额标准。

(7)企业产品出厂价格。

(8)企业机械台班租赁价格。

35. 企业定额的作用是什么?

(1)企业定额是企业计划管理的依据。

(2)企业定额是编制施工组织设计的依据。

(3)企业定额是企业激励工人的条件。

(4)企业定额计算劳动报酬,实行按劳分配的依据。

(5)企业定额是编制施工预算,加强企业成本管理的基础。

(6)企业定额有利于推广先进技术。

(7)企业定额是编制预算定额和补充单位估价表的基础。

(8)企业定额是施工企业进行工程投标,编制工程投标报价的基础和主要依据。

36. 什么是概算定额? 其作用是什么?

概算定额是由国家或其授权部门制定的,确定一定计量单位的建筑工程扩大结构构件、分部工程或扩大分项工程所需要的人工、材料和机械台班需要量标准。

概算定额的作用可以概括为:

(1)确定基本建设项目投资额,控制基本建设拨款和编制基本建设计划的依据。

(2)编制概算和修正概算的依据。

(3)进行初步设计或扩大初步设计方案比较的依据。

(4)实行基本建设大包干的主要依据。

37. 园林工程概算定额的作用是什么？

(1)园林工程概算定额是在扩大初步设计阶段编制概算,技术设计阶段编制修正概算的主要依据。

(2)园林工程概算定额是编制建筑安装工程主要材料申请计划的基础。

(3)园林工程概算定额是进行设计方案技术经济比较和选择的依据。

(4)园林工程概算定额是编制概算指标的计算基础。

(5)园林工程概算定额是确定基本建设项目投资额、编制基本建设计划、实行基本建设大包干、控制基本建设投资和施工图预算造价的依据。

38. 园林工程概算定额编制依据有哪些？

(1)现行的全国通用的设计标准、规范和施工验收规范。

(2)现行的园林工程预算定额。

(3)标准设计和有代表性的设计图纸。

(4)过去颁发的园林工程概算定额。

(5)现行的人工工资标准、材料预算价格和施工机械台班单价。

(6)有关园林工程施工图预算和结算资料。

39. 园林工程概算定额的内容由哪些部分组成？

园林工程概算定额由文字说明和定额表两部分组成。

(1)文字说明部分包括总说明和各章节的说明。

1)在总说明中,主要对编制的依据、用途、适用范围、工程内容、有关规定、取费标准和概算造价计算方法等进行阐述。

2)在分章说明中,包括分部工程量的计算规则、说明、定额项目的工程内容等。

(2)定额表格式。定额表头注有本节定额的工作内容,定额的计量单位(或在表格内)。表格内有基价、人工、材料和机械费,主要材料消耗量等。

40. 什么是概算指标？

概算指标是按一定的计量单位规定的,比概算定额更加综合扩大的单位工程或单项工程等的人工、材料、机械台班的消耗量标准和造价指标。通常以 m^2、m^3、台、座、组等为计量单位,因而估算工程造价较为简单。

41. 概算指标有哪些作用？

概算指标与概算定额、预算定额一样,都是与各个设计阶段相适应的多次计价的产物,它主要用于投资估价、初步设计阶段,其作用大致有以下几点：

(1)概算指标是编制投资估价和控制初步设计概算、工程概算造价的依据。

(2)概算指标是设计单位进行设计方案的技术经济分析、衡量设计水平、考核投资效果的标准。

(3)概算指标是建设单位编制基本建设计划、申请投资贷款和主要材料计划的依据。

42. 概算指标的内容包括哪些？

(1)总说明。总说明主要从总体上说明概算指标的作用、编制依据、适用范围、工程量计算规则及其他有关规定。

(2)示意图。表明工程的结构形式。工业项目还要表示出吊车及起重能力等。

(3)结构特征。主要对工程的结构形式、层高、层数和建筑面积进行说明。

(4)经济指标。包括工程造价指标、人工、材料消耗指标等。

43. 怎样应用概算指标？

概算指标的应用比概算定额具有更大的灵活性,由于它是一种综合性很强的指标,不可能与拟建工程的建筑特征、结构特征、自然条件、施工条件完全一致,因此,在选用概算指标时要十分慎重,选用的指标与设计对象在各个方面应尽量一致或接近,不一致的地方要进行换算,以提高准确性。

概算指标的应用一般有以下两种情况:

(1)如果设计对象的结构特征与概算指标一致时,可直接套用。

(2)如果设计对象的结构特征与概算指标的规定局部不同时,要对指标的局部内容调整后再套用。

44. 概算指标有哪几种表现形式?

概算指标在具体内容的表示方法上,分综合概算指标和单项概算指标两种形式。

(1)综合概算指标。综合概算指标是按照工业或民用建筑及其结构类型而制定的概算指标。综合概算指标的概括性较大,其准确性、针对性不如单项指标。

(2)单项概算指标。单项概算指标是指为某种建筑物或构筑物而编制的概算指标。单项概算指标的针对性较强,故指标中对工程结构形式要作介绍。只要工程项目的结构形式及工程内容与单项指标中的工程概况相吻合,编制出的设计概算就比较准确。

45. 概算指标的编制依据有哪些?

(1)现行的设计标准规范。

(2)现行的概算指标及其他相关资料。

(3)国务院各有关部门和各省、自治区、直辖市批准颁发的标准设计图集及有代表性的设计图纸。

(4)编制期相应地区人工工资标准、材料价格、机械台班费用等。

46. 园林工程设计概算的内容有哪些?

园林工程设计概算分为三级概算,即单位工程概算、单项工程综合概算、园林工程项目总概算。其编制内容及相互关系如图2-1所示。

园林工程总概算 {
  单项工程综合概算 {
    各单位工程概算
    各单位设备及安装工程概算
  }
  工程建设其他费用概算
  预算费、建设期利息、经营性项目铺底流动资金
}

图 2-1　园林工程设计概算的编制内容及相互关系

第三章

·园林绿化工程工程量清单计价·

1. 什么是工程量清单?

工程量清单是表现拟建工程的分部分项工程项目、措施项目、其他项目、规费项目和税金项目的名称和相应数量的明细清单。工程量清单包括分部分项工程量清单、措施项目清单、其他项目清单、规费项目清单和税金项目清单。

(1)工程量清单应由招标人负责编制,若招标人不具有编制工程量清单的能力,则可根据《工程造价咨询企业管理办法》(原建设部第149号令)的规定,委托具有工程造价咨询性质的工程造价咨询人编制。

(2)采用工程量清单方式招标,工程量清单必须作为招标文件的组成部分,其准确性和完整性由招标人负责。

(3)工程量清单是工程量清单计价的基础,应作为编制招标控制价、投标报价、计算工程量、支付工程款、调整合同价款、办理竣工结算以及工程索赔等的依据之一。

2. 工程量清单的编制依据有哪些?

(1)《建设工程工程量清单计价规范》(GB 50500—2008)(以下简称《计价规范》)。

(2)国家或省级、行业建设主管部门颁发的计价依据和办法。

(3)建设工程设计文件。

(4)与建设工程项目有关的标准、规范、技术资料。

(5)招标文件及其补充通知、答疑纪要。

(6)施工现场情况、工程特点及常规施工方案。

(7)其他相关资料。

3. 什么是工程量清单计价？

工程量清单计价是一种国际上通行的工程造价计价方式,是在建设工程招标投标过程中,招标人按照国家统一的工程量计算规则提供工程数量,由投标人依据工程量清单、施工图、企业定额、市场价格自主报价,并经评审后合理低价中标的工程造价计价方式。

工程量清单计价应包括按招标文件规定,完成工程量清单所列项目的全部费用,包括分部分项工程费、措施项目费、其他项目费和规费、税金。工程量清单应采用综合单价计价,它包括完成工程量清单中一个规定计量单位项目所需的人工费、材料费、机械使用费、管理费和利润,并考虑风险因素。综合单价不仅适用于分部分项工程量清单,也适用于措施项目清单和其他项目清单。

4. 工程量清单计价具有哪些优点？

与现行的招标投标方法相比在招标中采用工程量清单计价的优点体现在以下几方面：

(1)为投标单位提供了公平竞争的基础。由于工程量清单作为招标文件的组成部分,包括了拟建工程的分部分项工程项目、措施项目、其他项目名称和相应数量的明细清单,由招标人负责统一提供,从而有效保证了投标单位竞争基础的一致性,减少了由于投标单位编制投标文件时出现的偶然性技术误差而导致投标失败的可能,充分体现招投标公平竞争的原则。同时,由于工程量清单的统一提供,简化了投标报价的计算过程,节省了时间,减少不必要的重复劳动。

(2)体现企业的自主性。质量、造价、工期之间存在着必然的联系。投标企业报价时必须综合考虑招标文件规定完成工程量清单所需的全部费用,不仅要考虑工程本身的实际情况,还要求企业将进度、质量、工艺及管理技术等方案落实到清单项目报价中,在竞争中真正体现企业的综合实力。

(3)有利于风险的合理分担。由于建设工程本身的特性,工程的不确定和变更因素多,工程建设的风险较大。采用工程量清单计价模式后,投标单位只对自己所报的成本、单价等负责,而对工程量的变更或计算错误等不负责任,因此由这部分引起的风险也由业主承担,这种格局符合风险合理分担与责权利关系对等的原则。

(4)有利于企业精心控制成本,促进企业建立自己的定额库。中标后,中标企业可以根据中标价以及投标文件中的承诺,通过对单位工程成本、利润进行分析,统筹考虑,精心选择施工方案,逐步建立企业自己的定额库,通过在施工过程中不断地调整、优化组合,合理控制现场费用和施工技术措施费用等,从而不断地促进企业自身的发展和进步。

(5)有利于控制工程索赔。在传统的招标方式中,"低价中标、高价索赔"的现象屡见不鲜,其中,设计变更、现场签证、技术措施费用及价格是索赔的主要内容。工程量清单计价招标中,由于单项工程的综合单价不因施工数量变化、施工难易程度、施工技术措施差异、取费等变化而调整,大大减少了施工单位不合理索赔的可能。

5. 分部分项工程量清单的项目编码应如何设置?

分部分项工程量清单的项目编码应采用十二位阿拉伯数字表示。其中:一、二位为工程分类顺序码,建筑工程为01,装饰装修工程为02,安装工程为03,市政工程为04,园林绿化工程为05,矿山工程为06;三、四位为专业工程顺序码;五、六位为分部工程顺序码;七、八、九位为分项工程项目名称顺序码;十至十二位为清单项目名称顺序码,应根据拟建工程的工程量清单项目名称设置,同一招标工程的项目编码不得有重码。

在编制工程量清单时应注意对项目编码的设置不得有重码,特别是当同一标段(或合同段)的一份工程量清单中含有多个单项或单位工程且工程量清单是以单项或单位工程为编制对象时,应注意项目编码中的十至十二位的设置不得重码。例如一个标段(或合同段)的工程量清单中含有三个单项或单位工程,每一单项或单位工程中都有项目特征相同的路牙铺设,在工程量清单中又需反映三个不同单项或单位工程的路牙铺设工程量时,此时工程量清单应以单项或单位工程为编制对象,第一个单项或单位工程的路牙铺设的项目编码为050201002001,第二个单项或单位工程的路牙铺设的项目编码为050201002002,第三个单项或单位工程的路牙铺设的项目编码为050201002003,并分别列出各单项或单位工程路牙铺设的工程量。

6. 工程量清单项目特征描述具有哪些意义?

工程量清单的项目特征是确定一个清单项目综合单价不可缺少的主要依据,对工程量清单项目的特征描述具有十分重要的意义,其主要体现在以下几方面:

(1)项目特征是区分清单项目的依据。工程量清单项目特征是用来表述分部分项清单项目的实质内容,用于区分计价规范中同一清单条目下各个具体的清单项目。没有项目特征的准确描述,对于相同或相似的清单项目名称就无从区分。

(2)项目特征是确定综合单价的前提。由于工程量清单项目的特征决定了工程实体的实质内容,必然直接决定了工程实体的自身价值。因此,工程量清单项目特征描述得准确与否,直接关系到工程量清单项目综合单价的准确确定。

(3)项目特征是履行合同义务的基础。实行工程量清单计价,工程量清单及其综合单价是施工合同的组成部分,因此,如果工程量清单项目特征的描述不清甚至漏项、错误,从而引起在施工过程中的更改,都会引起分歧,导致纠纷。

7. 如何确定清单工程量的有效位数?

(1)以"t"为单位,应保留三位小数,第四位小数四舍五入。

(2)以"m^3""m^2""m""kg"为单位,应保留两位小数,第三位小数四舍五入。

(3)以"个""项"等为单位,应取整数。

8. 分部分项工程量清单描述包括哪些内容?

对分部分项工程量清单描述时有以下几种情况:

(1)必须描述的内容。

1)涉及正确计量的内容必须描述。

2)涉及结构要求的内容必须描述。

3)涉及材质要求的内容必须描述。

4)涉及安装方式的内容必须描述。

(2)可不描述的内容。

1)对计量计价没有实质影响的内容可以不描述。

2)应由投标人根据施工方案确定的可以不描述。

3)应由投标人根据当地材料和施工要求确定的可以不描述。

4)应由施工措施解决的可以不描述。

(3)可不详细描述的内容。

1)无法准确描述的可不详细描述。

2)施工图纸、标准图集标注明确的,可不再详细描述。

3)还有一些项目可不详细描述,但清单编制人在项目特征描述中应注明由投标人自定。

4)对规范中没有项目特征要求的个别项目,但又必须描述的应予描述。

9. 编制工程量清单时,当出现《计价规范》中未出现的项目应怎样处理?

编制工程量清单出现《建设工程工程量清单计价规范》(GB 50500—2008)附录中未包括的项目,编制人应作补充,并报省级或行业工程造价管理机构备案,省级或行业工程造价管理机构应汇总报住房和城乡建设部标准定额研究所。

补充项目的编码由附录的顺序码与B和三位阿拉伯数字组成,并应从×B001起顺序编制,同一招标工程的项目不得重码。工程量清单中需附有补充项目的名称、项目特征、计量单位、工程量计算规则、工程内容。

表3-1为板材屋面工程量清单补充项目示例。

表3-1　　　　　　　E.3　园林景观工程

E.3.2　亭廊屋面(编码:050302)

项目编码	项目名称	项目特征	计量单位	工程量计算规则	工程内容
EB001	板材屋面	1. 屋面坡度 2. 铺草种类 3. 板材种类 4. 防护材料种类	m^2	按设计图示尺寸以斜面面积计算	1. 整选料 2. 屋面铺设 3. 刷防护材料

10. 什么是综合单价?

综合单价是完成工程量清单中一个规定计量单位项目所需的人工费、材料费、机械使用费、管理费和利润,并考虑风险因素。计算综合单价的过程一般来说,是根据工程量清单的特征描述,依据投标人公司的企业定额(投标人公司无企业定额的,可依据当地造价管理部门发布的消耗量定额)划分与每条清单项目相对应的计价子目(可能是一条,也可能是多条),并计算工程量,然后按企业定额计算出包含人工费、材料费、机械使用费、管理费和利润(含风险因素的报价),并推算出综合单价。

11. 什么是措施项目?

措施项目是指为完成工程项目施工,发生于该工程施工前和施工过程中技术、生活、安全等方面的非工程实体项目。此部分投标可根据自身企业的具体情况增加或删减条目,评标时不会因增加或删减了措施项目的项数而废标。

12. 什么是暂列金额?

暂列金额是招标人在工程量清单中暂定并包括在合同价款中的一笔款项。暂列金额在《建设工程工程量清单计价规范》(GB 50500—2003)(以下简称"03 规范")中称为"预留金",但由于"03 规范"中对"预留金"的定义不是很明确,发包人也不能正确认识到"预留金"的作用,因而发包人往往回避"预留金"项目的设置。《建设工程工程量清单计价规范》(GB 50500—2008)(以下简称"《计价规范》")明确规定暂列金额用于施工合同签订时尚未确定或者不可预见的所需材料、设备、服务的采购,施工中可能发生的工程变更、合同约定调整因素出现时的工程价款调整以及发生的索赔、现场签证确认等的费用。

13. 什么是暂估价?

暂估价是指招标阶段直至签订合同协议时,招标人在招标文件中提供的用于支付必然发生但暂时不能确定价格的材料以及专业工程的金额。暂估价包括材料暂估单价和专业工程暂估价。暂估价类似于 FIDIC 合同条款中的 Prime Cost Items,在招标阶段预见肯定要发生,只是因为标准不明确或者需要由专业承包人完成,暂时无法确定价格。暂估价数量和拟用项目应当结合工程量清单中的"暂估价表"予以补充说明。

14. 什么是计日工?

计日工在"03 规范"中称为"零星项目工作费"。计日工是为解决现场发生的零星工作的计价而设立的,其为额外工作和变更的计价提供了一个方便快捷的途径。计日工适用的所谓零星工作一般是指合同约定之外的或者因变更而产生的、工程量清单中没有相应项目的额外工作,尤其是那些时间不允许事先商定价格的额外工作。计日工以完成零星工作所消耗的人工工时、材料数量、机械台班进行计量,并按照计日工表中填报的适用项目的单价进行计价支付。

15. 编制工程量清单应注意哪些问题？

(1)应严格按《计价规范》中的相关附录划分清单条目,清单编码要规范。

(2)当同种构件因不同特征而对综合单价或相关措施费用产生影响时,应分别设置清单条目,分别进行特征描述,并以清单编码的后三位区别开。

(3)每个清单条目的特征描述应尽量详尽,以便于投标人准确计算综合单价。

(4)特征描述用语要规范化。工程量的计量也要尽可能的准确。

(5)有部分清单项目,《计价规范》有几个备选单位,在实际编制清单时应选定其中一种,而不是全部列出。

16. 同样的清单条目为何有不同的综合单价？

同样的清单条目,特征描述一样,工程量也一样,但不同的投标人,采用不同的施工方案时,计价工程量、计价子目都有可能不一样;不同的投标人,采购工程材料的价格不一样,企业工料消耗水平也不一样;不同的投标人,所需管理费用也不一样;不同的投标人,对工程的利润的期望值也不一样。这些不一样,都造成了不同的投标人,对同一清单条目的报价不一样。

17. 执行工程量清单是否还有独立费的概念？

执行工程量清单后,不应再有独立费的概念。

原计价行为中,发包方常常将土方、铝合金门窗、外墙涂料等单独分包出去,并以独立费列项,逃避规费,是建筑市场不规范的表现。

采用工程量清单,企业自主报价,发包方不应分解工程。对于图纸不准确的、甲供材料价格不明确的,可以暂估价、量列入,不应以独立费列项。

18. 税金项目清单应怎样进行列项？

税金项目清单应按下列内容列项：

(1)营业税。

(2)城市维护建设税。

(3)教育费附加。

19. 编制工程量清单时是否应列出施工方法？

招标人编制工程量清单不列施工方法（有特殊要求的除外），投标人应根据施工方案确定施工方法进行投标报价。如石方开挖，招标人确定工程数量即可。开挖方式，应由投标人做出的施工方案来确定，投标人应根据拟定的施工方法投标报价。如招标文件对土石方开挖有特殊要求，在编制工程量清单时，可规定施工方法。

20.《计价规范》附录中的清单项目可否拆开列项？

可以拆开列项，但一定是在附录中能够找出拆开后的相应项目。例如：园林绿化工程中"喷灌设施"050103001项目，可将其拆开：土方按附录A"管沟土方"项目编码列项，阀门井可按附录A"砖窨井、检查井"项目编码列项，管道可按附录C给排水、采暖、燃气工程相关项目编码列项等。

21. 园林工程中仿古工程如何执行《计价规范》？

园林工程中的仿古工程在《计价规范》中缺项。采用工程量清单计价的仿古工程，可参照《计价规范》中的有关原则和要求，编制工程量清单进行招标投标。

22. 投标报价的编制依据是什么？

(1)《建设工程工程量清单计价规范》(GB 50500—2008)。

(2)国家或省级、行业建设主管部门颁发的计价办法。

(3)企业定额，国家或省级、行业建设主管部门颁发的计价定额。

(4)招标文件、工程量清单及其补充通知、答疑纪要。

(5)建设工程设计文件及相关资料。

(6)施工现场情况、工程特点及拟定的投标施工组织设计或施工方案。

(7)与建设项目相关的标准、规范等技术资料。

(8)市场价格信息或工程造价管理机构发布的工程造价信息。

(9)其他的相关资料。

23. 投标报价的编制包括哪些内容？

(1)分部分项工程费。

(2)措施项目费。

(3)其他项目费。

(4)规费和税金。

(5)投标总价。

24. 投标报价时措施项目费应怎样确定？

(1)措施项目的内容应依据招标人提供的措施项目清单和投标人投标时拟定的施工组织设计或施工方案。

(2)措施项目费的计价方式应根据招标文件的规定，可以计算工程量的措施清单项目采用综合单价方式报价，其余的措施清单项目采用以"项"为计量单位的方式报价。

(3)措施项目费由投标人自主确定，但其中安全文明施工费应按国家或省级、行业建设主管部门的规定确定，且不得作为竞争性费用。

25. 投标人对其他项目费投标报价应按哪些原则进行？

(1)暂列金额应按照其他项目清单中列出的金额填写，不得变动。

(2)暂估价不得变动和更改。暂估价中的材料必须按照其他项目清单中列出的暂估单价计入综合单价；专业工程暂估价必须按照其他项目清单中列出的金额填写。

(3)计日工应按照其他项目清单列出的项目和估算的数量，自主确定各项综合单价并计算费用。

(4)总承包服务费应依据招标人在招标文件中列出的分包专业工程内容和供应材料、设备情况,按照招标人提出协调、配合与服务要求和施工现场管理需要自主确定。

26. 投标报价时计算直接成本应注意哪些问题?

(1)准确核定工程量。人工、材料、施工、机械台班消耗量应依据招标文件中提供的工程量清单和有关资料,按企业定额或参照建设行政主管部门颁发的预算定额确定。

(2)合理确定单价。人工、材料、施工机械台班单价应参照工程造价管理机构发布的市场价格自主确定。

27. 投标报价时计算间接成本应注意哪些问题?

投标报价时,间接成本中的管理费依据本企业的管理水平,参照工程造价管理机构发布的费率及其计算办法自主确定;间接成本中的规费依据国家规定的相应费率及其办法确定。

28. 清单计价中,牵涉安装工程的多专业(工种)"联动试车费"是否能计取?

联动试车费属工程建设其他费用,不属建安工程费范围,因此,清单报价中不考虑此项费用。

29. 描述清单项目特征时,全部描述比较烦琐,能否引用施工图进行描述?

项目特征是描述清单项目的重要内容,是投标人投标报价的重要依据,招标人应按《计价规范》要求,将项目特征详细描述清楚,便于投标人报价,对于某些不易用文字描述清楚的子目,可以引用施工图进行描述。

30. 工程量清单计价时如何确定合同价?若投标人已知工程量计算错误、漏项或设计变更,怎样进行调整?

工程量清单计价是一种计价方法,固定价、可调价、成本加酬金是签订合同价的方式,这是两个范畴的概念。按工程量清单计价可以采用固定价、可调价、成本加酬金中的任何一种方式签订合同价。

编制招标控制价和投标报价的计价方法有工料单价法和综合单价法,招标人与中标人应根据中标价订立合同,或不实行招投标工程由发承包双方协商订立合同,合同价方式有固定价、可调价和或本加酬金。若投标人发现清单中工程量计算错误、漏项或设计变更,可按《计价规范》相关规定或按合同约定处理。

31. 工程合同价款的约定,应满足哪几方面的要求?

(1)约定的依据要求:招标人向中标的投标人发出的中标通知书。

(2)约定的时间要求:自招标人发出中标通知书之日起30天内。

(3)约定的内容要求:招标文件和中标人的投标文件。

(4)合同的形式要求:书面合同。

32. 工程建设合同有哪几种形式?

工程建设合同的形式主要有单价合同和总价合同两种。合同的形式对工程量清单计价的适用性不构成影响,无论是单价合同还是总价合同均可以采用工程量清单计价。区别仅在于工程量清单中所填写的工程量的合同约束力。采用单价合同形式时,工程量清单是合同文件必不可少的组成内容,其中的工程量一般具备合同约束力(量可调),工程款结算时按照合同中约定应予计量并实际完成的工程量计算进行调整,由招标人提供统一的工程量清单则彰显了工程量清单计价的主要优点。而对总价合同形式,工程量清单中的工程量不具备合同的约束力(量不可调),工程量以合同图纸的标示内容为准,工程量以外的其他内容一般均赋予合同约束力,以方便合同变更的计量和计价。

33. 综合单价由哪几部分构成?

任何分部分项工程的综合单价都应由人工费、材料费、机械费、管理费、利润和风险因素构成。一些不发生材料费或机械费的分部、分项工程,也须在综合单价表中设置"材料费"和"机械使用费"栏目,空白不填写即可。

34. 工程价款调整有哪些方法?

(1)采用价格指数调整价格差额。

(2)采用造价信息调整价格差额。

35. 因清单漏项或非承包人原因的工程变更,造成清单项目增加,如何确定其综合单价?

(1)合同中已有适用的综合单价,按合同中已有综合单价确定。前提条件是其采用的材料、施工工艺和方法相同,亦不因此增加关键线路上工程的施工时间。

(2)合同中类似的综合单价,参照类似的综合单价确定。前提条件是其采用的材料、施工工艺和方法基本相似,不增加关键线路上工程的施工时间,可仅就其变更后的差异部分,参考类似的项目单价由发、承包双方协商新的项目单价。

(3)合同中没有适用或类似的综合单价,由承包人提出综合单价,经发包人确认后执行。

36. 怎样进行措施费的调整?

因分部分项工程量清单漏项或非承包人原因的工程变更,引起措施项目发生变化,造成施工组织设计或施工方案变更,原措施费中已有的措施项目,按原措施费的组价方法调整;原措施费中没有的措施项目,由承包人根据措施项目变更情况,提出适当的措施费变更,经发包人确认后调整。

37. 若施工期内市场价格波动超出一定幅度,而合同没有约定调整工程价款或约定不明确的,应怎样处理?

(1)人工单价发生变化时,发、承包双方应按省级或行业建设主管部门或其授权的工程造价管理机构发布的人工成本文件调整工程价款。

(2)材料价格变化超过省级和行业建设主管部门或其授权的工程造价管理机构规定的幅度时应当调整,承包人应在采购材料前将采购数量和新的材料单价报发包人核对,确认用于本合同工程时,发包人应确认采购材料的数量和单价。发包人在收到承包人报送的确认资料后3个工作日不予答复的视为已经认可,作为调整工程价款的依据。如果承包人未报经发包人核对即自行采购材料,再报发包人确认调整工程价款的,如发包人不同意,则不做调整。

(3)施工机械台班单价或施工机械使用费发生变化超过省级或行业建设主管部门或其授权的工程造价管理机构规定的范围时,按其规定进行调整。

38. 因不可抗力事件导致的费用,发、承包双方应如何处理?

发承包双方应按以下原则分别承担并调整工程价款。

(1)工程本身的损害、因工程损害导致第三方人员伤亡和财产损失以及运至施工场地用于施工的材料和待安装的设备的损害,由发包人承担。

(2)发包人、承包人人员伤亡由其所在单位负责,并承担相应费用。

(3)承包人的施工机械设备损坏及停工损失,由承包人承担。

(4)停工期间,承包人应发包人要求留在施工场地的必要的管理人员及保卫人员的费用,由发包人承担。

(5)工程所需清理、修复费用,由发包人承担。

39. 当合同中未就工程价款调整报告作出约定或《计价规范》中有关条款未作规定时,应如何处理?

(1)调整因素确定后14天内,由受益方向对方递交调整工程价款报告。受益方在14天内未递交调整工程价款报告的,视为不调整工程价款。

(2)收到调整工程价款报告的一方,应在收到之日起14天内予以确认或提出协商意见,如在14天内未作确定也未提出协商意见,视为调整工程价款报告已被确认。

40. 办理竣工结算的原则是什么?

(1)工程完工后,发、承包双方应在合同约定时间内办理工程竣工结算。合同中没有约定或约定不清的,按《建设工程工程量清单计价规范》(GB 50500—2008)中相关规定实施。

(2)工程竣工结算由承包人或受其委托具有相应资质的工程造价咨询人编制,由发包人或受其委托具有相应资质的工程造价咨询人核对。

41. 办理竣工结算的依据是什么?

(1)《建设工程工程量清单计价规范》(GB 50500—2008)。

(2)施工合同。

(3)工程竣工图纸及资料。

(4)双方确认的工程量。

(5)双方确认追加(减)的工程价款。

(6)双方确认的索赔、现场签证事项及价款。

(7)投标文件。

(8)招标文件。

(9)其他依据。

42. 发、承包双方发生工程造价合同纠纷时应怎样处理?

发、承包双方发生工程造价合同纠纷时,应通过下列办法解决:

(1)双方协商。

(2)提请调解,工程造价管理机构负责调解工程造价问题。

(3)按合同约定向仲裁机构申请仲裁或向人民法院起诉。协议仲裁时,应遵守《中华人民共和国仲裁法》第四条:"当事人采用仲裁方式解决纠纷,应当双方自愿,达到仲裁协议。没有仲裁协议,一方申请仲裁的,仲裁委员会不予受理"。第五条:"当事人达到仲裁协议,一方向人民法院起诉的,人民法院不予受理,但仲裁协议无效的除外"。第六条:"仲裁委员会应当由当事人协议选定。仲裁不实行级别管辖和地域管辖"的规定。

43. 清单计价与施工图预算如何协调？

清单计价与施工图预算是两种不同的计价模式。《计价规范》规定的范围应执行工程量清单计价,除此之外,根据招投标法规定招标人在招标时可以自行决定。

44. 在制定工程量清单时,可否使用一个暂估量,以节省发包方的人力投入？

如果某工程只有初步设计图纸,而没有施工图纸,可按暂估量计算;若有施工图纸,则必须计算其工程量,结算时可因工程增减作增减量调整。招标人应尽可能准确提供工程量,如果招标人所提供工程量与实际工程量误差较大,投标人可以提出索赔或策略报价。在实际工作中,建议尽量不采用暂估计算工程量的方法。

45. 实行工程量清单报价,综合单价在哪些情况下可以做调整？

实行工程量清单报价,综合单价在约定的风险范围内不再调整,但下列情况下可做调整：

(1)设计变更以及施工条件变更不应包括在承包人的风险范围内,价款调整方法应当在专用条款内约定。

(2)如合同中未明确规定,分部分项单项工程量变更超过15%,并且该项分部分项工程费超过总分部分项工程费的1%的,综合单价可做适当调整。当分部分项工程量清单项目发生工程量变更时,其措施项目费中相应的模板、脚手架工程量应调整。

(3)工程量清单漏项或设计变更引起新的工程量清单项目,其相应综合单价由承包人提出,经发包人确认后作为结算的依据。

(4)发包人要求承包人完成的合同外发生的用工等,由承包人提出现场签证,经发包方现场工程师(总监理工程师或发包人代表)签字认可后实施。现场签证的费用按照零星项目计价。

46. 投标人参照基础定额作综合单价分析时,其工程量(施工量)的计算除按施工组织设计外,是否应参照基础定额中相关子目的工程量计算规则?

《计价规范》中的工程量计算规则与定额中的工程量计算规则是有区别的,招标人编制招标文件中的工程量清单应按《计价规范》中的工程量计算规则计算工程量;投标人投标报价(包括综合单价分析)应按《计价规范》相应规定执行,即"投标报价应根据招标文件中的工程量清单和有关要求、施工现场实际情况及拟定的施工方案或施工组织设计,依据企业定额和市场价格信息,或参照建设行政主管部门发布的社会平均消耗量定额进行编制。"

47. 清单计价与定额计价的工程结算方式有何区别?

按工程量清单计价的工程结算方式与按定额计价的工程结算方式不同。工程量清单计价综合单价一般不做改动,没有价差,也不用调整各项费率。

48. 工程量清单招投标的程序有哪些环节?

(1)在招标准备阶段,招标人首先编制或委托有资质的工程造价咨询单位(或招标代理机构)编制招标文件,包括工程量清单。在编制工程量清单时,若该工程为"全部使用国有资金投资或国有资金投资为主的大中型建设工程",应严格执行住建部颁发的《建设工程工程量清单计价规范》(GB 50500—2008)。

(2)工程量清单编制完成后,作为招标文件的一部分,发给各投标单位。投标单位在接到招标文件后,可对工程量清单进行简单的复核,如果没有大的错误,即可考虑各种因素进行工程报价;如果投标单位发现工程量清单中工程量与有关图纸的差异较大,可要求招标单位进行澄清,但投标单位不得擅自变动工程量。

(3)投标报价完成后,投标单位在约定的时间内提交投标文件。

(4)评标委员会根据招标文件确定的评标标准和方法进行评定标。由于采用了工程量清单计价方法,所有投标单位都站在同一起跑线上,因而竞争更为公平合理。

49. 工程量清单投标报价的特点有哪些?

(1)量价分离,自主计价。招标人提供清单工程量,投标人除要审核清单工程量外还要计算施工工程量,并要按每一个工程量清单自主计价,计价依据由定额模式的固定化变为多样化。定额由政府法定性变为企业自主维护管理的企业定额及有参考价值的政府消耗量定额;价格由政府指导预算基价及调价系数变为企业自主确定的价格体系,除对外能多方询价外,还要在内建立一整套价格维护系统。

(2)价格来源是多样的,政府不再作任何参与,由企业自主确定。国家采用的是"全部放开、自由询价、预测风险、宏观管理"。"全部放开"就是凡与计价有关的价格全部放开,政府不进行任何限制。"自由询价"是指企业在计价过程中采用什么方式得到的价格都有效,价格来源的途径不作任何限制。"预测风险"是指企业确定的价格必须是完成该清单项目的完全价格,由于社会、环境、内部、外部原因造成的风险必须在投标前就预测到,包括在报价内。由于预测不准而造成的风险损失由投标人承担。"宏观管理"是因为建筑业在国民经济中占的比例特别大,国家从总体上还得宏观调控,政府造价管理部门定期或不定期发布价格信息,还得编制反映社会平均水平的消耗量定额,用于指导企业快速计价,并作为确定企业自身的技术水平的依据。

(3)提高企业竞争力,增强风险意识。清单模式下的招投标特点,就是综合评价最优,在保证质量、工期的前提下,合理低价中标。最低价中标,体现的是个别成本,企业必须通过合理的市场竞争,提升施工工艺水平,把利润逐步提高。企业不同于其他竞争对手的核心优势除企业本身的因素外,报价是主要的竞争优势。企业要体现自己的竞争优势就得有灵活全面的信息、强大的成本管理能力、先进的施工工艺水平、高效率的软件工具。除此之外,企业需要有反映自己施工工艺水平的企业定额作为计价依据,有自己的材料价格系统、施工方案和数据积累体系,并且这些优势都要体现到投标报价中。

50. 工程量清单的投标报价程序是怎样的?

取得招标信息→准备资料报名参加→提交资格预审资料→通过预审得到招标文件→研究招标文件→准备与投标有关的所有资料→实地考察工程场地,并对招标人进行考查→确定投标策略→核算工程量清单→编制施工组织设计及施工方案→计算施工方案工程量→采用多种方法进行询价→计算工程综合单价→确定工程成本价→报价分析决策,确定最终报价→编制投标文件→投送投标文件→参加开标会议。

51. 工程量清单投标报价的前期准备工作有哪些?

应用工程量清单投标报价的前期准备工作,主要包括取得招标信息、提交资格预审资料、研究招标文件、准备投标资料、确定投标策略等项内容。这一工作是保证准确报价和中标的重要基础工作,应认真对待。

52. 工程量清单投标报价的原则是什么?

采用工程量清单招标后,投标单位真正有了报价的自主权,但企业在充分合理地发挥自身的优势自主定价时,还应遵守有关文件的规定。

《建筑工程施工发包与承包计价管理办法》明确指出,投标报价应当满足招标文件要求,还应当依据企业定额和市场参考价格信息,并按照国务院和省、自治区、直辖市人民政府建设行政主管部门发布的工程造价计价办法进行编制。

《建设工程工程量清单计价规范》规定:"投标报价应根据招标文件中的工程量清单和有关要求、施工现场实际情况及拟定的施工方案或施工组织设计,依据企业定额和市场价格信息,或参照建设行政主管部门发布的社会平均消耗量定额进行编制。"

53. 工程量清单投标报价时应注意哪些问题?

(1)在推行工程量清单计价的初期,各施工单位应花一定的精力去吃透清单计价规范的各项规定,明确各清单项目所包含的工作内容和要求、各项费用的组成等,投标时仔细研究清单项目的描述,真正把自身的管理优势、技术优势、资源优势等落实到细微的清单项目报价中。

(2)注意建立企业内部定额,提高自主报价能力。

(3)在投标报价书中,没有填写单价和合价的项目将不予支付,因此投标企业应仔细填写每一单项的单价和合价,做到报价时不漏项不缺项。

(4)若需编制技术标及相应报价,应避免技术标报价与商务标报价出现重复,尤其是技术标中已经包括的措施项目,投标时应注意区分。

(5)掌握一定的投标报价策略和技巧,根据各种影响因素和工程具体情况灵活机动地调整报价,提高企业的市场竞争力。

54. 工程量清单合同具有哪些特点?

(1)具有综合性和固定性。工程量清单报价均采用综合单价形式,综合单价中包含了清单项目所需的材料、人工、施工机械、管理费、利润以及风险因素,具有一定的综合性。与以往定额计价相比,清单合同的单价简单明了,能够直观反映各清单项目所需的消耗和资源。另一方面,工程量清单报价一经合同确认,竣工结算不能改变,单价具有固定性。在这方面,国家施工合同示范文本和国际 FIDIC 土木工程施工合同示范文本对增加工程作出了同样的约定。

(2)便于施工合同价的计算。施工过程中,发包人代表或工程师可依据承包人提交的经核实的进度报表,拨付工程进度款;依据合同中的计日工单价、依据或参考合同中已有的单价或总价,有利于工程变更价的确定和费用索赔的处理。工程结算时,承包人可依据竣工图纸、设计变更和工程签证等资料计算实际完成的工程量,对与原清单不符的部分提出调整,并最终依据实际完成工程量确定工程造价。

(3)更加适合招标投标。清单报价能够真实地反映造价,在清单招标投标中,投标单位可根据自身的设备情况、技术水平、管理水平,对不同项目进行价格计算,充分反映投标人的实力水平和价格水平。而且由招标人统一提供工程量清单,不仅增大了招标投标市场的透明度,杜绝了腐败的源头,而且为投标企业提供了一个公平合理的基础和环境,真正体现了建设工程交易市场的公开、公平和公正。

55. 工程量清单与施工合同之间的关系如何?

(1)工程量清单是合同文件的组成部分。施工合同不仅仅指发包人和承包人签订的协议书,它还应包括与建设项目施工有关的资料和施工过程中的补充、变更文件。《建设工程工程量清单计价规范》颁布实施后,工程造价采用工程量清单计价模式的,其施工合同也即通常所说的"工程量清单合同"或"单价合同"。

(2)工程量清单是计算合同价款和确认工程量的依据。工程量清单中所载工程量是计算投标价格、合同价款的基础,承发包双方必须依据工程量清单所约定的规则,最终计量和确认工程量。

(3)工程量清单是计算工程变更价款和追加合同价款的依据。工程施工过程中,因设计变更或追加工程影响工程造价时,合同双方应依据工程量清单和合同其他约定调整合同价格。

(4)工程量清单是支付工程进度款和竣工结算的计算基础。

(5)工程量清单是索赔的依据之一。

56. 哪些招标项目可以考虑高报价?

当一个项目具有以下特点时,可以考虑高报价:

(1)工程施工条件差,专业要求高,技术密集。如,有大型水景和雕塑的园林工程。

(2)工程总价低的小工程。如,只有种植工程,没有园路和园景工程的园林绿化工程。

(3)特殊的工程。如,高档别墅区的园林绿化工程。

(4)工期要求急的工程。如,受赛事的要求急于交工的工程。

(5)投标对手少的工程。如,由于某些原因使竞争对手不能参与投标的工程。

(6)支付条件不理想的工程。如,有些工程,需要施工单位大量垫付资金。

(7)外企独资工程等可考虑高报价。如,有些外企的人员工资很高,相应的工程投资费用也会相对较高。

57. 哪些招标项目可以考虑低报价?

当一个项目具有以下特点时,可以考虑低报价:

(1)施工条件好、工作简单、工程量大而一般公司都可以做的工程。

(2)投标竞争对手多,竞争激烈的工程。

(3)非急需工程。

(4)支付条件好的工程。

58. 投标人在报价时,总报价是否应填报其他项目费?

根据《计价规范》相应条款规定,总报价应包括其他项目费。因此,投标人在报价时,总报价应填报其他项目费。

59. 怎样进行暂定工程量的报价?

(1)业主规定了暂定工程量的分项内容和暂定总价款,并规定所有投标人都必须在总报价中加入这笔固定金额,但由于分项工程量不准确,允许将来按照投标人所报单价和实际完成的工程量付款。这种情况下,暂定总价款是固定的,对各投标人的总报价水平竞争力没有任何影响,因此，投标时应对暂定工程量的单价适当提高，这样既不会因为今后工程量变更而吃亏，也不会削弱投标价的竞争力。

（2）业主列出了暂定工程量的项目和数量，但并没有限制这些工程量的估价总价款，要求投标人列出单价。此时，也应按暂定项目的数量计算总价，当将来结算付款时可按照实际完成的工程量和所报单价支付。这种情况下，投标人必须慎重考虑，如果单价定得高了，同其他工程量计价一样，将会增大总报价，影响投标报价的竞争力；如果单价定得低了，将来这类工程量增加将会影响收益。一般来说，这类工程量可以采用正常价格。如果承包商估计今后实际工程量肯定会增大，则可适当提高单价，使将来可增加额外收益。

（3）只有暂定工程的一笔固定总金额，将来用这笔金额做什么由业主确定。这种情况下，投标竞争没有意义，按照招标文件要求将规定的暂定款列入总报价即可。

60. 清单工程量计算对合同管理有哪些影响？

由于工程量清单中所提供的工程量是投标单位投标报价的基本依据，因此其计算的要求相对比较高，在工程量的计算工程中，要做到不重不漏，更不能发生计算错误，否则会带来下列问题：

（1）工程量的错误一旦被承包商发现和利用，则会给业主带来损失。

（2）工程量的错误会引发其他施工索赔。承包商除通过不平衡报价获取了超额利润外，还可能提出索赔，例如，由于工程数量增加，承包商的开办费用（如施工队伍调遣费、临时设施费等）不够开支，可能要求业主赔偿。

（3）工程量的错误还会增加变更工程的处理难度。由于承包商采用了不平衡报价，所以当合同发生设计变更而引起工程量清单中工程量的增减时，会使得工程师不得不和业主及承包商协商确定新的单价，对变更工程进行计价。

（4）工程量的错误会造成投资控制和预算控制的困难。由于合同的预算通常是根据投标报价加上适当的预留费后确定的,工程量的错误还会造成项目管理中预算控制的困难和预算追加的难度。

61. 怎样进行工程变更?

工程变更是指在工程项目实施过程中,按照合同约定的程序对部分或全部工程在材料、工艺、功能、构造、尺寸、技术指标、工程数量及施工方法等方面做出的改变。包括因设计原因由设计单位提出的对原设计的变更和修改业主提出的变更要求,项目监理、承包商对已有设计资料提出的合理化建议而引起的工程变更。

在业主或工程师向承包人下达工程变更令后,承包人应无条件执行变更内容,并于接到变更令后及时提交一份涉及费用和工期的变更报价书。业主或工程师对该报价书进行评估。如果变更项目与工程量表中某一项目的内容一致,而且项目监理认为变更的工程量或其实施并没有造成单价变化,那么,工程量表中相应的单价将用于计算变更的价格。如果工程量的单价发生变化或变更工作的性质与实施时间,无法与工程量表中的项目相一致,则承包人对有关项目提出的报价将采用新的单价。

62. 怎样变更工程量单价?

变更工程量单价的确定应依据工程量清单和合同其他约定,一般按以下原则进行:

(1)清单或合同中已有适用于变更工程的价格,按已有价格计算。

(2)清单或合同中只有类似于变更工程的价格,可以参照类似价格计算。

(3)清单或合同中没有适用或类似于变更工程的价格,由承包人按照招标文件的约定提出适当的变更价格,经业主或工程师确认后执行。

一般合同都规定当实际完成的工程量超出或少于清单工程量一定比例后,超出或减少部分的工程量其适用单价相应下调或上浮一定百分比。

63. 怎样利用增加建议方案进行投标？

有时招标文件中规定，投标方可以修改原设计方案，提出一个自己的建议方案。招标方这样做的目的有两个：一是对自己的招标文件的合理性底气不足，通过收集有丰富经验的企业对这个工程的认知，纠正原招标文件中的错误，至于是否采用建议方案，或者是否把工程交给建议方，那又另当别论；二是投标方想通过征集建议方案的形式，选择最佳方案中标。面对这两种情况，投标者应判断招标方的真实目的，若是第二种情况，应抓住机会，组织一些有经验的设计和施工工程师，对原招标文件的设计和施工方案仔细研究，提出更为合理的方案以吸引业主，促成自己的方案中标。

64. 怎样处理好施工过程中的索赔事项？

在合同履行过程中，对于并非自己的过错，而是由对方承担责任的情况造成的实际损失，合同一方可向对方提出经济补偿和（或）工期顺延的要求，即"索赔"。当一方向另一方提出索赔要求时，要有正当索赔理由，且有索赔事件发生时的有效证据，作为合同文件组成部分的工程量清单即是理由和证据之一。当承包人按照设计图纸和技术规范进行施工，其工作内容是工程量所不包含的，则承包人可以向发包人提出索赔；当承包人不按清单要求履行义务时发包人可以向承包人提出反索赔要求。

65. 当前工程量清单计价法在实际应用中存在哪些问题？

大多的企业缺乏自主报价的能力，这是当前工程量清单计价法在应用中的最大问题。工程量清单计价方法能否实施的关键在于企业是否实行自主报价。但是，由于我国目前无论是建筑行业还是园林建设行业，在材料损耗、用工、机械种类和使用方法、管理费用的构成等方面都未能形成自己的企业定额，在制定综合单价时，多是按照地区定额内各相应子目的工料消耗量，乘以自己在支付人工、购买材料、使用机械和消耗能源方面的市场单价，再加上地区综合管理费率和优惠折扣系数，一个单项报价就生成了。这就相当于把一个工程按清单内的细目划分变成一个个独立的分部、分项工程项目去套用定额,其实质仍旧沿用了定额计价模式去处理。因此,企业定额体系的建立是推行工程量清单计价的重要基础,这将是个漫长而艰难的工作。

另外,当前我国工程量清单计价的相关管理体制还不够完善。我国于2003年颁布了《建设工程工程量清单计价规范》,2008年又对计价规范进行了修订,但仍允许沿用工程定额,而且有些地区还有新的定额不断发布,这样就未形成《计价规范》的唯一性和严肃性,为不执行《计价规范》提供了方便。还有一些其他问题,如缺乏新的计价办法配合相应的合同管理模式以及行业对《计价规范》认识不足等,都限制了《计价规范》推广和实施。

第四章

·绿化工程·

1. 什么是绿化工程?

绿化工程狭义是指树木、草坪及其他地被植物、花卉、水生植物、攀缘植物的种植以及与之相关的整地,改良土壤,敷设排灌设施,安装保护设施等。

广义的绿化工程则与造园一样,包含绿地内的道路、桥梁、园椅、园灯等设施的建造。绿化工程因不同绿地或不同的地段在防护、改善气候卫生状况、休憩活动和造景等方面的目的不同,以及在质量方面的要求不同而采取不同的布局形式、工程标准和技术措施。

2. 什么是绿地?

绿地是为改善城市生态、保护环境、供居民户外游憩、美化市容,以栽植树木花草为主要内容的土地,是城镇和居民点用地的重要部分。

3. 什么是公共绿地?

公共绿地也称公共游憩绿地、公园绿地,是向公众开放,有一定游憩设施的绿化用地,包括其范围内的水域。在城市建设用地分类中,公共绿地分公园和街头绿地两类。前者包括各级游憩公园和特种公园,后者指城市干道旁所建的小型公园或沿滨河、滨海道路所建的带状游憩绿地,或起装饰作用的绿化用地。公共绿地是城市绿地系统的主要组成部分,除供群众户外游憩外,还有改善城市气候卫生环境、防灾避难和美化市容等作用。

4. 什么是专用绿地?

专用绿地是私人住宅和工厂、企业、机关、学校、医院等单位范围内庭园绿地的统称,由各单位负责建造、使用和管理。在城市规划中其面积包括在各单位用地之内。大多数城市还规定了专用绿地在各类用地中应占的面积比例。在许多城市的绿地总面积和绿地覆盖率中，专用绿地所占比例很大而且分布均匀，对改善整个城市的气候卫生条件作用显著，因此在城市绿化中的地位十分重要。

不同性质的单位对环境功能的要求在改善气候卫生条件、美化景观、户外活动等方面重点不同，因而专用绿地的内容、布局、形式、植物结构等方面也应各有特点。

5. 什么是道路绿化？

道路绿化一般泛指道路两侧的植物种植，但在城市规划专业范围中则专指公共道路红线范围内除铺装界面以外全部绿化及园林布置内容，包括行道树、路边绿地、交通安全岛和分车带的绿化。这些绿地带与给水、排水、供电、供热、供气、电信等城市基础设施的用地混合配置，树冠又常覆盖在路面上方，因此不单独划拨绿化用地，但其绿化覆盖面积在许多城市的绿地覆盖总面积中占举足轻重的比例。

道路绿化的主要目的在于改善路上行人、车辆的气候和卫生环境；减少对两侧环境的污染；提高效率和安全率；美化道路景观。

6. 什么是人工整理绿化用地？如何计算清单工程量？

人工整理绿化用地，是绿化工程施工前的地坪整理。

首先是对原有的不可利用的地上建筑物和地下构筑物进行拆除与清理；对原有的架空电线、管道，地埋式电缆、管道的整改或拆除；以及原有无法利用树木的移栽、砍伐；地表、栽植土层内的垃圾清除。然后是地形的整理，包括挖、运、填、压四个方面。

人工整理绿化用地清单工程量按设计图示尺寸以平方米计算。

7. 伐除树木应注意哪些问题？

凡土方开挖深度不大于50cm或填方高度较小的土方施工，对于现场及排水沟中的树木应按当地有关部门的规定办理审批手续。如是名木古树，必须注意保护，并做好移植工作。伐树时必须连根拔除，清理树墩除用人工挖掘外，直径在50cm以上的大树墩可用推土机或用爆破方法清除。

建筑物、构筑物基础下土方中不得混有树根、树枝、草及落叶等。

8. 什么叫掘苗?

将树苗从某地连根(裸根或带土球)起出的操作叫掘苗。

9. 挖坑(槽)应注意哪些问题?

挖坑看似简单,但其质量好坏,对今后植株生长有很大的影响。城市绿化植树必须保证位置准确,符合设计意图。挖坑的规格大小,应根据根系或土球的规格以及土质情况来确定,一般坑径应较根径大一些。挖坑深浅与树种根系分布深浅有直接联系,在确定挖坑深度规格时应予充分考虑。其主要方法有人力挖坑和机械挖坑。前者适合于规格比较小的坑槽挖掘。

10. 绿地整理过程中需要清理的障碍物有哪些?

绿化工程用地边界确定之后,凡地界之内,有碍施工的市政设施、农田设施、房屋、树木、坟墓、堆放杂物、违章建筑等,一律应进行拆除和迁移。

11. 现场清理的内容有哪些?

植树工程竣工后(一般指定植灌完3次水后),应将施工现场彻底清理干净,其主要内容为:封堰,单株浇水的应将树堰埋平,若是秋季植树,应在树堰内起约20cm高的土堆;整畦、大畦灌水的应将畦埂整理整齐,畦内进行深中耕;清扫保洁,最后将施工现场全面清扫一次,将无用杂物处理干净,并注意保洁,真正做到场光地净、文明施工。

12. 清除草皮的方法有哪些?

(1)人工中耕除草。人工中耕除草是农业上最古老的一种除草方式。仅除草使用的手锄,据考证已有3000年以上的历史,但目前不论在农业、林业还是园林中,仍被广泛应用。人工除草灵活方便,适应性强,适合于各种作业区域,而且不会发生各类明显事故。但人工除草效率低,劳动强度大,除草质量差,对苗木伤害严重,极易造成苗木染病。

(2)机械中耕除草。机械中耕除草目前广泛使用的是各种类型的手扶园艺拖拉机,也有少部地区使用高地隙中大型拖拉机进行中耕除草。它可以代替部分笨重体力劳动,且工作效率较高,尤其在春秋季节,疏松土壤有利于提高地温。但是机械除草,株间是中耕不到的,而株间的杂草由于距苗根较近,对苗木的生产影响也较大。而且在雨季气温高、湿度大的杂草生长旺季,由于土壤含水量过高,机械不能进田作业。

(3)化学除草。化学除草是通过喷洒化学药剂达到杀死杂草或控制杂草生长的一种除草方式。具有简便、及时、有效期长、效果好、成本低、省劳力、便于机械化作业等优点。但化学除草是一项专业技术很强的工作,它要求有化学农药知识、杂草专业知识、育苗栽培知识,另外还要懂得土壤、肥料、农机等专业知识。尤其是园林苗圃,涉及树种、繁殖方法类型多,没有一定的技术力量,推广、使用化学除草是极易发生事故的。因此,推广、使用必须遵循从小规模开始,先易后难、由浅入深的原则,逐步推广,而且要将实际情况作详细记载,以便不断地总结经验,推动化学除草的进展。

13. 整理用地时,土方开挖应注意哪些问题?

(1)开挖前应先进行测量定位,抄平放线,定出开挖宽度,按放线分块(段)分层挖土。根据土质和水文情况,采取在四侧或两侧直立开挖或放坡,以保证施工操作安全。当土质为天然湿度、构造均匀、水文地质条件良好(即不会发生坍滑、移动、松散或不均匀下沉),且无地下水时,挖方深度不大时,开挖亦可不必放坡,采取直立开挖不加支护,基坑宽应稍大于基础宽。如超过一定的深度,但不大于 5m 时,应根据土质和施工具体情况进行放坡,以保证不塌方。放坡后坑槽上口宽度由基础底面宽度及边坡坡度来决定,坑底宽度每边应比基础宽出 15~30cm,以便于施工操作。

(2)挖方边坡坡度应根据使用时间(临时或永久性)、土的种类、物理力学性质(内摩擦角、黏聚力、密度、湿度)、水文情况等确定。对于永久性场地,挖方边坡坡度应按设计要求放坡,如设计无规定,应根据工程地质和边坡高度,结合当地实践经验确定。

(3)对软土土坡或极易风化的软质岩石边坡,应对坡脚、坡面采取喷浆、抹面、嵌补、砌石等保护措施,并做好坡顶、坡脚排水,避免在影响边坡稳定的范围内积水。

(4)施工者应有足够的工作面,一般人均 $4\sim6m^2$。开挖土方附近不得有重物及易塌落物。

(5)挖方上边缘至土堆坡脚的距离,应根据挖方深度、边坡高度和土的类别确定。当土质干燥密实时,不得小于 3m;当土质松软时,不得小于 5m。在挖方下侧弃土时,应将弃土堆表面整平低于挖方场地标高并向外倾斜,或在弃土堆与挖方场地之间设置排水沟,防止雨水排入挖方场地。

14. 机械挖方前需要做好哪些准备?

在机械作业之前,技术人员应向机械操作员进行技术交底,使其了解施工场地的情况和施工技术要求。并对施工场地中的定点放线情况进行深入了解,熟悉桩位和施工标高等,对土方施工做到心中有数。

15. 绿地整理过程中人工挖方应注意哪些问题?

(1)挖土施工中一般不垂直向下挖得很深,要有合理的边坡,并要根据土质的疏松或密实情况确定边坡坡度的大小。必须垂直向下挖土的,则在松软土情况下挖深不超过 0.7m,中密度土质的挖深不超过 1.25m,硬土情况下不超过 2m 深。

(2)对岩石地面进行挖方施工,一般要先行爆破,将地表一定厚度的岩石层炸裂为碎块,再进行挖方施工。爆破施工时,要先打好炮眼,装上炸药雷管,待清理施工现场及其周围地带,确认爆破区无人滞留之后,才点火爆破。爆破施工的最紧要处就是要确保人员安全。

(3)相邻场地、基坑开挖时,应遵循先深后浅或同时进行的施工程序。挖土应自上而下水平分段分层进行,每层 0.3m 左右。边挖边检查坑底宽度及坡度,不够时及时修整,每 3m 左右修一次坡,至设计标高,再统一进行一次修坡清底,检查坑底宽和标高,要求坑底凹凸不超过 1.5cm。在已有建筑物侧挖基坑(槽)应间隔分段进行,每段不超过 2m,相邻段开挖应待已挖好的槽段基础完成并回填夯实后进行。

(4)基坑开挖应尽量防止对地基土的扰动。当用人工挖土,基坑挖好后不能立即进行下道工序时,应预留 15~30cm 一层土不挖,待下道工序开始再挖至设计标高。采用机械开挖基坑时,为避免破坏基底土,应在基底标高以上预留一层人工清理。使用铲运机、推土机或多斗挖土机时,保留上层厚度为20cm;使用正铲、反铲或拉铲挖土时为30cm。

(5)在地下水位以下挖土,应在基坑(槽)四侧或两侧挖好临时排水沟和集水井,将水位降低至坑槽底以下500mm,以利挖方进行。降水工作应持续到施工完成(包括地下水位下回填土)。

16. 土方回填前怎样进行基底清理?

(1)场地回填应先清除基底上草皮、树根、坑穴中积水、淤泥和杂物,并应采取措施防止地表滞水流入填方区,浸泡地基,造成基土下陷。

(2)当填方基底为耕植土或松土时,应将基底充分夯实或碾压密实。

(3)当填方位于水田、沟渠、池塘或含水量很大的松软土地段,应根据具体情况采取排水疏干,或将淤泥全部挖出换土、抛填片石、填砂砾石、翻松掺石灰等措施进行处理。

(4)当填土场地地面陡于1/5时,应先将斜坡挖成阶梯形,阶高0.2~0.3m,阶宽大于1m,然后分层填土,以利于接合和防止滑动。

17. 土方回填的填埋顺序是怎样的?

(1)先填石方,后填土方。土、石混合填方时,或施工现场有需要处理的建筑渣土而填方区又比较深时,应先将石块、渣土或粗粒废土填在底层,并紧紧地筑实;然后再将壤土或细土在上层填实。

(2)先填底土,后填表土。在挖方中挖出的原地面表土,应暂时堆在一旁;而要将挖出的底土先填入到填方区底层;待底土填好后,才将肥沃表土回填到填方区作面层。

(3)先填近处,后填远处。近处的填方区应先填,待近处填好后再逐渐填向远处。但每填一处,还是要分层填实。

18. 土方的填埋方式有哪些?

(1)一般的土石方填埋,都应采取分层填筑方式,一层一层地填,不要图方便而采取沿着斜坡向外逐渐倾倒的方式(图4-1)。分层填筑时,在要求质量较高的填方中,每层的厚度应为30cm以下,而在一般的填方中,每层的厚度可为30~60cm。填土过程中,最好能够填一层就筑实一层,层层压实。

(2)在自然斜坡上填土时,要注意防止新填土方沿着坡面滑落。为了增加新填土方与斜坡的咬合性,可先把斜坡挖成阶梯状,然后再填入土方。这样,只要在填方过程中做到了层层筑实,便可保证新填土方的稳定(图4-2)。

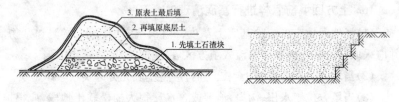

图4-1　土方分层填实　　　　图4-2　斜坡填土法

19. 土方压实有哪些要求?

(1)土方的压实工作应先从边缘开始,逐渐向中间推进。这样碾压,可以避免边缘土被向外挤压而引起坍落现象。

(2)填方时必须分层堆填、分层碾压夯实。不要一次性地填到设计土面高度后,才进行碾压打夯。如果是这样,就会造成填方地面上紧下松,沉降和塌陷严重的情况。

(3)碾压、打夯要注意均匀,要使填方区各处土壤密度一致,避免以后出现不均匀沉降。

(4)在夯实松土时,打夯动作应先轻后重。先轻打一遍,使土中细粉受震落下,填满下层土粒间的空隙;然后再加重打压,夯实土壤。

20. 怎样进行土方的压实?

土方的压实有人工夯实方法和机械压实方法两种。

(1)人工夯实方法。人力打夯前应将填土初步整平,打夯要按一定方向进行,一夯压半夯,夯夯相接,行行相连,两遍纵横交叉,分层打夯。夯实基槽及地坪时,行夯路线应由四边开始,然后再夯向中间。

（2）机械压实方法。为保证填土压实的均匀性及密实度，避免碾轮下陷，提高碾压效率，在碾压机械碾压之前，宜先用轻型推土机、拖拉机推平，低速预压 4～5 遍，使表面平实；采用振动平碾压实爆破石渣或碎石类土，应先静压，而后振压。

21. 横截面法计算绿地整理土方量的步骤是怎样的？

（1）划分横截面：根据地形图（或直接测量）及竖向布置图，将要计算的场地划分横截面 $A-A'$，$B-B'$，$C-C'$，……划分原则为垂直等高线或垂直主要建筑物边长，横截面之间的间距可不等，地形变化复杂的间距宜小，反之宜大一些，但最大不宜大于 100m。

（2）画截面图形：按比例画制每个横截面的自然地面和设计地面的轮廓线。设计地面轮廓线之间的部分，即为填方和挖方的截面。

（3）计算横截面面积：按表 4-1 的面积计算公式，计算每个截面的填方或挖方截面积。

表 4-1　　　　　　　　常用横截面计算公式

图　示	面积计算公式
	$A=h(b+nh)$
	$A=h\left[b+\dfrac{h(m+n)}{2}\right]$
	$A=b\dfrac{h_1+h_2}{2}+nh_1h_2$

续表

图 示	面积计算公式
	$A=h_1\dfrac{a_1+a_2}{2}+h_2\dfrac{a_2+a_3}{2}+h_3\dfrac{a_3+a_4}{2}+$ $h_4\dfrac{a_4+a_5}{2}+h_5\dfrac{a_5+a_6}{2}$
	$A=\dfrac{a}{2}(h_0+2h+h_n)$ $h=h_1+h_2+h_3+h_4+h_5$

(4) 计算土方量：根据截面面积计算土方量：

$$V=\frac{1}{2}(F_1+F_2)\times L$$

式中　V——表示相邻两截面间的土方量（m³）；

F_1、F_2——表示相邻两截面的挖（填）方面积（m²）；

L——表示相邻截面间的间距（m）。

(5) 按土方量汇总：如图 4-3 中 $A-A'$ 所示，设桩号 0+0.00 的填方横截面积为 2.80m²，挖方横截面积为 3.90m²；$B-B'$ 中，桩号 0+0.20 的填方横断面积为 2.35m²，挖方横截面面积为 6.75m²，两桩间的距离为 20m，则其挖填方量分别为：

$$V_{挖方}=\frac{1}{2}\times(3.90+6.75)\times 20=106.5\text{m}^3$$

$$V_{填方}=\frac{1}{2}\times(2.80+2.35)\times 20=51.5\text{m}^3$$

计算出土方量见表 4-2。

表 4-2　　　　　　　　土方量汇总

断　面	填方面积/m²	挖方面积/m²	截面间距/m	填方体积/m³	挖方体积/m³
$A-A'$	2.80	3.90	20	28	39
$B-B'$	2.35	6.75	20	23.5	67.5
合　　计				51.5	106.5

第四章 绿化工程

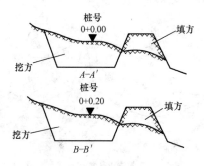

图 4-3 横截面示意图

22. 方格网法计算土方量如何划分方格网？

在附有等高线的地形图(图样常用比例为 1：500)上作方格网,方格各边最好与测量的纵、横坐标系统对应,并对方格及各角点进行编号。方格边长在园林中一般用 20m×20m 或 40m×40m。然后将各点设计标高和原地形标高分别标注于方格桩点的右上角和右下角,再将原地形标高与设计地面标高的差值(即各角点的施工标高)填土方格点的左上角,挖方为(＋)、填方为(－)。

其中原地形标高用插入法求得(图 4-4),方法是:设 H_x 为欲求角点的原地面高程,过此点作相邻两等高线间最小距离 L。

则
$$H_x = H_a \pm \frac{xh}{L}$$

式中 H_a——低边等高线的高程；

x——角点至低边等高线的距离；

h——等高差。

插入法求某点地面高程通常会遇到以下 3 种情况。

(1)待求点标高 H_x 在两等高线之间,如图 4-4 中①所示：

$$H_x = H_a + \frac{xh}{L}$$

(2)待求点标高 H_x 在低边等高线的下方,如图 4-4 中②所示：

$$H_x = H_a - \frac{xh}{L}$$

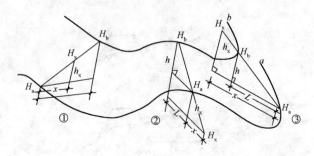

图 4-4 插入法求任意点高程示意图

(3)待求点标高 H_x 在低边等高线的上方,如图 4-4 中③所示:

$$H_x = H_a + \frac{xh}{L}$$

在平面图上线段 $H_a—H_b$ 是过待求点所做的相邻两等高线间最小水平距离 L。求出的标高数值——标记在图上。

23. 方格网法计算土方量如何确定施工标高?

施工标高指方格网各角点挖方或填方的施工高度,其导出式为:

施工标高=原地形标高-设计标高

从上式看出,要求出施工标高,必须先确定角点的设计标高。为此,具体计算时,要通过平整标高反推出设计标高。设计中通常取原地面高程的平均值(算术平均或加权平均)作为平整标高。平整标高的含义就是将一块高低不平的地面在保证土方平衡的条件下,挖高垫低使地面水平,这个水平地面的高程就是平整标高。它是根据平整前和平整后土方数相等的原理求出的。当平整标高求得后,就可用图解法或数学分析法来确定平整标高的位置,再通过地形设计坡度,可算出各角点的设计标高,最后将施工标高求出。

24. 方格网法计算土方量如何确定零点位置?

零点是指不挖不填的点,零点的连线即为零点线,它是填方与挖方的界定线,因而零点线是进行土方计算和土方施工的重要依据之一。要识别是否有零点存在,只要看一个方格内是否同时有填方与挖方,如果同时有,则说明一定存在零点线。为此,应将此方格的零点求出,并标于方格网上,再将零点相连,即可分出填挖方区域,该连线即为零点线。

零点可通过下式求得[图 4-5(a)]:

$$x = \frac{h_1}{h_1 + h_2} a$$

式中　x——零点距 h_1 一端的水平距离(m);

　　　h_1、h_2——方格相邻二角点的施工标高绝对值(m);

　　　a——方格边长。

零点的求法还可采用图解法,如图 4-5(b)所示。方法是将直尺放在各角点上标出相应的比例,而后用尺相接,凡与方格交点的为零点位置。

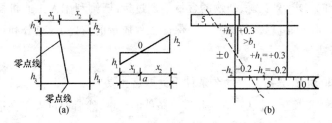

图 4-5　求零点位置示意图

将填方区所有方格的土方量(或挖方区所有方格的土方量)累计汇总,即得到该场地填方和挖方的总土方量,最后填入汇总表。

25. 绿化工程准备工作的工程量如何计算?

(1)勘察现场的植株。乔木不分品种、规格一律按株计算,灌木类以株计算,绿篱以延长米计算。

(2)拆除障碍物,视实际拆除体积以立方米计算。

(3)平整场地按设计供栽植的绿地范围以平方米计算。

26. 绿化工程定额包括哪些内容?

绿化工程定额包括人工整理绿化用地、种植工程、掘苗及场外运苗工程、客土工程、绿地喷灌、后期管理费等。

27. 怎样区分人工整理绿化用地和挖填土方？

凡绿化工程用地，自然地坪与设计地坪相差在±30cm以内时，执行人工整理绿化用地相应子目；凡在±30cm以外时，则分别执行挖土方或回填土相应定额子目。

28. 筛土的费用是否包含在人工整理绿化用地里？

整理绿化地里面不含筛土费用，须另行计算。

29. 什么是原土过筛？

原土过筛指在栽植过程中，若原坑中刨出来的土，土质理化性质符合种植土的要求，且瓦砾、杂物的含量不超过标准，则利用人工或机械筛土再加以利用的过程。其目的在于保证工程质量的前提下，充分利用原土以降低造价。

30. 什么是客土？什么条件下计取客土费？

客土即换土，即从别处获得满足条件的土壤，然后通过人工搬运或机器运输达到更换土壤的目的。在挖坑过程中刨出来的土不满足栽植要求，而且通过筛选也不能达到所需土质时，就需要换土。

砂砾坚土栽植，设计不要求换土时，均按原土过筛子目执行；如设计要求换土时，则换土子目与相应的原土过筛子目相加计算，其换土子目不得单独执行。

31. 怎样计算客土工程量？

客土的工程量的计算规则是：裸根乔木、灌木、攀援植物和竹类，按其不同坑体规格以株计算；土球苗木，按不同球体规格以株计算；木箱苗木，按不同的箱体规格以株计算；绿篱，按不同槽（沟）断面，分单行双行以米计算；色块、草坪、花卉，按种植面积以平方米计算。

32. 客土量、筛土量与土球土量、坑径土量之间存在着怎样的关系？

$$筛土量 = 坑径土量 - 土球土量 = 客土量$$

第四章 绿化工程

33. 人工整理绿地用地超过设定深度时,怎样计算工程量?

人工整理绿化用地是指±30cm范围内的平整,超过此范围的按照人工挖土方相应子目规定计算。

34. 整理绿化用地的渣土外运工程量如何计取?

整理绿化用地渣土外运的工程量分以下情况以 m^3 计算:

(1)自然地坪与设计地坪标高相差在±30cm以内时,整理绿化用地渣土量按每平方米 $0.05m^3$ 计算。

(2)自然地坪与设计地坪标高相差在±30cm以外时,整理绿化用地渣土量按挖土方与填土方之差计算。

35. 地下停车场进行绿化时,平整土地工程量如何计算?

平整场地清单工程量计算规则为"按设计图示尺寸以及建筑物首层面积计算"。地上无建筑物的地下停车场按地下停车场外墙、外边线、外围面积计算,包括出入口、通风竖井和采光井计算平整场地的面积。

36. 整理绿化用地土方运输实际运距超过100m时,应如何计算?

园林工程定额中,整理绿化用地已综合了100m以内的土方运输;如实际运距超过100m时,每超过50m(不足50m按50m计算)其增加运费按定额子目执行。

37. 什么是栽植还土?

栽植还土是在栽植过程中,将挖坑所掘出来的土填入放置苗木后的坑中并填平。填土时注意不要把填土压得太紧也不宜太松,高度稍高或平行地面即可,有多余的土应外运到其他地方。

38. 怎样理解园林预算定额中的"起挖工程"子目?

"起挖工程"子目适用于同一施工场地内苗木的就地迁移。计算"起挖工程"定额费用时,均不得计算苗木本身价值费用。绿化种植工程中,其苗木挖掘费用(出圃费)均已包括在苗木预算价格内,不得另行计算起挖人工费用。

39. 伐树、挖树根、砍挖灌木及割挖草皮分别包括哪些工作内容？工程量如何计算？

园林伐树、挖树根、砍挖灌木及割挖草皮是指报园林处审批后，进行伐树,锯倒、砍枝、截断、清理异物、就近堆放整齐、起土挖树根；砍挖灌木及割挖草皮；清理场地和集中等工作内容。定额项目中不含调运费。

伐树、挖树根依据离地面20cm处树干的不同直径以株计算；砍挖灌木及割挖草皮根据砍挖灌木林胸径10cm以下的稀密不同以平方米计算；人工割草挖草皮也以平方米计算；而挖竹根则以立方米计算。

40. 栽植工程包括哪些工作内容？

栽植工程一般包括绿化种植前的准备工作；苗木栽植工作；花坛栽植后十天以内、苗木栽植后一个月以内的养护管理工作；绿化施工后包括外围2m以内的垃圾清理等工作内容。

41. 栽植工程中的土质有哪几类？

园林工程中的土壤大致分为四类：一类土为松软土、二类土为普通土、三类土为坚土、四类土为砂砾坚土，见表4-3。

表4-3　　　　　　　　　　　土壤类别

土壤分类	土壤名称	工具鉴别方法
一类土（松软土）	略有黏性的沙土、腐殖土及疏松的种植土、砂和泥炭	用铁锹和板锄挖掘
二类土（普通土）	潮湿黏性土和黄土，软的盐土碱土含有碎石、卵石或建筑材料碎屑的潮湿黏土和黄土	用铁锹、条锄挖掘，用脚蹬，少许用镐
三类土（坚土）	中等密实度的黏土和黄土，含有碎屑、卵石或建筑材料碎屑的潮湿黏土和黄土	主要用镐、条锄挖掘，少许用铁锹
四类土（砂砾坚土）	坚硬密实的黏土或者黄土，含碎石、卵石或体积在10%~30%，重量在25kg以下块石的中等密度的黏土或黄土、硬化的重盐土	全部用镐、条锄挖掘，少许用撬棍挖掘

第四章　绿化工程

42. 栽植苗木工程中若遇到实际土质不良,施工方是否可以换土?

栽植苗木应根据设计图纸要求进行客土,设计无明确要求而实际土质不良,按种植质量技术要求必须客土,应先办妥洽商手续,方可客土。

43. 绿化苗木有哪些类型?

(1)乔木。树体高大(在5m以上),具有明显树干的树木。如银杏、雪松等。

(2)灌木。树体矮小(在5m以下),无明显主干或主干甚短。如连翘、金银木、月季等。

(3)藤本类。能攀附他物而向上生长的蔓性植物,多借助于吸盘(如地锦等)、附根(如凌霄等)、卷须(如葡萄等)、蔓条(如爬蔓月季等)以及干茎本身的缠绕性而攀附他物(如紫藤等)。

(4)匍匐类。干、枝均匍地而生。如铺地柏等。

(5)草本花卉。花、草的茎部为比较柔软的草质。如一串红、百日草、三色草等。

(6)木本花卉。花木的茎部为比较坚硬的木质。如牡丹、夹心桃、扶桑等。

44. 绿化工程中绿篱、色带、攀缘植物、草花,若无规定,通常每平方米或每延长米栽植数量为多少?

绿化工程栽植苗木中一般绿篱,按单行或双行不同篱高以米计算,单行每延长米栽3.5株,双行每延长米栽5株;色带每平方米栽12株;攀缘植物根据不同生长年限,每延长米栽植5~6株;草花每平方米栽35株。

45. 若设计要求变动苗木每延长米或每平方米的数量,其费用如何调整?

绿化工程中若设计要求变动苗木每延长米或每平方米的数量,其栽植费用是不变化的,但每延长米或每平方米增加的苗木费用需做相应调整。

46. 栽植穴槽的挖掘应注意哪些问题？

栽植穴、槽的质量，对植株以后的生长有很大的影响。除按设计确定位置外，应根据根系或土球大小、土质情况来确定坑(穴)径大小(一般应比规定的根系或土球直径大 20~30cm)；根据树种根系类别，确定坑(穴)的深浅。坑(穴)或沟槽口径应上下一致，以免植树时根系不能舒展或填土不实。栽植穴、槽的规格，可参见表 4-4~表 4-8。

表 4-4　　　　　常绿乔木类种植穴规格　　　　　(单位：cm)

树　　高	土球直径	种植穴深度	种植穴直径
150	40~50	50~60	80~90
150~250	70~80	80~90	100~110
250~400	80~100	90~110	120~130
400 以上	140 以上	120 以上	180 以上

表 4-5　　　　　落叶乔木类种植穴规格　　　　　(单位：cm)

胸　径	种植穴深度	种植穴直径	胸　径	种植穴深度	种植穴直径
2~3	30~40	40~60	5~6	60~70	80~90
3~4	40~50	60~70	6~8	70~80	90~100
4~5	50~60	70~80	8~10	80~90	100~110

表 4-6　　　　　花灌木类种植穴规格　　　　　(单位：cm)

冠　　径	种植穴深度	种植穴直径
200	70~90	90~110
100	60~70	70~90

表 4-7　　　　　竹类种植穴规格　　　　　(单位：cm)

种植穴深度	种植穴直径
盘根或土球深	比盘根或土球大
20~40	40~50

表 4-8 绿篱类种植槽规格 (单位:cm)

苗高 \ 深宽 \ 种植方式	单 行	双 行
50～80	40×40	40×60
100～120	50×50	50×70
120～150	60×60	60×80

47. 普坚土栽植,设计要求筛土或未要求时,应执行什么定额子目?

普坚土栽植,设计不要求筛土时,均按原土还原子目执行;如设计要求筛土时,则相应原土还原子目与原土过筛子目相加计算。其原土过筛子目不得单独执行。

48. 苗木栽植的成活率应符合哪些规定?

凡栽植工程所用苗木,均应由承包绿化工程的施工单位负责采购供应和栽植,并对栽植成活率95%负责。如建设单位自行采购供应苗木时,则苗木成活率由双方另行商定。

49. 怎样计算绿化苗木的损耗量?

苗木的损耗量包括栽植工程全过程的合理损耗。其损耗率规定如下:露根乔木或灌木1.5%;绿篱、色带、攀缘植物2%;草坪、地被、花卉、丛生竹4%;草块($0.1m^2$ 每块)20%。

50. 如果苗木死亡率在规定范围内,所补植苗木是否另计费用?

苗木的运输损耗和自然死亡率均已包括在苗木费中,不需要另行计取。

51. 各类苗木规格高于或低于定额规定的苗木规格上下限,应如何计取?

苗木规格高于定额规定的上限时,以定额最高的规格计取;苗木规格低于定额规定的下限时,以定额最低的规格计取。

52. 怎样计算苗木本身的价值?

绿化栽植工程均为不完全价格,未包括苗木价值。编制工程预算时应参照北京市绿化苗木的市场价,苗木价值按照设计要求的树种、规格、数量、定额规定的栽植苗木损耗率和相应的苗木材料预算价格计算,列入工程直接费。

53. 落叶乔木在非种植时节时,应采取哪些技术措施?

落叶乔木在非种植季节种植时,应根据不同情况分别采取以下技术措施。

(1)苗木必须提前采取疏枝、环状断根或在适宜季节起苗用容器假植等处理。

(2)苗木应进行强修剪,剪除部分侧枝,保留的侧枝也应疏剪或短截,并应保留原树冠的1/3,同时必须加大土球体积。

(3)可摘叶的应摘去部分叶片,但不得伤害幼芽。

(4)夏季可搭棚遮阴、树冠喷雾、树干保湿,保持空气湿润;冬季应防风防寒。

(5)干旱地区或干旱季节,种植裸根树木应采取根部喷布生根激素、增加浇水次数等措施。

54. 怎样计算绿化种植工程换土工程量?

绿化种植工程中定额以施工现场范围内的种植土作回填。如果需换土,按相应定额规定的子目另行计算。

苗木换土按定额规定的换土量计算,草皮、花卉换土参照各地有关标准执行,带泥球苗木种植按定额有关规定深度执行。凡需换土,应在施工合同中或双方现场签证给予明确,方可计算。

55. 怎样选择大树的移植时间?

如果掘起的大树带有较大的土球,在移植过程中严格执行操作规程,移植后要注意养护,那么,在任何时间都可以进行大树移植。但在实际中,最佳移植时间是早春,因为这时树液开始流动并开始生长、发芽,挖掘时损伤的根系容易愈合和再生,移植后经过从早春到晚秋的正常生长,树木移植的受伤的部分已复原,给树木顺利越冬创造了有利条件。

在春季树木开始发芽而树叶还没全部长成以前,树木的蒸腾还未达到最旺盛时期,此时带土球移植,缩短土球暴露的时间,栽后加强养护也能确保大树的存活。

盛夏季节,由于树木的蒸腾量大,此时移植对大树成活不利,在必要时可加大土球,加强修剪、遮阴、尽量减少树木的蒸腾量,也可成活,但费用较高。

在北方的雨季和南方的梅雨期,由于空气中的湿度较大,因而有利于移植,可带土球移植一些针叶树种。

56. 栽植后的养护管理中,扶植封堰包括哪些内容?

扶植封堰包括有扶直、中耕、封堰等内容。

(1)扶直:浇第 1 遍、水渗入后的次日,应检查树苗是否有倒、歪现象,发现后应及时扶直,并用细土将堰内缝隙填严,将苗木固定好。

(2)中耕:水分渗透后,用小锄或铁耙等工具,将土堰内的土表锄松,称"中耕"。中耕可以切断土壤的毛细管,减少水分蒸发,有利于保墒。植树后浇三水之间,都应中耕 1 次。

(3)封堰:浇第 3 遍水并待水分渗入后,用细土将灌水堰内填平,使封堰土堆稍高于地面。土中如果含有砖石杂质等物,应挑拣出来,以免影响下次开堰。华北、西北等地区秋季植树,应在树干基部堆成 30cm 高的土堆,以保持土壤水分,并能保护树根,防止风吹摇动,影响成活。

57. 大树的预掘方法有哪几种?

(1)多次移植。在专门培养大树的苗圃中多采用多次移植法,速生树种的苗木可以在头几年每隔 1～2 年移植一次,待胸径达 6cm 以上时,可每隔 3～4 年再移植一次。而慢生树待其胸径达 3cm 以上时,每隔 3～4 年移一次，长到 6cm 以上时，则隔 5～8 年移植一次，这样树苗经过多次移植，大部分的须根都聚生在一定的范围，因而再移植时可缩小土球的尺寸和减少对根部的损伤。

(2)预先断根法(回根法)。适用于一些野生大树或一些具有较高观赏价值的树木的移植，一般是在移植前 1～3 年的春季或秋季，以树干为中心，2.5～3 倍胸径为半径或以较小于移植时土球尺寸为半径画一个圆或方形，再在相对的两面向外挖 30～40cm 宽的沟(其深度则视根系分布而定，一般为 50～80cm)，对较粗的根应用锋利的锯或剪，齐平内壁切断，然后用沃土(最好是沙壤土或壤土)填平，分层踩实，定期浇水，这样便会在沟中长出许多须根，到第 2 年的春季或秋季再以同样的方法挖掘另外相对的两面，到第 3 年时，在四周沟中均长满了须根，这时便可移走(图 4-6)。挖掘时应从沟的外缘开挖，断根的时间可按各地气候条件有所不同。

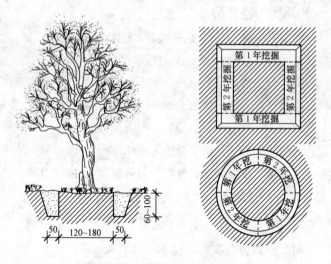

图 4-6 大树分期断根挖掘法示意(cm)

(3)根部环状剥皮法。同上法挖沟，但不切断大根，而采取环状剥皮的方法,剥皮的宽度为10~15cm,这样也能促进须根的生长,这种方法由于大根未断,树身稳固,可不加支柱。

58. 大树的移植方法有哪些?

大树的移植方法有软材包装移植法、木箱包装移植法、移树机移植法、冻土移植法。

59. 怎样计算大树移植的埋植深度?

大树移植一般的埋植深度只要略超过树根或土球的厚度即可。树穴底要平,上下口要一样大,切忌呈锅底状。

$$土球的厚度取定\ H=土球直径\ D×系数\ K$$

当 $D\leqslant 30\text{cm}, K=1; D\leqslant 120\text{cm}, K=0.7; D\leqslant 140\text{cm}, K=0.65$。

60. 大树移植工程中,若实际工作中采用人工移植的办法,结算时是否扣除机械费用?

园林定额在测算时是人工、机械综合取定考虑,不管采用何种方式移植,既不增加人工费也不扣除机械费用。因此,大树移植过程中,采用人工移植,没有利用任何机械,结算的时候也是不能扣除机械费用的。

61. 大树移植时,实际没有采用混凝土桩扶正支撑、辅助支撑,这部分费用是否需要计算?

大树移植时,这部分费用在实际中不需要扣除,不管是增加支撑还是不用支撑,均按定额执行,不得换算。

62. 在起挖苗木的时候,有些子目包含有修剪、打浆,有些子目只考虑了包扎,对此该如何准确套用定额?

这种问题套用定额有以下两种情况:
(1)起挖苗木工程凡是带土球的套用有包扎的子目。
(2)凡有裸根的,套用有修剪、打浆的子目。

63. 大树成活后,混凝土桩应怎样处理?

大树成活后,混凝土桩不能由施工单位回收,如施工单位要回收,价格可以由建设单位和施工单位双方协商解决回收价值。

64. 怎样进行大树的栽植?

(1)栽植前应根据设计要求定好位置,测定标高,编好树号,以便栽时对号入座,准确无误。

(2)挖穴(刨坑)时,树穴(坑)的规格应比土球的规格大些;一般以土球直径加大40cm左右,深度比土球加深20cm左右;土质不好的则更应加大坑的规格,并更换适于树木生长的好土。

如果需要施用底肥,事先应准备好优质腐熟有机肥料,并和回填的土壤搅拌均匀,随栽填土时施入穴底和土球外围。

(3)吊装入穴前,要按计划将树冠生长最丰满、完好的一面朝向主要观赏方向。吊装入穴(坑)时,粗绳的捆绑方法同前。但在吊起时应尽量保持树身直立。入穴(坑)时还要有人用木棍轻撬土球,使树立直。土球上表应与地表标高平,防止栽植过深或过浅,对树木生长不利。

(4)树木入坑放稳后,应先用支柱将树身支稳,再拆包填土。填土时,尽量将包装材料取出,实在不好取出者可将包装材料压入坑底。如发现土球松散,则千万不可松解腰绳和下部的包装材料,但土球上半部的蒲包、草绳必须解开取出坑外,否则会影响所浇水分的渗入。

(5)树放稳后应分层填土,分层夯实,操作时注意保护土球,以免损伤。

(6)在穴(坑)的外缘用细土培筑一道30cm左右高的灌水堰,并用铁锹拍实,以便栽后能及时灌水。第1次灌水量不要太大,起到压实土壤的作用即可;第2次水量要足;第3次灌水后可以培土封堰。以后视需要再灌,为促使移栽大树发根复壮,可在第2次灌水时加入0.02%的生根剂促使新根萌发。每次灌水时都要仔细检查,发现塌陷漏水现象,则应填土堵严漏洞,并将所漏水量补足。

65. 如何计取植物栽植挖坑的费用?

在定额或估价表中栽植苗木部分都是含挖坑的,比如栽植乔木的定额工作内容是包含挖坑的工作内容：

(1)起挖：起挖树坑、修剪、打浆、50m范围内搬运集中、回土填坑。

(2)栽植：挖坑、栽植(落坑、扶正、回填土、捣实、筑水围)、浇水、覆土、保墒、整形、清理。

(3)对于存在设计要求的后期管理：浇水、除虫、施肥、修剪、锄草、清理等。

对树坑加大来保证苗木的成活率，超过定额部分可以单独计算，并计算回填的工程量。

定额中的土方一般按照一、二类土计算。三类土，人工乘以系数1.34，四类土人工乘系数1.76，冻土人工乘系数2.20。

种植中含三遍的浇水，浇完算工程结束，然后进入养护期，现在的养护定额基本上都是种植后一年的养护价格，后期养护是不适用的。

66. 绿化工程中若甲方负责苗木采购，施工方只负责栽植，费用如何计算？

施工方只计取苗木的栽植费，并计取一定的材料保管费，成活率由双方另行商定。

67. 水生植物中苗木规格如何规定？其造价如何计算？

水生植物中苗木规格以高度和冠幅规定。其造价根据不同规格，以"桶"或"钵"计算，可根据市场价进行调整。

68. 非正常种植季节施工所发生的费用如何计算？

非正常种植季节所发生的施工费按直接费的1%计取。

69. 什么是园林绿化后期管理？

园林绿化后期管理是指已经竣工验收的绿化工程，对其栽植的苗木、绿篱等植物为当年成活发生的包括浇水、施肥、病虫害防治、修剪等的管理。一般要求时间为1~2年。

后期管理不同于园林养护工程，专门的园林养护工程应该按照相关规定另行计费。

70. 栽植工程包括哪些工作内容？

栽植工程一般包括绿化种植前的准备工作；苗木栽植工作；苗木栽植后一个月以内的养护管理工作；绿化施工后包括外围 2m 以内的垃圾清理等工作内容。

71. 绿化工程对苗木的计量规定有哪些？

(1)胸径是指距地平 1.3m 处的树干直径。

(2)株高是指树顶端距地平高度。

(3)篱高是指绿篱苗木顶端距地平高度。

(4)生长年限是指苗木种植到起苗时止的生长期。

72. 园林工程定额中对大树移植有哪些规定？

(1)凡珍贵树种或胸径在 25mm 以上的落叶乔木，树高在 6m 以上的常绿乔木进行的移植，称为大树移植。

(2)在定额中不含大树移植专项，做预算时按普通苗木投标。但其所需增加人工、材料、设备及技术措施费用等均另行计算。

(3)大树移植工程量计算是人工、机械综合取定考虑，不管采用何种方式移植，既不增加人工费，也不扣除机械费。

73. 怎样计算绿化种植前障碍物等清理费用？

绿化种植工程定额，不包括种植前清除建筑垃圾及其他障碍物。如发生，可按定额有关规定执行，定额无规定者以甲方现场签证或施工合同规定为准，其费用可另行计算。

74. 怎样计算绿化树木起挖移栽球径尺寸？

乔灌木的挖掘裸根树木根系直径及带土球树木土球直径及深度规定如下：

(1)树木地径 3～4cm，根系或土球直径取 45cm。地径系指树木离地面 20cm 左右处树干的直径。

(2)树木地径大于 4cm,地径每增加 1cm,根系或土球直径增加 5cm[如地径为 10cm,根系或土球直径为 $(10-4)\times 5+45=75$ cm]。

(3)树木地径大于 19cm 时,以地径的 2π 倍(约 6.3 倍)为根系或土球的直径。在实际操作中为避免计算可采用根系及土球半径放样绳。

(4)无主干树木的根系或土球直径取根丛的 1.5 倍。

(5)根系或土球的纵向深度取直径的 70%。

75. 怎样计取绿化移植工程相关费用?

在市场体制的约束下通常绿化工程的材料价格相差很大,有的苗木材料价格低而人工消耗却很大,而投入的管理费用比相对于那些价值高的花木多,所使用的机械在一定程度上也有很大的区别,有的根本不需要机械,如果按照人材机合计价值来进行取费的话,这样就显得很不合理,所以绿化工程也和安装工程一样,是按照人工为基础来取费的。

76. 怎样计算苗木种植的工程量?

(1)裸根乔木,按不同胸径以株计算。

(2)裸根灌木,按不同高度以株计算。

(3)土球苗木,按不同土球规格以株计算。

(4)木箱苗木,按不同箱体规格以株计算。

(5)绿篱,按单行或双行不同篱高以米计算(单行 3.5 株/m,双行 5 株/m)。

(6)攀缘植物,按不同生长年限以株计算。

(7)草坪、色带(块)宿根和花卉以平方米计算(宿根花卉 9 株/m^2,色块 12 株/m^2,木本花卉 5 株/m^2,或根据设计要求的株数计算苗木每 m^2 数量。)

(8)丛生竹,按不同的土球规格以株计算。

(9)喷播植草按不同的坡度比、坡长以平方米计算。

77. 什么是栽植? 栽植的工作内容有哪些?

栽植是包含掘苗、搬运、种植三项作业的统称。将植物从土中连根起运称为掘苗。将植株用一定的运输工具运至指定的地点称为搬运。将搬运来的植株按照要求栽种于新地块的操作称为种植。我们一般俗称大的栽植是指苗木的种植阶段的工作。

栽植的一般工作内容为：放线定位、挖穴、换土、掘苗、运苗、假植、修剪与栽植、清理与养护。

78. 选苗时应注意什么？

在掘苗之前，首先要进行选苗，除了根据设计提出对规格和树形的特殊要求外，还要注意选择生长健壮、无病虫害、无机械损伤、树形端正和根系发达的苗木。做行道树种植的苗木分枝点应不低于 2.5m。选苗时还应考虑起苗包装运输的方便，苗木选定后，要挂牌或在根基部位画出明显标记，以免挖错。

79. 掘苗前要做好哪些准备工作？

起苗时间最好是在秋天落叶后或土冻前、解冻后均可，因此时正值苗木休眠期，生理活动微弱，起苗对它们影响不大，起苗时间和栽植时间最好能紧密配合，做到随起随栽。

为了便于挖掘，起苗前 1~3 天可适当浇水使泥土松软，对起裸根苗来说也便于多带宿土，少伤根系。

80. 掘苗时应注意哪些问题？

掘苗时，常绿苗应当带有完整的根团土球，土球散落的苗木成活率会降低。土球的大小一般可按树木胸径的 10 倍左右确定。对于特别难成活的树种要考虑加大土球。土球高度一般可比宽度少 5~10cm。一般的落叶树苗也多带有土球，但在秋季和早春起苗移栽时，也可裸根起苗。裸根苗木若运输距离比较远，需要在根苑里填塞湿草，或在其外包裹塑料薄膜保湿，以免根系失水过多，影响栽植成活率。为了减少树苗水分蒸腾，提高移栽成活率，掘苗后，装车前应进行粗略修剪。

81. 如何确定树干绕草绳的高度？草绳如何计算？

树干绕草绳的高度通常根据树的干径确定，一般为 1.5m，绕树干的草绳以长度计算。

82. 怎样对岩生植物进行选择？

岩生植物应选择植株低矮、生长缓慢、节间短、叶小、开花繁茂和色彩绚丽的种类。一般来讲，木本植物的选择主要取决于高度；多年生花卉应尽量选用小球茎和小型宿根花卉；低矮的一年生草本花卉常用做临时性材料，是填充被遗漏的石隙最理想的材料。

83. 古树名木的保护应遵循哪些规定？

(1)古树名木保护范围：成林地带外缘树树冠垂直投影以外 5.0m 所围合的范围；单株树同时满足树冠垂直投影及其外侧 5m 宽和树干基部外缘水平距离为树胸径 20 倍以内。

(2)保护范围内，不得损坏表土层和改变地表高程，除保护及加固设施外，不得设置建筑物、构筑物及架（埋）设各种过境管线，不得栽植缠绕古树名木的藤本植物。

84. 如何理解绿化工程的材料搬运？

绿化工程均包括施工地点 50m 范围以内的材料搬运。定额运距范围以外的苗木运输费，由发承包双方协商解决。

85. 栽植定额是按使用哪种肥料考虑的？

栽植定额基价中所用肥料是按有机肥（土堆肥）考虑的，如使用其他肥料允许换算。

86. 怎样计算大树移植的工程量？

(1)大树移植包括大型乔木移植、大型常绿树移植两部分，每部分又分带土台、装木箱两种。

(2)大树移植的规格，乔木以胸径 10cm 以上为起点，分 10～15cm、

15～20cm、20～30cm、30cm 以上四个规格。

(3)浇水系按自来水考虑,为三遍水的费用。

(4)所用吊车、汽车按不同规格计算。

(5)工程量按移植株数计算。

87. 绿化养护工程定额工程量计算应注意哪些问题?

(1)乔木(果树)、灌木、攀援植物以株计算;绿篱以米计算;草坪、花卉、色带、宿根以平方米计算;丛生竹以株丛计算。也可以根据施工方自身的情况、多年来绿化养护的经验以及业主要求的时间进行列项计算。

(2)冬季防寒是北方园林中常见苗木防护措施,包括支撑杆、搭风帐、喷防冻液等。后期管理费中不含冬季防寒措施,需另行计算。乔木、灌木按数量以株为单位计算;色带、绿篱按长度以米计算;木本、宿根花卉按面积以平方米计算。

88. 如何计算蕨类植物工程量?

蕨类植物工程量按株/m^2 计算。

89. 绿化工程中施工现场内建设单位不能提供水源时,浇水费用如何计算?

浇水费用单独计算。按浇灌的不同类别、规格植物,以株、米、平方米、株丛计算。

90. 苗木栽植和起挖时对不同的土质,人工耗用量应如何调整?

苗木起挖和栽植均以一、二类土为准,若遇三类土人工乘以 1.34 系数;四类土人工乘以 1.76 系数。

91. 掘苗、场外运苗包括哪些工作内容?

掘苗包括挖掘、打包、装箱、粗修剪、填坑、临时性假植、现场清理等;场外运苗包括装卸、押运、平整车道等。

92. 掘苗及运苗费用是否不论苗木大小都要计取？

掘苗及运苗对苗木大小规格是有规定的，其仅限于胸径在 6cm 以上乔木和株高在 5m 以上的常绿树进行掘苗时执行。胸径在 7cm 以内和株高在 4.5m 以下的乔木、常绿树的掘苗、运苗等费用已包括在苗木预算价值内，不得重复计取。

93. 掘苗定额是否不分土壤类型都要计取？

掘苗定额不分土壤类型都要计取，只跟苗木大小有关。

94. 概、预算中计算苗木价格的依据有哪些？

编制工程概、预算时，苗木价格应根据设计要求的品种、规格、数量和损耗量，单独计算苗木预算总价，列入工程直接费。由于施工季节、供求关系等因素影响，苗木价格变化较大，苗木价格应以当前的市场价为主进行确定，也可以参照工程造价信息等相关部门编制的信息资料。

95. 怎样计算绿化工程苗木种植费用？

苗木种植费用的计算是根据施工设计图上苗木的数量乘以相对应的定额种植费用基价，计算出该品种苗木的复价，复价累计之和即为该工程的定额种植费用。

96. 什么是攀缘植物？有哪些品种？

攀缘植物指茎干柔软、不能自行直立向高处生长、需要攀附或者顺沿别的物体方可向高处生长的植物。攀缘植物一般包括牵牛花、藤木蔷薇、水香、紫藤、爬山虎、常春藤、凌霄、金银花等。

97. 什么是苗木生长期？

苗木生长期是指苗木种植至起苗时间。

98. 灌木林稀密如何区分？

灌木林每 $1000m^2$ 包含 220 棵以下为稀，220 棵以上为密。

99. 市场采购苗木是否计算起挖、假植、包装等费用？

不需要计算，通常以苗木到达施工现场的价格为准进行施工预算。

100. 如何计算伐树、挖树根工程量？

伐树、挖树根的工程量应根据树干的胸径和区分不同胸径范围，按照树的实际数量计算。

101. 如何计算砍伐灌木丛工程量？

砍伐灌木丛工程量应根据灌木丛高或区分不同丛高范围，以实际灌木的数量计算或者以甲乙双方认可的数量计算。

102. 怎样计算绿化工程中反季节苗木种植所产生的技术措施费？

反季节苗木种植在园林工程中是大忌的事情，因为违背了植物的正常的生长规律，成活率受到影响。但是某些工程因为其特殊性，需要进行反季节种植。

如果是需要进行反季节种植，那么需要施工单位出具反季节种植技术方案，需要体现如何种植、如何保证成活率等内容，由建设单位批准，根据批准的反季节种植技术方案的办法办理签证，计算费用。

103. 乔木类常用苗木有哪些？

乔木类常用苗木见表 4-9。

表 4-9　　　　　乔木类常用苗木产品的主要规格质量标准

类型	树　种	树高/m	干径/cm	苗龄/a	冠径/m	分枝点高/m	移植次数/次
绿针叶乔木	南洋杉	2.5～3	—	6～7	1.0	—	2
	冷　杉	1.5～2	—	7	0.8	—	2
	雪　松	2.5～3	—	6～7	1.5	—	2
	柳　杉	2.5～3	—	5～6	1.5	—	2
	云　杉	1.5～2	—	7	0.8	—	2

续表

类型	树种	树高/m	干径/cm	苗龄/a	冠径/m	分枝点高/m	移植次数/次
绿针叶乔木	侧柏	2~2.5	—	5~7	1.0	—	2
	罗汉松	2~2.5	—	6~7	1.0	—	2
	油松	1.5~2	—	8	1.0	—	3
	白皮松	1.5~2	—	6~10	1.0	—	2
	湿地松	2~2.5	—	3~4	1.5	—	2
	马尾松	2~2.5	—	4~5	1.5	—	2
	黑松	2~2.5	—	6	1.5	—	2
	华山松	1.5~2	—	7~8	1.5	—	3
	圆柏	2.5~3	—	7	0.8	—	3
	龙柏	2~2.5	—	5~8	0.8	—	2
	铅笔柏	2.5~3	—	6~10	0.6	—	3
	香榧树	1.5~2	—	5~8	0.6	—	2
落叶针叶乔木	水松	3.0~3.5	—	4~5	1.0	—	2
	水杉	3.0~3.5	—	4~5	1.0	—	2
	金钱松	3.0~3.5	—	6~8	1.2	—	2
	池杉	3.0~3.5	—	4~5	1.0	—	2
	落羽杉	3.0~3.5	—	4~5	1.0	—	2
常绿阔叶乔木	羊蹄甲	2.5~3	3~4	4~5	1.2	—	2
	榕树	2.5~3	4~6	5~6	1.0	—	2
	黄桷树	3~3.5	5~8	5	1.5	—	2
	女贞	2~2.5	3~4	4~5	1.2	—	1
	广玉兰	3.0	3~4	4~5	1.5	—	2
	白兰花	3~3.5	5~6	5~7	1.0	—	1
	芒果	3~3.5	5~6	5	1.5	—	2
	香樟	2.5~3	3~4	4~5	1.2	—	2
	蚊母	2	3~4	5	0.5	—	3
	桂花	1.5~2	3~4	4~5	1.5	—	2
	山茶花	1.5~2	3~4	5~6	1.5	—	2
	石楠	1.5~2	3~4	5	1.0	—	2
	枇杷	2~2.5	3~4	3~4	5~6	—	2

续表

类型	树种	树高/m	干径/cm	苗龄/a	冠径/m	分枝点高/m	移植次数/次
落叶阔叶乔木	银杏	2.5~3	2	15~20	1.5	2.0	3
	绒毛白蜡	4~6	4~5	6~7	0.8	5.0	2
	悬铃木	2~2.5	5~7	4~5	1.5	3.0	2
	毛白杨	6	4~5	4	0.8	2.5	1
	臭椿	2~2.5	3~4	3~4	0.8	2.5	1
	三角枫	2.5	2.5	8	0.8	2.0	2
	元宝枫	2.5	3	8	0.8	2.0	2
	洋槐	6	3~4	6	0.8	2.0	2
	合欢	5	3~4	6	0.8	2.5	2
	栾树	4	5	8	0.8	2.5	2
	七叶树	3	3.5~4	4~5	0.8	2.5	3
	国槐	4	5~6	8	0.8	2.5	2
	无患子	3~3.5	3~4	5~6	1.0	3.0	1
	泡桐	2~2.5	3~4	2~3	0.8	2.5	1
	枫杨	2~2.5	3~4	3~4	0.8	2.5	1
	梧桐	2~2.5	3~4	4	0.8	2.0	2
	鹅掌楸	3~4	3~4	4~6	0.8	2.5	2
	木棉	3.5	5~8	5	0.8	2.5	2
	垂柳	2.5~3	4~5	4	0.8	2.5	2
	枫香	3~3.5	3~4	4~5	0.8	2.5	2
	榆树	3~4	3~4	3~4	1.5	2	2
	榔榆	3~4	3~4	6	1.5	2	2
	朴树	3~4	3~4	5~6	1.5	2	2
	乌桕	3~4	3~4	6	2	2	2
	楝树	3~4	3~4	4~5	2	2	2
	杜仲	4~5	3~4	6~8	2	2	3
	麻栎	3~4	3~4	5~6	2	2	2
	榉树	3~4	3~4	8~10	2	2	2
	重阳木	3~4	3~4	5~6	2	2	2
	梓树	3~4	3~4	5~6	2	2	2

续表

类型		树 种	树高/m	干径/cm	苗龄/a	冠径/m	分枝点高/m	移植次数/次
落叶阔叶乔木	中小乔木	白玉兰	2~2.5	2~3	4~5	0.8	0.8	1
		紫叶李	1.5~2	1~2	3~4	0.8	0.4	2
		樱 花	2~2.5	1~2	3~4	1	0.8	2
		鸡爪槭	1.5	1~2	4	0.8	1.5	2
		西府海棠	3	1~2	4	1.0	0.4	2
		大花紫薇	1.5~2	1~2	3~4	0.8	1.0	1
		石 榴	1.5~2	1~2	3~4	0.8	0.4~0.5	2
		碧 桃	1.5~2	1~2	3~4	1.0	0.4~0.5	2
		丝棉木	2.5	2	4	1.5	0.8~1	1
		垂枝榆	2.5	4	7	1.5	2.5~3	2
		龙爪槐	2.5	4	10	1.5	2.5~3	3
		毛刺槐	2.5	4	3	1.5	1.5~2	1

注：分枝点高等具体要求，应根据树种的不同特点和街道车辆交通量，由各地另行规定。

104. 喷头的类型有哪几种？

按照喷头的工作压力与射程来分，可把喷灌用的喷头分为高压远射程、中压中射程和低压近射程三类喷头。而根据喷头的结构形式与水流形状，则可把喷头分为旋转类、漫射类和孔管类三种类型。

105. 喷头的布置有哪些形式？

喷灌系统喷头的布置形式有矩形、正方形、正三角形和等腰三角形四种。在实际工作中采用什么样的喷头布置形式，主要取决于喷头的性能和拟灌溉的地段情况。表 4-10 中的图主要表示出喷头的不同组合方式与灌溉效果的关系。

表 4-10　　　　　　　　　　　喷头的布置形式

序号	喷头组合图形	喷洒方式	喷头间距 L 支管间距 b 与射程 R 的关系	有效控制面积 S	适用情况
A	正方形	全圆形	$L=b=1.42R$	$S=2R^2$	在风向改变频繁的地方效果较好
B	正三角形	全圆形	$L=1.73R$ $b=1.5R$	$S=2.6R^2$	在无风的情况下喷灌的均度最好
C	矩形	扇形	$L=R$ $b=1.73R$	$S=1.73R^2$	较 A、B 节省管道
D	等腰三角形	扇形	$L=R$ $b=1.87R$	$S=1.865R^2$	较 A、B 节省管道

注：R 是喷头的设计射程，应小于喷头的最大射程。根据喷灌系统形式、当地的风速、动力的可靠程度等来确定一个系数，对于移动式喷灌系统一般可采用 0.9；对于固定式系统由于竖管装好后就无法移动，如有空白就无法补救，故可以考虑采用 0.8；对于多风地区可采用 0.7。

106. 完成一个完整的喷灌系统,需要哪些步骤?

完成一个完整的喷灌系统,包括放线、挖沟、运输、喷灌管理埋设、管道冲洗消毒、阀门安装、喷嘴安装、检查井砌筑、试压、回填沟渠等工程步骤。

107. 喷灌系统由哪些部分组成?各承担着哪些作用?

一个完整的喷灌系统分为以下四个组成部分:

(1)水源。一般多用城市供水系统作为喷灌水源,另外,井泉、湖泊、水库、河流也可作为水源。

(2)首端控制系统。它能从水源取水,为管网提供干净并有足够压力的水。一般包括动力设备、水泵、过滤器、加药器、泄压阀、逆止阀、水表、压力表,以及控制设备。如自动灌溉控制器、衡压变频控制装置等。

(3)管网系统。能够将压力水输送并分配到所需灌溉的绿地区域。由不同管径的管道组成。如干管,支管、毛管等。通过各种相应的管件、阀门等设备将各级管道连接成完整的管网系统。在实际工作中,应根据需要在管网中安装必要的安装装置。如进排气阀、限压阀、泄水阀等。

(4)喷头。可以将水分散成水滴,使水均匀地喷洒在绿地区域。

上述四个部分,除了水源外,其他三个部分是形成园林绿化工程中灌溉分项工程的组成部分,而诸如管道质材和喷头的质量等,直接影响着工程造价。

108. 怎样选择喷灌设备?

(1)喷头的选择应符合喷灌系统设计要求。灌溉季节风大的地区或树下喷灌的喷灌系统,宜采用低仰角喷头。

(2)管及管件的选择,应使其工作压力符合喷灌系统设计工作压力的要求。

(3)水泵的选择应满足喷灌系统设计流量和设计水头的要求。水泵应在高效区运行。对于采用多台水泵的恒压喷灌泵站来说,所选各泵的流量—扬程曲线,在规定的恒压范围内应能相互搭接。

(4)喷灌机应根据灌区的地形、土壤、作物等条件进行选择,并满足系统设计要求。

109. 供水泵施工应注意哪些问题?

(1)泵站机组的基础施工,应符合下列要求:

1)基础必须浇筑在未经松动的基坑原状土上,当地基土的承载力小于 0.05MPa(0.5kgf/cm^2)时,应进行加固处理。

2)基础的轴线及需要预埋的地脚螺栓或二期混凝土预留孔的位置应正确无误。

3)基础浇筑完毕拆模后,应用水平尺校平,其顶面高程应正确无误。

(2)中心支轴式喷灌机的中心支座采用混凝土基础时,应按设计要求于安装前浇筑好。浇筑混凝土基础时,在平地上,基础顶面应呈水平;在坡地上,基础顶面应与坡面平行。

(3)中心支轴式喷灌机中心支座的基础与水井或水泵的相对位置不得影响喷灌机的拖移。当喷灌机中心支座与水泵相距较近时,水泵出水口与喷灌机中心线应保持一致。

110. 喷灌管道分为哪几类?

(1)金属管道。一般常用的有铸铁管、钢管、薄壁管和铝合金管。

(2)非金属管道。有预应力钢筋混凝土、石棉水泥管。

(3)塑料管。有聚氯乙烯管、聚乙烯管、改性聚丙烯管、维塑软管和棉塑软管等。

111. 绿地喷灌安装工程中怎样计取调试费用?

绿地喷灌安装工程中含有调试费。调试费用按喷灌安装工程直接费的 1% 计算,列入直接费。

112. 管道沟槽开挖应满足哪些要求？

(1) 应根据施工放样中心线和标明的槽底设计标高进行开挖，不得挖至槽底设计标高以下。如局部超挖则应用相同的土壤填补夯实至接近天然密实度。沟槽底宽应根据管道的直径与材质及施工条件确定。

(2) 沟槽经过岩石、卵石等容易损坏管道的地方应将槽底至少再挖 15cm，并用砂或细土回填至设计槽底标高。

(3) 管子接口槽坑应符合设计要求。

113. 管道沟槽回填应满足哪些要求？

(1) 管及管件安装完毕，应填土定位，经试压合格后尽快回填。

(2) 回填前应将沟槽内一切杂物清除干净，积水排净。

(3) 回填必须在管道两侧同时进行，严禁单侧回填，填土应分层夯实。

(4) 塑料管道应在地面和地下温度接近时回填；管周填土不应有直径大于 2.5cm 的石子及直径大于 5cm 的土块，半软质塑料管道回填时还应将管道充满水，回填土可加水灌筑。

114. 伐除树木应注意哪些问题？其清单工程量怎样计算？

凡土方开挖深度不大于 50cm 或填方高度较小的土方施工，对于现场及排水沟中的树木应按当地有关部门的规定办理审批手续，如是名木古树必须注意保护，并做好移植工作。伐树时必须连根拔除，清理树墩除用人工挖掘外，直径在 50cm 以上的大树墩可用推土机或用爆破方法清除。建筑物、构筑物基础下土方中不得混有树根、树枝、草及落叶等。

对于古树名木，必须加以保护，在不能结合利用的情况下只可移植，不可伐除。

清单工程量与定额工程量计算规则相同，均按图示数量计算。

115. 清理工程包括哪些内容？其清单工程量怎样计算？

(1) 挖芦苇根：芦苇根细长、坚韧、挖掘工具要锋利，芦苇根必须清除干净。

(2)丛高:芦苇丛顶端距地坪高度。

(3)场地清理。

1)拆除所有弃用的建筑物和构筑物以及所有无用的地表杂物。

2)拆除原有架空电线、埋地电缆、自来水管、污水管、煤气管等,必须先与有关部门取得联系,办理好拆除手续之后才能进行。

3)只有在电源、水源、煤气等截断以后,才能对房屋进行拆除。

4)对现场中原有的树木,要尽量保留。特别是大树古木和成片的乔木树林,更要妥善保护,最好在外围采取临时性的围护隔离措施,保护其在工程施工期间不受损害。对原有的灌木,则可视具体情况,或是保留,或是移走,甚至是为了施工方便而砍去,可灵活掌握。

清理工程与定额工程量计算规则相同,均按面积计算。

116. 整理绿化用地工程内容有哪些？其清单工程量怎样计算？

整理绿化用地的工程内容包括:①排地表水;②土方挖运;③耙细过筛;④回填;⑤找平、找坡;⑥拍实。

整理绿化用地清单工程量与定额工程量计算规则相同,均按设计图示尺寸以面积计算。

117. 屋顶花园基底构造是怎样的？基底处理的工程内容有哪些？

施工前,对屋顶要进行清理,平整顶面,有龟裂或凹凸不平之处应修补平整,有条件上一层水泥砂浆。若原屋顶为预制空心板,先在其上铺三层沥青,两层油毡作隔水层,以防渗漏。屋顶花园绿化种植区构造层由上至下分别由植被层、基质层、隔离过滤层、排(蓄)水层、隔根层、分离滑动层等组成,其构造剖面示意,如图4-7所示。

基底处理的工作内容有:①抹找平层;②防水层铺设;③排水层铺设;④过滤层铺设;⑤填轻质土壤。

第四章 绿化工程

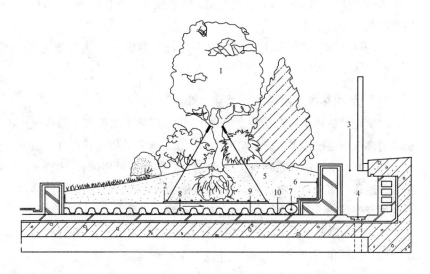

图 4-7 屋顶绿化种植区构造层剖面示意图
1—乔木;2—地下树木支架;3—与围护墙之间留出适当间隔
或围护墙防水层高度与基质上表面间距不小于 15cm;
4—排水口;5—基质层;6—隔离过滤层;7—渗水管;8—排(蓄)水层;
9—隔根层;10—分离滑动层

118. 屋顶花园基底处理时,抹水泥砂浆找平层的步骤是怎样的?

(1)洒水湿润:抹找平层水泥砂浆前,应适当洒水湿润基层表面,主要是利于基层与找平层的结合,但不可洒水过量,以免影响找平层表面的干燥,防水层施工后窝住水气,使防水层产生空鼓。所以洒水以达到基层和找平层能牢固结合为度。

(2)贴点标高、冲筋:根据坡度要求,拉线找坡,一般按 1~2m 贴点标高(贴灰饼),铺抹找平砂浆时,先按流水方向以间距 1~2m 冲筋,并设置找平层分格缝,宽度一般为 20mm,并且将缝与保温层连通,分格缝最大间距为 6m。

(3)铺装水泥砂浆:按分格块装灰、铺平,用刮杠靠冲筋条刮平,找坡后用木抹子搓平,铁抹子压光。找平层水泥砂浆一般配合比为1:3,拌合稠度控制在7cm。

(4)养护:找平层抹平、压实以后24h可浇水养护,一般养护期为7d,经干燥后铺设防水层。

119. 屋顶花园排水层应做怎样的处理?

屋顶花园的排水层设在防水层之上,过滤层之下。屋顶花园种植土积水的渗水可通过排水层有组织地排出屋顶。通常的做法是在过滤层下做100～200mm厚的轻质骨料材料铺成排水层,骨料可用砾石、焦渣和陶粒等。屋顶种植土的下渗水和雨水,通过排水层排入暗沟或管网,此排水系统可与屋顶雨水管道统一考虑。它应有较大的管径,以利清除堵塞。在排水层骨料选择上要尽量采用轻质材料,以减轻屋顶自重,并能起到一定的屋顶保温作用。

120. 竹类植物有哪些?其工程量怎样计算?

竹类属于木本科植物,是常绿植物,茎圆柱形或微呈四方形,中空、有节,叶子有平行脉,嫩芽叫笋。种类很多,有毛竹、桂竹、刚竹、罗汉竹等。

清单工程量计算规则:按设计图示计算。

定额工程量计算规则:丛生竹按不同的土球规格以株丛计算,散生竹按径以株计算。

121. 什么是棕榈?

棕榈为常绿乔木。树干圆柱形,高达10m,干径达24cm。叶簇竖干顶,近圆形,径50～70cm,掌状裂深达中下部;叶柄长40～100cm,两侧细齿明显。雌雄异株,圆锥状肉穗花序腋生,花小而黄色。核果肾状球形,径约1cm,蓝黑色,被白粉。花期4～5月,10～11月果熟。

122. 灌木的种类有哪些?

风景树丛一般是用几株或十几株乔木灌木配置在一起,树丛可以由1个树种构成,也可以由2个以上直至7、8个树种构成。选择构成树丛的材料时,要注意选树形有对比的树木,如柱状的、伞形的、球形的、垂树形的树木,各自都要有一些,在配成完整树丛时才好使用。一般来说,树丛中央要栽最高的和直立的树木,树丛外沿可配较矮的和伞形、球形的植株。树丛中个别树木采取倾斜姿势栽种时,一定要向树丛以外倾斜,不得反向树丛中央斜去。树丛内最高最大的主树,不可斜栽。树丛为植株间的株距不应一致,要有远有近,有聚有散。栽得最密时,可以土球挨着土球栽,不留间距。栽得稀疏的植株,可以和其他植株相距5cm以上。

123. 绿篱如何分类？

(1)按高度分：高篱(1.2m 以上)、中篱(1～1.2m)和矮篱(0.4m 左右)。

(2)按树种习性分：常绿绿篱和落叶绿篱。

(3)按形式分：自然式和规则式。

(4)按观赏性质分：花篱、果篱、刺篱等。

124. 绿篱的形式有哪些？

根据人们的不同要求,绿篱可修剪成不同的形式。

(1)梯形绿篱。这种篱体上窄下宽,有利于地基部侧枝的生长和发育,不会因得不到光照而枯死稀疏。

(2)矩形绿篱。这种篱体造型比较呆板,顶端容易积雪而受压变形,下部枝条也不易接受到充足的光照,以致部分枯死而稀疏。

(3)圆顶绿篱。这种篱体适合在降雪量大的地区使用,便于积雪向地面滑落,防止积雪将篱体压变形。

(4)自然式绿篱。一些灌木或小乔木在密植的情况下,如果不进行规整式修剪,常长成这种形态。

125. 怎样进行绿篱养护？

(1)新植绿篱,如苗木较好,栽植的第一年,任其自由生长,以免因修剪过早影响根系生长。第二年开始,按照预定的高度进行截顶,凡是超过规定高度的老枝或嫩枝一律剪去。同一条绿篱应统一高度和宽度,两侧过长的枝条也应将梢剪去,使整条篱体平整、通直,并促使萌发大量的新枝,形成紧密的篱带。修剪时在绿篱带的两头各插一根竹竿,再沿绿篱上口和下沿拉绳子,作为修剪的准绳,这样才能把篱修得平整,笔直划一,高度、宽度一致。

(2)衰老绿篱的更新修剪时,应当强剪更新,将绿篱从基部平茬,只留4~5cm的主干,其余全部剪去,一年之后由于侧枝大量的萌发,初步形成篱体,两年之后即恢复成原来的形状,达到更新复壮的目的。这种方法只适用于萌芽力与成枝能力强,耐修剪的阔叶树种。大部分常绿针叶树,萌发能力不是很强,平茬不能起到复壮作用,应将老株全部挖掉,重新栽植幼株再行培养。如果调整空间能改善植物长势的话,也可采用间隔挖掘的办法,挖掉一些植株,加大株行距,让它们自然生长,不再整形,起防护作用而已,直至完全衰老后再重新栽植。

126. 攀缘植物有哪些生长特性?

攀缘植物自身不能直立生长,需要依附它物。由于适应环境而长期演化,形成了不同的攀缘习性,攀缘能力各不相同,因而有着不同的园林用途。通过对攀缘习性的研究,可以更好地为不同的垂直绿化方式选择适宜的植物材料。据研究,攀缘植物主要依靠自身缠绕或具有特殊的器官而攀缘。有些植物具有两种以上的攀缘方式,称为复式攀缘,如倒地铃既具有卷须又能自身缠绕他物。

127. 什么是土球苗木?

土球苗木指一般常绿树、名贵树种和较大的花灌木常采用带土球掘苗。土球的大小,因苗木大小、根系分布情况、树种成活难易、土壤质地等条件而异。一般土球直径约为根际直径的8~10倍,土球高度约为其直径的2/3,应包括大部分根系在内,灌木的土球大小以其冠幅的1/4~1/2为标准。在包装运输过程中应进行单株包装。挖好的土球可用蒲包和草绳进行包装。装运之前,除要仔细检查有无散包处,还需用草绳将树干从基部往上逐圈绕干(高度1~2m),以避免在运输、吊装时损伤树皮。在运输过程中,要注意检查苗木的温度和湿度。温度过高时,要把包装打开通风降温,若发现湿度不够,要适当喷水。

128. 什么是木箱苗木？

放在木制箱中贮藏运输的规格较小树体和需要保护的裸树苗木,叫做木箱苗木。在已制好的木箱内,各面覆以塑料薄膜,然后在箱底铺一层湿润物,把苗木分层摆好,不可过于压紧压实。在摆好的每一层苗木根部中间,都需放湿润物以保护苗木体内水分,在最后一层苗木放好后,再在上面覆一层湿润物即可封箱。

129. 什么是一、二年生花卉、宿根花卉、木本花卉？

(1)一、二年生花卉。指个体发育在一年内完成或二年度才能完成的一类草本观赏植物。如,鸡冠花、百日草、三色草等。

(2)宿根花卉。指开花、结果后,冬季整个植株或仅地下部分能安全越冬的一类草本观赏植物。它又包括落叶宿根花卉和常绿根花卉。

(3)木本花卉。专指具有木质化干枝的多年生观赏花卉。如,月季、牡丹等。

130. 花卉如何分类？

(1)按生长习性和形态特征分类。一般可分为草本花卉、木本花卉、多肉花卉和水生花卉。茎干质地柔软的谓之草本花卉。茎干木质坚硬的谓之木本花卉。

草本花卉按其生长发育周期等的不同,又可分为一年生草花、二年生草花、宿根花卉、球根花卉以及草坪植物等。

(2)按观赏部分分类。可将花卉分为观花类、观叶类、观果类、观茎类和观芽类。

(3)按用途分类。可将花卉分为切花花卉、室内花卉、庭院花卉、药用花卉、香料花卉、食用花卉及环境保护用花卉。

(4)按栽培方式分类。可将花卉分为露地栽培花卉和温室栽培花卉。

131. 花卉的栽植有哪几种形式？

花卉的栽植有露地花卉的栽植和盆钵栽植两种。

(1)露地花卉的栽植。露地花卉是指栽植在室外的花卉。栽花前首先要根据花卉的习性选择地点，或者根据空地的条件选择花卉。

(2)盆钵栽植。在城市中盆栽花卉是家庭养花的主要形式。它不受地形、空间条件的制约，也不占用土地，只需阳台、走廊等，是很好的室内外装饰品。由于盆钵的容积有限，土壤易干易湿，养料也受到一定限制，所以要求一定技术、细心和耐心。

132. 怎样进行花卉的管理与养护？

(1)浇水。浇花的水质以软水为好，一般使用河水为好，其次为池水及湖水，不宜用泉水。城市栽花可以使用自来水，但不宜直接从水龙头上接水来浇花，而应在浇花前先将水存放几个小时或在太阳下晒一段时间。更不宜用污水浇花。

(2)施肥。肥料是花卉植物的养料来源之一，对花卉的生长具有极重要的影响。肥料通常分为有机肥和无机肥两大类。

(3)中耕除草。中耕除草是花卉养护的重要环节，中耕不宜在土壤太湿时进行。要使用小花锄和小竹片等工具进行，花锄用于成片花坛的中耕，小竹片用于盆栽花卉。中耕的深度以不伤根为原则。根系深，中耕深，根系浅、中耕浅；近根处宜浅、远根处宜深；草本花卉、中耕浅，木本花卉中耕深。中耕也可同时进行施肥。

在中耕同时要拔除杂草，平时进行其他管理时看见杂草也应及时拔除，杂草应连根去尽，尤其不能拖过杂草结实成熟以后才除草，以免留下后患。一般普通家庭栽培花卉，宜用手拔除杂草。如果栽植面积较大，杂草较多，也可以使用化学除草剂。

(4)修剪。为了调节植株各部的生长，促进开花，以及防止病虫害，就要对其进行修剪。一般从修枝、摘叶、摘心、除芽、去蕾五个方面进行。

(5)整形。为了提高花卉的观赏价值，保持植株的外形美观，需对其进行整形植株的外观造型整形。

133. 栽植花卉的工程内容有哪些？

栽植花卉工程内容有：①起挖；②运输；③栽植；④支撑；⑤草绳绕树干；⑥养护。

134. 水生植物按水的相对位置不同可分为哪几类？

因与水的相对位置不同，可以分为五大类。

(1)浅水植物。生长于水深不超过 0.5m 的浅沼地上，如菖蒲、石菖蒲、泽泻、慈姑、水葱、香蒲、旱伞草等。

(2)挺水植物。一般在水深 0.5～1.5m 左右条件下生长，荷花、王莲及莼菜是其代表。

(3)沉水性植物。沉水性植物类是根着生于水底的泥中，整个植物体全部浸泡在水里面，无任何部分露出水面，或仅有花朵刚刚露出水面，如水鳖、水蕴藻、眼子菜等都是。还有一类是没有根，但茎细长，整个植物体都浸在水中。

(4)漂浮植物。无论水深浅，均在水面漂浮生长，常见的凤眼莲(水葫芦)、水浮莲(大藻)及各种浮萍。

(5)浮水植物。其根部悬浮于水中、或者生于水底，只有叶及花漂浮于水面上。如田子草、青萍、水萍、布袋莲等。

135. 栽种水生植物应遵循哪些原则？

栽种水生植物，必须掌握一些原则，使其生长良好。

(1)日照：大多数水生植物都需要充足的日照，尤其是在生长期(即每年 4～10 月之间)，如光照不足，则会发生徒长、叶小而薄、不开花等现象。

(2)用土：漂浮植物不需底土，而栽植其他种类的水生植物，须用田土、池塘烂泥等有机黏质土作为底土，在表层铺盖直径 1～2cm 的粗砂。

(3)施肥：以油粕、骨粉的玉肥作为基肥，约放四、五个玉肥于容器角落即可，水边植物不需基肥。追肥则以化学肥料代替有机肥，以避免污染水质，用量较一般植物稀薄 10 倍。

(4)水位：水生植物依生长习性不同，对水深的要求也不同。漂浮植物仅须足够的水深使其漂浮；沉水植物则水的高度必须超过植株，使茎叶自然伸展。水边植物则要保持土壤湿润、稍呈积水状态。挺水植物因茎叶会挺出水面，须保持50～100cm 左右的水深。浮水植物水位高低须依茎梗长短调整，使叶浮于水面呈自然状态为佳。

(5)疏除:若同一水池中混合栽植各类水生植物,必须定时疏除繁殖快速的种类,以免覆满水面,影响睡莲或其他沉水植物的生长;浮水植物过大时,叶面互相遮盖时,也必须进行分株。

(6)换水:当用水发生混浊时,必须换水,夏季则须增加换水次数。以免蚊虫孳生或水质恶化等现象发生。

136. 园林中有哪些常见水生植物?

园林中常见水生植物见表 4-11。

表 4-11　　　　　　　　　常见水生植物

序号	中名	科名	高度/m	习性	观赏特性及城市绿地用途	适用地区
1	荷花	睡莲科	1.8~2.5	阳性,耐寒,喜湿暖而多有机质处	花色多,6~9月;宜美化水面,盆栽或切花	全国各地
2	萍蓬草	睡莲科	约0.15	阳性,喜生浅水中	花黄色,春夏;宜美化水面和盆栽	东北,华东,华南
3	白睡莲	睡莲科	浮水面	阳性,喜温暖通风之静水,宜肥土	花白或黄,粉色,6~8月;美化水面	全国各地
4	睡莲	睡莲科	浮水面	阳性,宜温暖通风之静水,喜肥土	花白色,6~8月;水面点缀,盆栽或切花	全国各地
5	千屈莱	千屈莱科	0.8~1.2	阳性,耐寒,通风好,浅水或地植	花玫红色,7~9月;花境,浅滩,沼泽地被	全国各地
6	水葱	莎草科	1~2	阳性,夏宜半阴,喜湿润凉爽通风	株丛挺立,美化水面,岸边,也可盆栽	全国各地
7	凤眼莲	雨久花科	0.2~0.3	阳性,宜温暖而富有机质的静水	花叶均美,7~9月,美化水面,盆栽,切花	全国各地
8	菖蒲类	天南星科	0.3~0.7	阳性,耐寒,多年生	叶细长,剑形,顶生花序;也栽水边,可盆栽或切花	全国各地

第四章 绿化工程

137. 怎样计算栽种水生植物工程量?

清单工程量计算规则:按设计图示以数量或面积计算。

定额工程量计算规则:按种类以株计算。

【例 4-1】 参考图 4-8 求某绿化各项目的工程量。

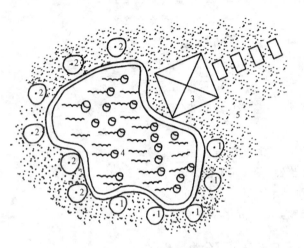

图 4-8 某绿地局部示意图

1—垂柳;2—广玉兰;3—亭子;4—水生植物;5—高羊茅

注:垂柳 5 株;广玉兰 6 株;水生植物 100 丛;高羊茅 1000.00m²

【解】 1. 清单工程量

根据上述清单工程量计算规则,清单工程量计算见表 4-12。

表 4-12 清单工程量计算表

序号	项目编码	项目名称	项目特征描述	计量单位	工程量
1	050102001001	栽植乔木	垂柳	株	5
2	050102001002	栽植乔木	广玉兰	株	6
3	050102009001	栽植水生植物	养护 3 年	丛	100
4	050102010001	铺种草皮	高羊茅	m²	1000.00

2. 定额工程量

(1)栽植乔木(普坚土种植):

垂柳——5株,广玉兰——6株;按照胸径的大小,套用的定额分别为:

裸根乔木胸径:5cm 以内(套用定额 2-1)

　　　　　　 7cm 以内(套用定额 2-2)

　　　　　　 10cm 以内(套用定额 2-3)

　　　　　　 12cm 以内(套用定额 2-4)

　　　　　　 15cm 以内(套用定额 2-5)

　　　　　　 20cm 以内(套用定额 2-6)

　　　　　　 25cm 以内(套用定额 2-7)

(2)栽植水生植物(单位为 10 丛):

水生植物——10(10 丛)(套用定额 2-101)。

(3)铺种草皮(单位为 $10m^2$):

高羊茅——100($10m^2$)(套用定额 2-93)。

138. 草皮按来源可分为哪几类?

(1)天然草皮。这类草皮取自于天然草地上。一般是将自然生长的草地修剪平整,然后平铲为不同大小、不同形状的草皮,以供出售或自己铺设草坪。这类草皮管理比较粗放,一般用于铺植水土保持地或道路绿化。

(2)人工草皮。人工种子直播或用营养繁殖体建成的草皮。人工草皮成本要比天然草皮的高,管理较精细,但草皮质量好,整齐美观,能满足不同客户的需要。

139. 草皮按不同的区域可分为哪几类?

(1)冷季型草皮。由冷季型草坪草繁殖生产的草皮就称为冷季型草皮,也叫做"冬绿型草皮"。这类草皮的耐寒性较强,在部分地区冬期常绿,但夏季不耐炎热,在春、秋两季生长旺盛,非常适合在我国北方地区铺植。如早熟禾草皮、高羊茅草皮、黑麦草草皮等。

(2)暖季型草皮。由暖季型草坪草繁殖生产的草皮,也叫做"夏绿型草皮"。这类草皮冬期呈休眠状态,早春开始返青,复苏后生长旺盛。进入晚秋,一经霜害,其草的茎叶就会枯萎退绿,如天鹅绒草皮、狗牙根草皮、地毯草草皮等。

140. 草皮按培植年限可分为哪几类?

(1)一年生草皮。指草皮的生产与销售在同一年进行。一般来说,是春季播种,经过3~4个月的生长后,就可于夏季出圃。

(2)越年生草皮。指在第一年夏末播种,于第二年春天出售的草皮,越年生产草皮既可以减少杂草的危害,降低养护成本;又可以在早春就出售草皮,满足春季建植草坪绿地的需要。

141. 草皮按使用目的可分为哪几种?

(1)观赏草皮。这类草皮主要是在园林绿地中专门用于供欣赏的装饰性草坪。观赏草坪是一种封闭式草坪,一般不允许游人入内游憩或践踏,专供观赏用,因此,铺植此类草坪的草皮管理要求比较精细,严格控制杂草生长和病虫害危害,以防降低观赏价值。所选草种多是低矮、纤细、绿期长的草坪植物,以细叶草类为最佳。

(2)休闲草皮。休闲草皮,是指用来铺植休息性质草坪的草皮,这种草坪的绿地中没有固定的形状,面积可大可小,管理粗放,通常允许人们入内游憩活动。这种性质的草坪一般利用自然地形排水,内部可配植乔木、灌木、花卉及地被植物或小品景观。选用的草皮草种多具有生长低矮,叶片纤细、叶质高、草姿美的特性。

(3)运动场草皮。运动场草皮,是指供体育活动的场所,如足球场、网球场、高尔夫球场、儿童游戏场等地用的草皮。生产运动场草皮的草种耐践踏性特别强,弹性好并能耐频繁修剪。如草地早熟禾草皮、高羊茅草皮等。

(4)水土保持草皮。水土保持草皮,是指在坡地、水岸、公路、堤坝、陡坡等地铺植的草皮。这类草皮的作用主要是保持水土,因此,一般所选草种需适应性强、根系发达、草层紧密、耐旱、耐寒、抗病虫害能力强等。

142. 草皮按栽培基质的不同可分为哪几种？

(1) 普通草皮。普通草皮，指以壤土为栽培基质的草皮。它具有生产成本比较低的特点，但因为每出售一茬草皮，就要带走一层表土，如此下去，就会使土壤的生产能力大大减弱，因此，对土壤破坏力比较大。这也是草皮生产中有待解决的问题。

(2) 轻质草皮。轻质草皮，又叫无土草皮，主要采用轻质材料或容易消除的材料如河沙、泥炭、半分解的纤维素、蛭石、炉渣等为栽培基质的草皮。具有重量轻、便于运输、根系保存完好、移植恢复生长快等特点，而且能保护土壤耕作层，所以，将是我国发展优质草皮的一个方向。

143. 怎样进行新建草坪的养护和后期管理？

(1) 新建草坪建植后，应加强养护管理，做到及时修剪、合理施肥、及时灌溉。新植草坪灌水应做到：使用灌溉强度较小的喷灌系统。以雾状喷灌为好，灌水速度不应超过土壤有效吸水速度，灌水应持续到土壤2.5~5cm深处完全湿润为止；避免土壤过涝，特别是在床面上产生积水小坑时，要缓慢排除积水。

对新建的草坪应及时进行修剪，一般新生植株高达5cm时即可进行。未完全成熟的草坪应遵循"1/3原则"，即每次修剪时，剪掉的部分不能超过叶片自然高度（未剪前的高度）1/3。直至草坪草完全覆盖床面为止。新建公共草坪高度一般为3~4cm，修剪工作常在土壤较硬时进行，剪草机刀刃应锋利，调整应适当。为避免对幼苗的过度伤害，修剪工作应在草坪上无露水时进行，最好是在叶子不发生膨胀的下午进行。

(2) 草坪建成后的后期养护管理内容主要有修剪、施肥、灌水与排水等。

144. 怎样计算铺种草皮工程量？

清单工程量与定额工程量计算规则相同，均按设计图示尺寸以面积计算。

【例 4-2】 图 4-9 所示为园林局部绿化示意图，整体为草地及踏步，踏步厚度为120mm，其他尺寸见图中标注，根据上述条件求铺植草皮清单工程量。

【解】 项目编码:050102010 项目名称:铺种草皮

工程量计算规则:按设计图示尺寸以面积计算。

工程量 $= (3.0 \times 2 + 45)^2 - \dfrac{3.14 \times 3.0^2}{4} \times 4 - 0.8 \times 0.85 \times 6$

$= 2568.66 \text{m}^2$

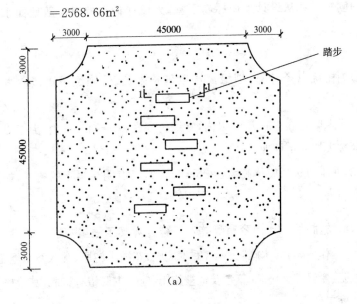

图 4-9 某局部绿化示意图

(a)平面图;(b)踏步平面图;(c)1-1 剖面图

清单工程量计算见表 4-13。

表 4-13 清单工程量计算表

项目编码	项目名称	项目特征描述	计量单位	工程量
050102010001	铺种草皮	铺种草坪	m²	2568.66

145. 树坑的工作内容有哪些？怎样计算其工程量？

(1)工作内容:分三项,刨树坑、刨绿篱沟、刨绿带沟。

1)土壤划分为坚硬土、杂质土、普通土三种。

2)刨树坑系从设计地面标高下掘,无设计标高的以一般地面水平为准。

(2)工程量。

1)刨树坑以个计算,刨绿篱沟以延长米计算,刨绿带沟以立方米计算。

2)乔木胸径在 3~10cm 以内,常绿树高度在 1~4m 以内;大于以上规格的按大树移植处理。

(3)乔木应选择树体高大(在 5m 以上),具有明显树干的树木,如银杏、雪松等。

146. 施肥的工作内容有哪些？怎样计算其工程量？

(1)工作内容:乔木施肥、观赏乔木施肥、花灌木施肥、常绿乔木施肥、绿篱施肥、攀缘植物施肥、草坪及地被施肥(施肥主要指有机肥,其价格已包括场外运费)。

(2)工程量均按植物的株数计算,其他均以平方米来计算。

147. 修剪的工作内容有哪些？怎样计算其工程量？

(1)工作内容:修剪、强剪、绿篱平剪。

(2)工程量:除绿篱以延长米计算外,树木均按株数计算。

修剪指栽植前的修根、修枝;强剪指"抹头";绿篱平剪指栽植后的第一次顶部定高平剪及两侧面垂直或正梯形坡剪。

148. 防治病虫害的工作内容有哪些？怎样计算其工程量？

(1)工作内容:刷药、涂白、人工喷药。

(2)工程量:均按植物的株数计算,其他均以平方米来计算。

1)刷药:泛指以波美度为0.5石硫合剂为准,刷药的高度至分枝点均匀全面。

2)涂白:其浆料以生石灰∶氯化钠∶水＝2.5∶1∶18为准,刷涂料高度在1.3m以下,要上口平齐、高度一致。

3)人工喷药:指栽植前需要人工肩背喷药防治病虫害,或必要的土壤有机肥人工拌农药灭菌消毒。

149. 喷灌设施的工程内容有哪些?

喷灌设施的工程内容包括:①挖土石方;②阀门井砌筑;③管道铺设;④管道固筑;⑤感应电控设施安装;⑥水压试验;⑦刷防护材料、油漆;⑧回填。

150. 绿地喷灌设备主要有哪些?

喷灌机主要是由压水、输水和喷头三个主要结构部分构成的。压水部分通常有发动机和离心式水泵,主要是为喷灌系统提供动力和为水加压,使管道系统中的水压保持在一个较高的水平上。输水部分是由输水主管和分管构成的管道系统。

151. 绿化喷灌所用的管道有哪些品种?

(1)铸铁管。承压能力强,一般为1MPa。工作可靠,寿命长(约30～60年),管体齐全,加工安全方便。但其重量大、搬运不便、价格高。使用10～20年后内壁生铁瘤,内径变小,阻力加大,输水能力下降。

(2)钢管。承压能力大,工作压力1MPa以上,韧性好、不易断裂、品种齐全、铺设安装方便。但价格高、易腐蚀、寿命比铸铁管短,约20年左右。

(3)硬塑料管。喷灌常用的硬塑料管有聚氯乙烯管、聚乙烯管、聚丙烯管等。承压能力随壁厚和管径不同而不同,一般为0.4～0.6MPa。

(4)钢筋混凝土管。有自应力和预应力两种。可承受0.4～0.7MPa的压力、使用寿命长、节省钢材、运输安装施工方便、输水能力稳定、接头密封性好、使用可靠。

(5)薄壁钢管。用0.7～1.5mm的钢带卷焊而成。重量较轻、搬运方便、强度高、承压能力大、压力达 1MPa,韧性好、不易断裂、抗冲击较好、使用寿命长,约 10~15 年。可制成移动式管道,但重量较铝合金和塑料移动式管道重。

(6)涂塑软管。主要有锦纶塑料软管和维纶塑料软管两种,分别是以锦纶丝和维纶丝织成管,内处涂上聚氯乙烯制成。其重量轻、便于移动、价格低。但易老化、不耐磨、强度低、寿命短,可使用 2~3 年。

(7)铝合金管。承压能力较强,一般为 0.8MPa,韧性好、不易断裂、耐酸性腐蚀、不易生锈,使用寿命较长,水性能好、内壁光滑。

152. 如何计算喷灌设施工程量?

(1)清单工程计算规则:按设计图示尺寸以长度计算。

(2)定额工程量计算规则:管道按图示管道中心以米计算,不扣除阀门、管件及附件所占长度。阀门分压力、规格及连接方式以个计算。水表分规格和连接方式以组计算。喷头分种类以个计算。

【例 4-3】 需要对某公园进行喷灌,设计要求为从供水主管接出 $DN40$ 分管,长 52m,从分管至喷头有 4 根 $DN25$ 的支管,长度共为 70m;喷头采用旋转喷头 $DN50$ 共 6 个;分管、支管均采用 UPVC 塑料管,试求其工程量。

【解】 1. 清单工程量

项目编码:050103001　项目名称:喷灌设施

根据清单工程量计算规则:按设计图示尺寸以长度计算。

$DN40$ 管道长度为 52.00m。

$DN25$ 管道长度为 70.00m(区别不同管径按设计长度计算)。

清单工程量计算见表 4-14。

表 4-14　　　　　　　清单工程量计算表

序号	项目编码	项目名称	项目特征描述	计量单位	工程量
1	050103001001	喷灌设施	$DN40$ 管道	m	52.00
2	050103001002	喷灌设施	$DN25$ 管道	m	40.00

2. 定额工程量

(1) 低压塑料螺纹阀门 (表 4-15)。

表 4-15　　　　　　　　　　　管外径

定额编号	5-63	5-64	5-65	5-66	5-67
项目	管外径 (mm 以内)				
	20	25	32	40	50

1) 低压塑料螺纹阀门安装 $DN40$, 1 个 (套用定额 5-66);
2) 低压塑料螺纹阀门安装 $DN25$, 4 个 (套用定额 5-64)。

(2) 水表 (表 4-16): 水表, 螺纹连接 $DN40$, 1 组 (套用定额 5-77)。

表 4-16　　　　　　　　　　　水表

定额编号	5-73	5-74	5-75	5-76	5-77	5-78
项目	公称直径 (mm 以内)					
	15	20	25	32	40	50

(3) 塑料管安装 (表 4-17)。

表 4-17　　　　　　　　　　　塑料管

定额编号	5-28	5-29	5-30	5-31
项目	管外径 (mm 以内)			
	20	25	32	40

1) 塑料管安装 $DN40$, 52m (套用定额 5-31);
2) 塑料管安装 $DN25$, 70m (套用定额 5-29)。

(4) 喷头安装 $DN50$, 6 个, 换向摇臂式 (套用定额 5-83)。

153. 管道安装工作要点有哪些?

(1) 确保干支管应埋在当地冷冻层以下, 同时考虑到地面上动荷载的压力来确定最小埋深, 管子应有一定的纵向坡度, 使管内残留的水能向水泵或干管的最低处汇流, 并装有排空阀以便在喷灌季节结束后将管内积水全部排空。

（2）对于脆性管道（如石棉水泥管等）的装卸运输，需特别小心减少破损率；铺设时隔一定距离（10～20m）应装有柔性接头。管槽应预先夯实并铺砂过水，以减少不均匀沉陷造成的管内应力。在水流改变方向的地方（弯头、三通等）和支管末端应设支墩以承受水平侧向推力和轴向推力。

（3）为防止温度变形，需对伸缩管装上伸缩节。

（4）安装过程中要始终防止砂石进入管道。

（5）需要铺设的金属管道，在铺设前进行防锈处理。铺设时如发现防锈层有损伤或脱落，应及时修补。

154. 如何计算管道油漆工程量？

管道油漆工程量按管道外径的展开面积计算，即管道的外周长与管道长度的乘积。

155. 怎样计算喷灌调试费用？

建设单位或设计单位要求对喷灌安装工程进行喷灌调试，其调试费用按喷灌安装工程人工费的10%计算并进入基价。

156. 定额计价时对不符合要求长度的管件能否进行调整？

定额管件长度是综合取定的，实际不同时，不做调整。

157. 怎样套用新旧管道接口的定额子目？

新旧管线连接项目所指的管径是指新旧管中最大的管径。遇有新旧管连接时，管道安装工程量计算到碰头的阀门处，但阀门及与阀门相连的承（插）盘短管、法兰盘的安装均包括在新旧管连接定额内，不再另计。

158. 钢管新旧管焊接的工作内容有哪些？如何计算其工程量？

钢管新旧管焊接的工作内容是：定位、断管、安装管件、临时加固、通水试验。

钢管新旧管连接工程量,按不同钢管公称直径,以新旧管连接的处数计算。

159. 闭水试验时应注意哪些问题？

(1)试验管段灌水时,要注意排气,水位达到试验水头后,浸泡时间不少于 24h。

(2)检验试验水头是否符合设计要求。

(3)开始试验时计量,试验时间不小于 30min,在其观测时间内不断向试验管段内补水,以保持标准水头恒定,记录补水量 W,按以下公式计算实测渗水量。

$$q=W/(TL)$$

式中　q——实测渗水量[L/(min·m)]；

　　　W——补水量(L)；

　　　T——实测渗水量观测时间(min)；

　　　L——试验管段的长度(m)。

160. 管道试压包括哪些工作内容？如何计算其工程量？

管道试压的工作内容:制堵盲板、安拆打压设备、灌水加压、清理现场。

管道试压工程量,按不同管道公称直径,以试压管的长度计算,计量单位:100m。

161. 怎样计算管道清洗脱脂、试压吹(冲)洗工程量？

管道清洗、脱脂、试压、吹(冲)洗的工程量计算规则为:

(1)管道清洗的工程量应区别其清洗剂和公称直径的不同,分别以米为单位计算。

(2)管道脱脂的工程量应按其不同公称直径,分别以米为单位计算。

(3)管道试压、吹洗(冲洗)。管道水压试验的工程量应按低中压管和高压管,区别管道的不同公称直径,分别以米为单位计算。

(4)调节阀临时短管制作与装拆的工程量应按其不同公称直径,分别以个为单位计算。

(5)管道真空和气密性试验的工程量应按其不同公称直径,分别以米为单位计算。

(6)管道的蒸汽吹洗、压缩空气吹洗、水冲洗的工程量应按其不同公称直径,分别以米为单位计算。

162. 套用管道泵验冲洗定额时应注意哪些问题?

(1)管道泵验、冲洗消毒时,安装工程量不满 100m 的,以 100m 计算。

(2)水压泵验为一次试验费,如非施工单位造成的一次泵验不合格,其两次及两次以上费用另计。

163. 阀门安装时为何要加垫?

在阀门安装时,因为管材和其他方面的原因,在螺纹固定时,需要垫上一定形状或大小的铁或钢垫,这样有利于固定和安装。垫料要按不同情况而定,其形状因需要而定,确保加垫之后,安装连接处没有缝隙。

164. 常见管材有哪几种接口方式?

(1)橡胶圈接口方式。在管材的一端通过自动扩口机扩成带凹道的承口,放入柔性橡胶密封圈,另外一根管材未扩口的一端插进装好密封圈的承口里完成连接。

(2)胶水粘接口方式。在管材的一端扩成平滑的承口,另外一根未扩口的管材的一端的外表和扩好承口的里表涂抹上专用胶水,然后相承插完成连接。

(3)法兰连接口方式。在管材与传统管道、蝶阀、闸阀、流量计等连接时,管材被连接的一端与 PVC-U 法兰接好后再与其通过螺丝紧固连接的方式。

第四章 绿化工程

165. 常见管件的连接方式有哪些类型?

(1)胶水粘接口方式,即管件的承口注塑成平滑的承口,与管材一并涂抹专用胶水通过承插完成连接。

(2)柔性接口方式,即管件法塑成带凹道的承口,另配注迫紧螺盖,放上迫紧橡胶密封圈,当承插上相应管材后,拧紧螺盖完成连接。

166. 管道附件有哪些种类?

管道附件的种类如图 4-10 所示。

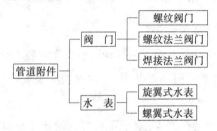

图 4-10 管道附件的种类

167. 螺纹法兰安装应注意哪些问题?

(1)加垫:加垫指在阀门安装时,因为管材和其他方面的原因,在螺纹固定时,需要垫上一定形状或大小的铁或钢垫,这样有利于固定和安装。垫料要按不同情况而定,其形状因需要而定,确保加垫之后,安装连接处没有缝隙。

(2)螺纹法兰:螺纹法兰即螺纹方式连接的法兰。这种法兰与管道不直接焊接在一起,而是以管口翻边为密封接触面,套法兰起紧固作用,多用于铜、铅等有色金属及不锈耐酸管道上。其最大优点是法兰穿螺栓时非常方便,缺点是不能承受较大的压力。也有的是用螺纹与管端连接起来,有高压和低压两种。它的安装执行活头连接项目。

168. 焊接法兰安装需注意哪些问题?

(1)螺栓:在拧紧过程中,螺母朝一个方向(一般为顺时针)转动,直到不能再转动为止,有时还需要在螺母与钢材间垫上一垫片,有利于拧紧,防止螺母与钢材磨损及滑丝。

(2)阀门安装:阀门是控制水流、调节管道内的水重和水压的重要设备。阀门通常放在分支管处、穿越障碍物和过长的管线上。配水干管上装设阀门的距离一般为400~1000m,并不应超过3条配水支管。阀门一般设在配水支管的下游,以便关阀门时不影响支管的供水。在支管上也设阀门。配水支管上的阀门不应隔断5个以上消火栓。阀门的口径一般和水管的直径相同。给水用的阀门包括闸阀和蝶阀。

169. 怎样进行水表安装?

(1)水表安装在查看方便、不受暴晒、不致冻结和不受污染的地方,一般设在室内或室外的专门水表井中,室内水表井及安装在资料上有详细图示说明。

(2)水表口径的选择如下:对于不均匀的给水系统,以设计流量选定水表的额定流量来确定水表的直径;用水均匀的给水系统,以设计流量选定水表的额定流量,确定水表的直径;对于生活、生产和消防统一的给水系统,以总设计流量不超过水表的最大流量决定水表的口径。住宅内的单户水表,一般采用公称直径为15mm的旋翼式湿式水表。

(3)为了保证水表计量准确,螺翼式水表的上游端应有8~10倍水表公称直径的直径管段;其他型水表的前后应有不小于300mm的直线管段。

(4)水表安装时,水表安装应注意表外壳上所指示的箭头方向与水流方向一致,水表前后需装检修门,以便拆换和检修水表时关断水流;对于不允许断水或设有消防给水系统的,还需在设备旁设水表检查水龙头(带旁通管和不带旁通管的水表)。

170. 如何计算管道安装工程量?

对于地面铺设与管道埋设,执行定额时应分别列项,按管线设计分管径长度以延长米计算。

171. 怎样计算地下直埋管道挖土、回填土工程量？

地下直埋管道的土方工程中挖土方执行"庭院工程"第一章挖土方相应定额子目；回填土，按管道挖土体积计算减去垫层和管径＞500mm 的管道所占体积，管径＜500mm 不予扣除。

172. 若施工过程中存在一段管间内既有土方又有石方，应如何处理？

在实际中一段管间内既有土方又有石方，应按以下措施处理：
(1) 应该分开列项。
(2) 按土石方地质分界线分别计算工程量。

173. 绿化喷灌喷头有哪几种类型？怎样计算其工程量？

绿化中喷灌喷头的类型：按工作压力分，有微压、低压、中压、高压喷头；按结构形式和喷洒特性分，有旋转式、固定式、喷洒孔管。工程量以个为单位进行计算。

174. 管道阀门、水表、喷头刷油工程量如何计算？

管道阀门、水表、喷头刷油工程量以公斤计算。

175. 进行管道耐水压试验应注意哪些问题？

(1) 管道试验段长度不宜大于 1000m。
(2) 管道注满水后，金属管道和塑料管道经 24h、水泥制品管道经 48h 后，方可进行耐水压试验。
(3) 试验宜在环境温度 5℃以上进行，否则应有防冻措施。
(4) 试验压力不应小于系统设计压力的 1.25 倍。
(5) 试验时升压应缓慢，达到试验压力后，保压 10min，无泄漏、无变形即为合格。

176. 如何计算 UPVC 给水管固筑工程量？

UPVC 给水管固筑包括现场清理、混凝土搅拌、巩固保护等。管道加固后可减少喷灌系统在起动、关闭或运行时产生的水锤和振动作用，增加管网系统的安全性。其工程量按照 UPVC 不同管径以处为单位计算。

177. 铰接头在喷灌中的作用是什么？怎样计算其工程量？

铰接头作用是当管径较大，可将锁死螺母改为法兰盘，采用金属加工制成。其工程量按不同管径以个为单位计算。

178. 园林喷灌技术参数主要体现在哪几方面？

园林喷灌技术参数主要体现在喷灌强度、水滴打击强度和喷灌均匀度等三个方面。

(1)喷灌强度。即单位时间内喷洒在控制面上的水深，其常用单位"mm/h"。在实际中，计算喷灌强度应大于平均喷灌强度。这是因为系统喷灌的水不可能没有损失地全部喷洒到地面。喷灌时的蒸发、受风后雨滴的漂移以及作物茎叶的截留都会使实际落到地面的水量减少。

(2)水滴打击强度。即单位受雨面积内，水滴对土壤或植物的打击动能。它与喷头喷洒出来的水滴的质量、降雨速度和密度(落在单位面积上水滴的数目)有关。由于测量水滴打击强度比较复杂，测量水滴直径的大小也较困难，所以在使用或设计喷灌系统时多用雾化指标法，我国实践证明，质量好的喷头 pd 值在 2500 以上，可适用于一般大田作物，而对蔬菜及大田作物幼苗期，pd 值应大于 3500。园林植物所需要的雾化指标可以参考使用。

(3)喷灌均匀度。喷灌均匀度是指在喷灌面积上水量分布的均匀程度。它是衡量喷灌质量好坏的主要指标之一。它与喷头结构、工作压力、喷头组合形式、喷头间距、喷头转速的均匀性、竖管的倾斜度、地面坡度、风速及风向等因素有关。

179. 怎样计算绿地喷灌工程灌水量？

喷灌一次的灌水量可采用以下公式来计算：

$$h=\frac{h_{净}}{\varphi}$$

式中 h——一次灌水量(mm);

$h_{净}$——根据树种确定的每日每次需要的纯灌水量(mm);

φ——利用系数,一般在 65%～85% 之间。

计算时,利用系数 φ 的确定可根据水分蒸发量大小而定。气候干燥,蒸发量大的喷灌不容易做到均匀一致,而且水分损失多,因此利用系数应选较小值,具体设计时常取 $\varphi=70\%$;如果是在湿润环境中,水分蒸发较少则应取较大的系数值。

180. 怎样计算绿地灌溉时间?

灌水量多少和灌溉时间的长短有关系。每次灌溉的时间长短可以按照以下公式计算确定:

$$T=\frac{h}{\rho}$$

式中 T——支管或喷头每次喷灌纯工作时间(h);

ρ——喷灌强度(mm/h)。

181. 怎样计算喷灌系统用水量?

整个喷灌系统需要的用水量数据,是确定给水管管径及水泵选择所必需的设计依据。这个数据可用如下公式求出:

$$Q=nq$$

式中 Q——用水量(m^3/h);

n——同时喷灌的喷头数;

q——喷头流量(m^3/h),$q=\frac{LbP}{1000}$;

L——相邻喷头的间距(m);

b——支管的间距(m);

P——设计喷灌强度(mm/h)。

在采用水泵供水时,显然,用水量 Q 实际上就是水泵的流量。

182. 喷灌工程怎样进行水头计算?

水头要求是设计喷灌系统不可缺少的依据之一。喷灌系统中管径的确定、引水时对水压的要求及对水泵的选择等,都离不开水头数据。以城市给水系统为水源的喷灌系统,其设计水头可用下式来计算:

$$H = H_{管} + H_{弯} + H_{喷} + H_{立管高度} + H_{地形高差}$$

式中　H——设计水头(m);

$H_{管}$——管道沿程水头损失(m);

$H_{弯}$——管道中各弯道、阀门的水头损失(m);

$H_{喷}$——最后一个喷头的工作水头(m)。

183. 如何计算自设水泵给水系统的扬程?

如果公园内是自设水泵的独立给水系统,则水泵扬程(水头)可按下式算出:

$$H = H_{实} + H_{管} + H_{弯} + H_{喷}$$

式中　H——水泵的扬程(m);

$H_{实}$——实际扬程等于水泵的扬程与水泵轴到最末一个喷头的垂直高度之和。

喷灌系统设计流量应大于全部同时工作的喷头流量之和。$Q = n\rho$ [Q 为喷灌系统设计流量,ρ 为一个喷头的流量(mm^3/h),n 为喷头数量]。水泵选择中功率大小计算可采用下列公式:

$$N = \frac{1000\gamma K}{75\eta_{泵}\eta_{传动}} Q_{泵} H_{泵}$$

式中　N——动力功率(马力);

K——动力备用系数,1.1~1.3;

$\eta_{泵}$——水泵的效率;

$\eta_{传动}$——传动效率,0.8~0.95;

$Q_{泵}$——水泵的流量(m^3/h);

$H_\text{泵}$——水泵扬程(m);

γ——水的容重(t/m^3)。

因为 1 马力=0.736kW,所以上式可改为:

$$N = \frac{9.81K}{\eta_\text{泵}\eta_\text{传动}} Q_\text{泵} H_\text{泵}$$

于是两点之间的水头损失 H_t,如图 4-11 所示。

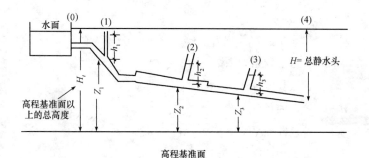

图 4-11 有压管流"能量守恒"原理

伯努力定理的数学表达式为:

$$H_t = h_1 + \frac{v_1^2}{2g} + Z_1 + H_{f(0-1)}$$

$$= h_2 + \frac{v_2^2}{2g} + Z_2 + H_{f(0-2)}$$

$$= h_3 + \frac{v_3^2}{2g} + Z_3 + H_{f(0-3)}$$

式中 H_t——断面(0)处的总水头,或高程基准面以上的总高度(m);

h_1、h_2、h_3——断面(1)、(2)、(3)处的静水头,即测压管水柱高度(m);

v_1、v_2、v_3——断面(1)、(2)、(3)处管道中的平均流速(m/s);

Z_1、Z_2、Z_3——断面(1)、(2)、(3)处管道轴线高(m);

$H_{f(0-1)}$、$H_{f(0-2)}$、$H_{f(0-3)}$——断面(0)—(1)、(0)—(2)、(0)—(3)之间的水头损失,它包括沿程水头损失和局部水头损失(m)。

184. 如何计算有压管流程的损失?

有压管流程水头损失的计算通常采用达西-魏斯巴赫公式:

$$h_f = \lambda \frac{l}{d} \frac{v^2}{2g}$$

式中　h_f——管道沿程水头损失(m);

　　　λ——管道沿程阻力系数;

　　　l——管道长度(m);

　　　d——管道内径(m);

　　　v——管道断面平均流速(m/s);

　　　g——重力加速度,为 9.81m/s²。

185. 怎样计算管道沿程阻力系数?

管道沿程阻力系数 λ 随管道中水的流态不同而异。对于层流($Re<2300$),沿程阻力系数可由下式求得:

$$\lambda = \frac{64}{Re}$$

式中　λ——管道沿程阻力系数;

　　　Re——雷诺系数。

对于紊流($Re>2300$),沿程阻力系数由试验研究确定。

186. 怎样计算沿程水头损失?

为了便于实际应用,通常将沿程水头损失表示为流量(或流速)的指数函数和管径的指数函数的单项式,即:

$$h_f = f \frac{Q^m}{d^b} l = S_0 Q^m l$$

式中　h_f——管道沿程水头损失(m);

f——摩阻系数；

l——管道长度(m)；

Q——流量(m³/s)；

d——管道内径(m)；

m——流量指数,与沿程阻力系数有关；

b——管径指数,与沿程阻力系数有关；

S_0——比阻,即单位管长、单位流量时的沿程水头损失。

比阻 S_0 可用下式表示：

$$S_0 = \frac{f}{d^b} = \frac{8\lambda}{\pi^2 g d^5}$$

式中符号的意义同前,其中摩阻系数、流量指数和管径指数与管道材质和内壁糙度有关。

187.《北京市建设工程预算定额》对绿地喷灌工程工程量计算有哪些说明？

(1)《北京市建设工程预算定额》之《绿化工程》分册(以下简称《绿化工程定额》)第五章绿地喷灌包括管道、阀门、喷灌喷头安装,水表组成与安装,管道及铁件刷油,井体砌筑等 6 节共 110 个子目。

(2)管道安装不分地面明装和地下直埋,均执行《绿化工程定额》。

(3)地面明装管道如需安装铁件时,应另行计算其本身价值,但安装费及操作损耗均不另行计算。

(4)地下直埋管道的土方工程,执行《绿化工程定额》第一章挖土方相应定额子目。

(5)《绿化工程定额》第五章绿地喷灌中给水井砌筑执行给水井砌筑子目,井中所需项目不能满足时应执行《北京市建设工程预算定额》第五册《给排水、采暖、燃气工程》相应项目。

(6)建设单位或设计单位要求对喷灌安装工程进行喷灌调试,其调试费用按喷灌安装工程直接费的 1% 计算,列入直接费。

188. 绿化工程中的现场管理费、企业管理费、利润、税金分别以什么为基数进行计算？

绿化工程的现场管理费、企业管理费均以直接费中的人工费为基数计算；利润以直接费和企业管理费之和为基数计算；税金以直接费、企业管理费和利润三项之和为基数计算。

第五章

园路、园桥、假山工程

1. 什么是园路？

园路即园林道路，是园林的组成部分，起着组织空间、引导浏览、交通联系并提供散步休息场所的作用。它像脉络一样，把园林的各个景区联成整体。园道路本身又是园林风景的组成部分，蜿蜒起伏的曲线，丰富的寓意，精美的图案，都给人以美的享受。

在对园林的设计中要特别突出其使用功能，根据地形、地貌、风景点的分布和园务活动的需要综合考虑，统一规划。园路须因地制宜，主次分明，有明确的方向性。

2. 园路的布置要考虑哪些因素？

(1) 回环性。园林中的路多为四通八达的环行路，游人从任何一点出发都能遍游全园，不走回头路。

(2) 疏密适度。园路的疏密度同园林的规模、性质有关，在公园内道路大体占总面积10％～12％，在动物园、植物园或小游园内，道路网的密度可以稍大，但不宜超过25％。

(3) 因景筑路。园路需要与园景相协调，所以在园林中是因景得路。

(4) 曲折性。园路随地形和景物而曲折起伏，以丰富景观，延长游览线路，增加层次景深，活跃空间气氛。

(5) 多样性。路在园林中的表现形式多种多样。在人流集聚的地方或在庭院内，路可以转化为场地；在林间或草坪中，路可以转化为步石或休息岛；遇到建筑，路可以转化为"廊"；遇山，路可以转化为盘山道、磴道、石级、岩洞；遇水，路可以转化为桥、堤、汀步等。路又以它丰富的体态和情趣来装点园林，使园林又因路而引人入胜。

3. 园路具有哪些作用？

园路是贯穿园林的交通脉络，是联系若干个景区和景点的纽带，是构

成园景的重要因素,其具体作用有如下几点:

(1)引导游览。园路能组织园林风景的动态序列,它能引导人们按照设计的意愿、路线和角度来欣赏景物的最佳画面,能引导人们到达各功能分区。

(2)组织交通。园路对于园林绿化、维修养护、商业服务、消防安全、职工生活、园务管理等方面的交通运输作用也是必不可少的。

(3)组织空间、构成景色。园林中各个功能分区、景色分区往往是以园路作为分界线。园路有优美的曲线,丰富多彩的路面铺装,两旁有花草树木,还有山、水、建筑、山石等,构成一幅幅美丽的画面。

(4)奠定水电工程的基础。园林中的给排水、供电系统常与园路相结合,所以在园路施工时,也要考虑到这些因素。

4. 园路的结构是怎样的?

在园林工程中,园路的结构形式较多,一般常采用图 5-1 所示的结构形式。

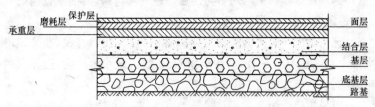

图 5-1 典型的道路面层结构

(1)面层。面层是路面最上层,对沥青面层来说,又可分为保护层、磨耗层、承重层。面层直接承受人流、车辆的荷载和风、雨、寒、暑等气候作用的影响,因此要求坚固、平稳、耐磨,有一定的粗糙度,少尘性,便于清扫。

(2)结合层。结合层是采用块料铺筑面层时在面层和基层之间的一层,用于结合、找平、排水。

(3)基层。基层在路基之上。它一方面承受由面层传下来的荷载,一方面把荷载传给路基。因此,要有一定的强度。一般用碎(砾)石、灰土或各种矿物废渣等筑成。

(4)路基。路基是路面的基础。它为园路提供了一个平整的基面,承受路面传下来的荷载,并保证路面有足够的强度和稳定性。如果土基的稳定性不良,应采取措施,以保证路面的使用寿命。此外,要根据需要进行道牙、雨水井、明沟、台阶、种植地等附属工程的设计。

5. 园路有哪些类型?

通常,绿地的园路有以下几种类型:

(1)主要道路。联系全园,必须考虑通行、生产、救护、消防、游览车辆。宽7~8m。

(2)次要道路。沟通各景点、建筑,通轻型车辆及人力车。宽3~4m。

(3)林荫道、滨江道和各种广场。

(4)休闲小径、健康步道。双人行走1.2~1.5m,单人行走0.6~1m。健康步道是近年来最为流行的足底按摩健身方式。通过行走卵石路上按摩足底穴位达到健身目的,但又不失为园林一景。

6. 什么是干结碎石?

干结碎石是指在施工过程中不洒水或少洒水,依靠充分压实及用嵌缝料充分嵌挤时,石料间紧密锁结所构成的具有一定强度的结构,一般厚度为8~16cm,适用于园路中的主路等。

7. 什么是天然级配砂砾?

天然级配砂砾是用天然的低塑性砂料,经摊铺并适当洒水碾压后形成。

8. 什么是煤渣石灰土?

煤渣石灰土,通常也称二渣土,是以煤渣、石灰(或电石渣、石灰下脚)和土三种材料,在一定的配比下,经拌合压实而形成强度较高的一种基层结构。

煤渣石灰土强度、稳定性和耐磨性均比石灰土好。另外,它的早期强度高还有利于雨期施工。煤渣石灰土对材料要求不太严格,允许范围较大。一般最小压实厚度应不小于10cm,但也不宜超过20cm,大于20cm时应分层铺筑。

9. 什么是二灰土?

二灰土是一种基层结构,主要以石灰、粉煤灰与土按一定的配比混合,加水拌匀碾压而成。它具有比石灰土还高的强度,有一定的板体性和较好的水稳性。

10. 什么是嵌草路面?

嵌草路面有两种类型:一种为在块料路面铺装时,在块料与块料之间,留有空隙,在期间种草,如冰裂纹嵌草路、空心砖纹嵌草路、人字纹嵌草路等;另一种是制作成可以种草的各种纹样的混凝土路面砖。

嵌草砖品种如图5-2所示。

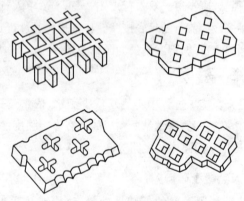

图5-2 可种草的混凝土预制砖

预制混凝土砌块按照设计可有多种形状,大小规格也有很多种,也可做成各种彩色的砌块。砌块的形状基本可分为实心的和空心的两类。但其厚度都不小于80mm,一般厚度都设计为100~150mm。

11. 什么是干法铺筑?

干法铺筑是以干性粉砂状材料作路面面层砌块的垫层和结合层。这类材料常见的有：干砂、细砂土、1∶3水泥干砂、1∶3石灰干砂、3∶7细灰土等。铺砌时，先将粉砂材料在路面基层上平铺一层，用干砂、细土作垫层厚3～5cm，用水泥砂、石灰砂、灰土作结合层厚2.5～3.5cm，铺好后抹平。然后按照设计的砌块、砖块拼装图案，在垫层上拼砌成路面面层。路面每拼装好一小段，就用平直的木板垫在顶面，以铁锤在多处震击，使所有砌块的顶面都保持在一个平面上，这样可使路面铺装得十分平整。路面铺好后，再用干燥的细砂、水泥粉、细石灰等撒在路面上并扫入砌块缝隙中，使缝隙填满，最后将多余的灰砂清扫干净。砌块下面的垫层材料慢慢硬化，使面层砌块和下面的基层紧密地结合在一起。适宜采用这种干法铺砌的路面材料主要有：石板、整形石块、混凝土路板、预制混凝土方块和砌块等。传统古建筑庭院中的青砖铺地、金砖墁地等地面工程，也常采用干法铺筑。

12. 什么是湿法铺装？

湿法铺装是指用厚度为1.5～2.5cm的湿性结合材料，如用1∶2.5或1∶3水泥砂浆、1∶3石灰砂浆、1∶5混合砂浆或1∶2水泥浆等，垫在路面面层混凝土板上面或路面基层上面作为结合层，然后在其上砌筑片状或块状切面层。切块之间的结合以及表面磨缝，也用这些结合材料。以花岗岩、釉面砖、陶瓷广场砖、碎拼石片、马赛克等片状材料贴面铺地，都要采用湿法铺砌。用预制混凝土方砖、砌块或黏土砖铺地，也可以用这种铺筑方法。

13. 什么是路牙？

路牙指用凿打成长条形的石材、混凝土预制的长条形砌块或砖，铺装在道路边缘，起保护路面的作用构件。机制标准砖铺装路牙，有立栽和侧栽两种形式。路牙的材料一般用砖或混凝土制成，在园林中也可用瓦、大卵石等制成。其中设置在路面边缘与其他构造带分界的条石称为路缘石。

14. 路缘石的作用是什么？

路缘石是一种为确保行人及路面安全，进行交通诱导，保留水土，保护植栽,以及区分路面铺装等而设置在车道与人行道分界处、路面与绿地分界处、不同铺装路面分界处等位置的构筑物。路缘石的种类很多,有标明道路边缘类的预制混凝土路缘石、砖路缘石、石头路缘石,此外,还有对路缘进行模糊处理的合成树脂路缘石。

15. 路缘石的设置要点有哪些?

(1)在公共车道与步行道分界处设置路缘,一般利用混凝土制"步行道车道分界道牙砖",设置高 15cm 左右的街渠或"L"形边沟。如在建筑区内,街渠或边沟的高度则为 10cm 左右。

(2)区分路面的路缘,要求铺筑高度统一、整齐,路缘石一般采用"地界道牙砖"。设在建筑物入口处的路缘,可采用与路面材料搭配协调的花砖或石料铺筑。

在混凝土路面、花砖路面、石路面等与绿色的交界处可不设路缘。但对沥青路面,为保证施工质量,则应当设置路缘。

(3)道牙安装:有道牙的路面,道牙的基础应与路床同时挖填碾压,以保证密度均匀,具有整体性。弯道处最好事先预制成弧形。道牙的结合层常用 M5.0 水泥砂浆 2cm 厚,应安装平稳牢固。道牙间隙为 1cm,用 M10 水泥砂浆勾缝。道牙背后路肩用夯实白灰土 10cm 厚、15cm 宽保护,也可用自然土夯实代替。

16. 什么是树池?

树池是指当在有铺装的地面上栽种树木时,应在树木的周围保留一块没有铺装的土地,通常把它叫树池或树穴。树池有平树池和高树池两种。

17. 什么是天然砂石?

天然砂石是指自然条件作用而形成的粒径在 5mm 以下的颗粒,不需加工而直接使用,河砂因长期受流水冲洗,颗粒呈圆形,一般工程大都用河砂。海砂因长期受海水冲刷,颗粒圆滑,较洁净,但常混有贝壳及其碎片,且氯盐含量较高,应经冲洗处理,使氯盐和有机物的含量不得超过一定限值,方可使用。山砂存在于山谷或旧河床中,颗粒多带棱角,表面粗糙,石粉含量较多。

我国天然砂的质量要求主要包括:细度模数、颗粒级配、含泥量、泥块含量、坚固性、有害杂质含量和碱活性。

18. 什么是素混凝土垫层?

素混凝土垫层是指用不低于 C10 的混凝土铺设而成的路面垫层,其厚度不应小于 60mm。

19. 园路路面基层施工过程是怎样的?

园路路面基层施工过程:放线→准备路槽→地基施工→垫层施工→路面基层施工→面层施工准备。

20. 路面基层施工要点有哪些?

确认路面基层的厚度与设计标高;运入基层材料,分层填筑。基层的每层材料施工碾压厚度是:下层为 200mm 以下,上层 150mm 以下;基层的下层要进行检验性碾压。基层经碾压后,没有达到设计标高的,应该翻起已压实部分,一面摊铺材料,一面重新碾压,直到压实为设计标高的高度。施工中的接缝,应将上次施工完成的末端部分翻起来,与本次施工部分一起滚碾压实。

21. 园路施工要特别注意哪些问题?

(1)对于旧城区道路狭窄,街道绿地不多,因此路面有多宽,它的空间也有多大。而园路是绿地中的一部分,它的空间尺寸既包含有路面的铺装宽度,也有四周地形地貌的影响。不能以铺装宽度代替空间尺度要求。对人车流动较少的地区,不必为追求景观的气魄、雄伟而随意扩大路面铺砌范围,减少绿地面积,增加工程投资。倒是应该注意园路两侧空间的变化,疏密相间,并有适当缓冲草地,以开阔视野,并借以解决节假日、集会人流的集散问题。

(2)园路和广场的尺度、分布密度应该是人流密度客观、合理的反映。上述的路宽,是一般情况下的参考值。"路是走出来的"从另一方面说明,人多的地方,如游乐场、人口大门等,尺度和密度应该是大一些;休闲散步区域,相反要小一些,达不到这个要求,绿地就极易损坏。

(3)对于规模较大的绿地区,要分清轻重缓急,逐步建设园路。

22. 散料面层铺砌分哪几类?

(1)土路。完全用当地的土加入适量砂和消石灰铺筑。常用于游人少的地方,或作为临时性道路。

(2)草路。一般用在排水良好,游人不多的地段,要求路面不积水,并选择耐践踏的草种,如绊根草、结缕草等。

(3)碎料路。碎料路是指用碎石、卵石、瓦片、碎瓷等碎料拼成的路面。图案精美丰富,色彩素艳和谐,风格或圆润细腻或朴素粗犷,做工精细,具有很好装饰作用和较高的观赏性,有助于强化园林意境,具有浓厚的民族特色和情调,多见于古典园林中。

23. 散料面层铺砌施工方法是怎样的?

先铺设基层,一般用砂作基层,当砂不足时,可以用煤渣代替。基层厚约 20~25cm,铺后用轻型压路机压 2~3 次。面层(碎石层)一般为 14~20cm 厚,填后平整压实。当面层厚度超过 20cm 时,要分层铺压,下层 12~16cm,上层 10cm。面层铺设的高度应比实际高度大些。

24. 结合层施工应注意哪些问题?

(1)一般用 M7.5 水泥、白灰、砂混合砂浆或 1:3 白灰砂浆。

(2)砂浆摊铺宽度应大于铺装面 5~10cm,已拌好的砂浆应当日用完。也可用 1~5cm 的粗砂均匀摊铺而成。

(3)特殊的石材铺地,如整齐石块和条石块,结合层用 M10 水泥砂浆。

25. 怎样进行彩色水泥抹面装饰?

对于抹面层所用的砂浆,可通过添加颜料调制成彩色水泥砂浆,用这种材料可做出彩色水泥路面。彩色水泥调制中使用的颜料,需选用耐光、耐碱、不溶于水的无机矿物颜料,如红色的氧化铁红、黄色柠檬铬黄、绿色的氧化铬绿、蓝色的钴蓝和黑色的炭黑等。不同颜色的彩色水泥及其所用颜料见表5-1。

表5-1　　　　　　　　　　彩色水泥的配置

调制水泥色	水泥及其用量/g	原料及其用量/g
红色、紫砂色水泥	普通水泥500	铁红20~40
咖啡色水泥	普通水泥500	铁红15、铬红20
橙黄色水泥	白色水泥500	铁红25、铬黄10
黄色水泥	白色水泥500	铁红10、铬黄25
苹果绿色水泥	普通水泥500	铬绿150、铬蓝50
青色水泥	普通水泥500	铬绿0.25
灰黑色水泥	普通水泥500	炭黑适量

26. 怎样进行彩色水磨石地面铺装？

(1)按照设计，在平整粗糙、已基本硬化的混凝土路面面层上，弹线分格，用玻璃条、铝合金条(或铜条)作为格条。

(2)然后在路面上刷上一道素水泥浆，再以1∶1.25~1∶1.50彩色水泥细石子浆铺面，厚0.8~1.5cm。

(3)铺好后拍平，表面滚筒压实，待出浆后再用抹子抹成平面。如果用各种颜色的大理石碎屑，再与不同颜色的彩色水泥配制一起，就可以做成不同颜色的彩色水磨石地面。

(4)水磨石的开磨时间应以石子不松动为准，磨后将水泥冲洗干净。待稍干时，用同色水泥浆涂擦一遍，将砂眼和脱落的石子补好。

(5)第二遍用100~150号金刚石打磨，第三遍用180~200号金刚石打磨，方法同前。打磨完成后洗掉泥浆，再用1∶20的草酸水溶液洗清，最后用清水冲洗干净。

27. 水泥混凝土路面层施工应注意哪些问题？

(1)核实、检验和确认路面中心线、边线和各设计标高点的正确无误。

(2)若是钢筋混凝土面层,则按设计选定钢筋并编扎成网。钢筋网应在基层表面以上架离,架离高度应距混凝土面层顶面50mm。钢筋网接近顶面设置要比在底部加筋更能保证防止表面开裂,也更便于充分捣实混凝土。

(3)按设计的材料比例,配制、浇筑、捣实混凝土,并用长1m以上的直尺将顶面刮平。顶面稍干一点,再用抹灰砂板抹平至设计标高。施工中要注意做出路面的横坡与纵坡。

(4)混凝土面层施工完成后,应即时开始养护。养护期应为7d以上,冬期施工后的养护期还应更长些。可用湿的织物、稻草、锯木粉、湿砂及塑料薄膜等覆盖在路面上进行养护。冬季寒冷,养护期中要经常用热水浇洒,要对路面保温。

(5)混凝土路面因热胀冷缩可能造成破坏,故在施工完成、养护一段时间后用专用锯割机按6~9m间距割伸缩缝,深度约50mm。缝内要冲洗干净后用弹性胶泥嵌缝。园林施工中也常用楔形木条预埋、浇捣混凝土后拆除的方法留伸缩缝,还可免去锯割手续。

28. 园路和绿地之间有着怎样的关系?

设计好的园路,常是浅埋于绿地之内,隐藏于绿丛之中的。尤其是山麓边坡外,园路一经暴露便会留下道道横行痕迹,极不美观,因此设计者往往要求路比"绿"低,但不一定是比"土"低。由此带来的是汇水问题,这时园路单边式两侧,距路1m左右,要安排很浅的明沟,降雨时汇水泻入的雨水口,天晴时乃是草地的一种起伏变化。

29. 怎样计算园路工程量?

园路按设计图示尺寸以面积计算,不包括路牙。园路如有坡度时,工程量以斜面计算,其他相关规定如下:

(1)园路土基整理路床的工作内容包括:厚度在30cm,挖、填土,找平,夯实,整修,弃土2m以外。园路土基整理路床的工程量按路床的面积计算。计量单位:10m²。

(2)园路垫层的工作内容包括:筛土、浇水、拌合、铺设、找平、灌浆、捣实、养护。园路垫层的工程量按不同垫层材料,以垫层的体积计算,计量单位:m³。垫层计算宽度应比设计宽度大10cm,即两边各放宽5cm。

(3)园路面层的工作内容包括:放线、整修路槽、夯实、修平垫层、调浆、铺面层、嵌缝、清扫。园路面层工程量按不同面层材料、厚度以园路面层的面积计算。计量单位:10m²。

30. 怎样计算庭院甬路工程量?

庭院甬路的工作内容包括:园林建筑及公园绿地内的小型甬路、路牙、侧石等工程。安装侧石、路牙适用于园林建筑及公园绿地、小型甬路。定额中不包括刨槽、垫层及运土,可按相应项目定额执行。墁砌侧石、路缘、砖、石及树穴是按1:3白灰砂浆铺底、1:3水泥砂浆勾缝考虑的。侧石、路缘、路牙按实铺尺寸以延长米计算。

31. 怎样计算园路、地坪垫层工程量?

园路、地坪定额已包括结合层,但不包括垫层,垫层另行计算。园路垫层定额子目也适用于基础垫层,但人工要乘以一定系数。

32. 庭园工程中的园路定额适用范围是怎样的?

庭园工程中的园路定额是指庭院内的行人甬路、蹬道和带有部分踏步的坡道,不适用于厂、院及住宅小区内的道路,由垫层,路面、地面、路牙、台阶等组成。

33. 怎样计算山丘、坡道所包括的垫层、路面、路牙的费用?

山丘坡道所包括的垫层、路面、路牙等项目,分别按相应定额子目的人工费乘以系数1.4计算,材料费不变。

34. 为什么花岗石道路侧石应以断面面积划分不同档次?

因影响花岗石道路侧石基价的是该侧石加工面积的大小,石料加工面积越大(即断面面积越大),其价越大,反之则越小。因此,在进行定额子目基价划分档次时,以道路侧石的断面面积大小作为子目档次划分的主要依据。

35. 混凝土路、停车场,厂、院及住宅小区内的道路应怎样执行相应定额?

室外道路宽度在 14m 以内的混凝土路、停车场,厂、院及住宅小区内的道路执行"建筑工程"预算定额;室外道路宽度在 14m 以外的混凝土路、停车场执行"市政道路工程"预算定额,沥青所有路面都执行"市政道路工程"预算定额;庭院内的行人甬路、蹬道和带有部分踏步的坡道适用于"庭院工程"预算定额。

36. 怎样进行嵌草路面的铺砌?

施工时,先在整平压实的路基上铺垫一层栽培壤土作垫层。壤土要求比较肥沃,不含粗颗粒物,铺垫厚度为 100~150mm。然后在垫层上铺砌混凝土空心砌块或实心砌块,砌块缝中半填壤土,并播种草籽。

实心砌块的尺寸较大,草皮嵌种在砌块之间预留的缝中。草缝设计宽度可在 20~50mm 之间,缝中填土达砌块的 2/3 高。砌块下面如上所述用壤土作垫层并起找平作用,砌块要铺装得尽量平整。实心砌块嵌草路面上,草皮形成的纹理是线网状的。空心砌块的尺寸较小,草皮嵌种在砌块中心预留的孔中。砌块与砌块之间不留草缝,常用水泥砂浆黏结。砌块中心孔填土亦为砌块的 2/3 高;砌块下面仍用壤土作垫层找平,使嵌草路面保持平整。空心砌块嵌草路面上,草皮呈点状而有规律地排列。要注意的是,空心砌块的设计制作,一定要保证砌块的结实坚固和不易损坏,因此其预留孔径不能太大,孔径最好不超过砌块直径的 1/3 长。

采用砌块嵌草铺装的路面,砌块和嵌草层是道路的结构面层,其下面只能有一个壤土垫层,在结构上没有基层,只有这样的路面结构才能有利于草皮的存活与生长。

37. 园林地貌应遵循哪些原则进行创作?

(1)因地制宜。园林地貌处理应遵循因地制宜的原则,宜山则山,宜水则水。以利用原地形为主,进行适当的改造。

(2)师法自然。园林地貌创作要借鉴自然,以优美自然地貌为蓝本,塑造园林地貌。

(3)顺理成章。在布置山水时,对山水的位置、朝向、形状、大小、高深,山与山之间,山与平地之间,山与水之间的关系等,作通盘考虑。

(4)统筹兼顾。园林地貌除注意本身的造型外,还要为园中建筑及其他工程设施创造合适的场地,施工时注意保留表土以利植物的生长。在造景方面,地貌同其他景物要相互配合,山水须有建筑、植物等的点缀;园中建筑及其他设施也需要山水的烘托。

38. 若道路侧石需磨边、抛光,应如何执行定额?

石材磨边定额包含磨边、抛光、切割、截边的工作内容。如果侧石磨倒角边,不抛光者定额基价乘以系数 0.75,磨半圆形边则执行磨倒角边定额人工及机械乘以系数 1.25。

石材磨边的定额子目仅适用于现场加工石料。

39. 怎样进行道牙、边条、槽块安装?

道牙基础宜与地床同时填挖碾压,以保证有整体的均匀密实度。结合层用 1:3 的白砂浆 2cm。安道牙要平稳、牢固,后用 M10 水泥砂浆勾缝,道牙背后应用灰土夯实,其宽度 50cm,厚度 15cm,密实度值在 90% 以上。

边条用于较轻的荷载处,且尺寸较小,一般 50mm 宽,150~250mm 高,特别适用于步行道、草地或铺砌场地的边界。施工时应减轻它作为垂直阻拦物的效果,增加它对地基的密封深度。边条铺砌的深度相对于地面应尽可能低些,如广场铺地、边条铺砌可与铺地地面相平。槽块分凹面槽块和空心槽块,一般紧靠道牙设置,以利于地面排水,路面应稍稍高于槽块。

40. 怎样计算弧形花架基础土方量?

(1)计算每个柱子的基础土方量,然后相加。

(2)计算花架的地坪工程量时,可按投影面积计算。

41.《北京市建设工程预算定额》对园路工程工程量计算有哪些说明？

(1)定额中涉及混凝土和钢筋混凝土工程中的模板,应单独计算,在编制工程预算时,执行相应的模板定额子目。

(2)混凝土和钢筋混凝土工程所含各项操作损耗率如下：

1)根据园林工程的艺术特点,混凝土除园路垫层、路面、台阶为2%,门窗框及小品为3%外,其余项目均为1.5%。

2)预埋铁件为1%。

(3)钢筋混凝土工程中的钢筋计算应按图示用量执行钢筋加工相应定额子目。

(4)预埋铁件的定额含量与图示用量(含操作损耗)不符时,允许调整。

(5)定额中的混凝土、砂浆强度等级是按常用标准列出的,若设计要求与定额不同时,允许换算。

42. 怎样确定石笋的高度？

石笋的高度是按石笋安装后露出地面的净高部分进行计算的。地面以下的部分及基础已包括在定额内,不再另行计算。

43. 如何划分台阶与踏步？

台阶与踏步的划分以最上层踏步的平台外口减一个踏步宽为准,最上层踏步宽度以外部分,并入相应的地面工程量内计算。

44. 园林的小型砌体包括哪些内容？

小型砌体包括花台、花池及毛石墙、门窗立边、窗台虎头砌等。

45. 如何确定园路面层饰面的损耗系数？

各种园路的面层按设计图示尺寸,长乘宽,按平方米计算,套价时定额中已经包括了材料的损耗,不再调整。

46. 加工后的砖件、石制品、木构件、预制钢筋混凝土构件场内运距超过定额规定,应如何处理?

加工后的砖件、石制品、木构件、预制钢筋混凝土构件,场内运距见表5-2。如超过时,按1km以内的运输定额执行,同时须扣除定额中相应的运输费用。

表5-2　加工后的砖件、石制品、木构件、预制钢筋混凝土构件场内运距

构 件 分 类	场 内 运 距
砖件	300m
石制品	
大木作(结构)木构件	
大木作(结构)木构件	
预制钢筋混凝土构件	150m

47. 怎样确定道路侧石安装工程量?

道路侧石安装子目中,工程量以延长米累计计算。工作内容仅包括道路侧石底部的坐浆和侧石接头时顶头灰浆,没有包括素混凝土等基础工程内容。若发生时,可按设计要求和园林定额相关子目,另行计算。

48. 翻挖路面、垫层及人行道板和平侧石定额,若施工方法发生调整,是否应调整?

翻挖路面、垫层及人行道板和平侧石定额,是按人工和机械翻挖综合考虑,实际施工方法不同时,均不做调整。其工作量按实计算。

49. 当实际要求用砂数量与设计要求不符时是否可进行调整?

砂浆结合层或铺筑用砂数量与设计不同时,可按实调整。

50. 定额中的斜道子目适用哪种情况？

园林定额外脚手架项目中已综合了斜道、上料平台。定额中的斜道子目，只适用于单独搭设的斜道。

51. 混凝土及钢筋混凝土定额对毛石混凝土的毛石掺量有何规定？

园林定额中，毛石混凝土中的毛石掺量，块形基础 20%，条形基础 15%。设计使用量不同时，其毛石和混凝土用量可按比例调整，其他不变。

52. 如何计算道牙、树池围牙工程量？

道牙、树池围牙工程量按图示长度以米计算。

53. 怎样计算铁艺围墙工程量？

(1) 铁艺围栏及铁艺大门工程量应按面积计算。

(2) 铁艺围栏工程量也可按钢管的理论重量计算，另外再加上加工费和安装费，这样既可以折合成平方也可以折合成长度。

54. 若花岗石侧石单价发生差价，应如何处理？

定额子目中的花岗石石料单价均以园林定额预算价格为标准。若发生材料差价，可参照园林定额有关规定，进行主材补差。

55. 怎样确定标准砖的数量？

标准砖 4 块砖长加 4 条灰缝为 1m，8 块砖宽加 8 条缝为 1m，16 块砖加 16 条灰缝为 1m。

在实际中，通常查看概算或预算定额中每 $1m^3$ 的块数，同时还应考虑一定的损耗率。

56. 园林绿化工程中台阶和木栈道的预算做法是什么？

台阶一般的图纸上有素土夯实、三七灰土垫层、混凝土垫层（或是砖砌台阶)、面层。

木栈道一般图纸会设计素土夯实、三七灰土、混凝土垫层、防腐木面层(下有龙骨支撑)。

57. 块料面层规格与设计不同时如何处理？

定额块料面层的规格与设计不同时,可以进行换算。

58. 路牙、路缘材料与路面材料相同时,计算时可否并入到路面工程？

路牙、路缘材料与路面材料相同时,工程量并入路面工程量内计算,不另套路牙子目。

59. 地面铺装中的砍砖、筛选是否另行计算？

砖地面、卵石地面和瓷片地面定额已包括砍砖、筛选、清洗石子、瓷片等的工料,不另计算。

60. "人字纹"、"席纹"、"龟背锦"铺装如何套用定额？

"人字纹"、"席纹"铺砖地面按"拐子锦"定额计算,"龟背锦"按"八方锦"定额计算。

61. 园路施工中,怎样确定铺筑基层的摊铺厚度？

(1)干结碎石基层。碎石粒径多在 30～80cm,摊铺厚度一般为 8～16cm。

(2)天然级配沙砾基层。沙砾应颗粒坚韧,大于 20cm 的粗骨料含量在 40% 以上,厚度多在 10～20cm。

(3)石灰土基层。厚度为 15cm(即一步灰土),基层虚铺厚度为 21～24cm。

62. 如何确定园路垫层宽度？

园路垫层宽度按如下计算:带路牙者,按路面宽度加 20cm 计算;无路牙者,按路面宽度加 10cm 计算,蹬道带山石挡土墙者,按蹬道宽度加 120cm 计算;蹬道无山石挡土墙者,按蹬道宽度加 40cm 计算。

63. 怎样计算墁地面工程量？

墁地面是指将砖、石铺筑在地面上，一般地面多采用砖墁地面。墁石子地面不扣除砖、瓦条拼花面积，有方砖心的应扣除方砖心所占面积。

相应的定额套用要求如下：

(1)铺墁块料面层的定额中已综合了掏柱顶卡口等工料，其中细墁地面及散水定额还包括了砖件的砍磨加工的材料损耗及人工消耗，糙墁地面及散水定额综合了守缝及勾缝做法。

(2)墁石子地所用石子的材料中已包括其筛选、清选的费用。定额中的拼花做法系指用石子拼花的做法，不包括用砖、瓦材料切磨加工、拼花摆铺，发生时需要工料另行计算，石子地中铺墁的方砖心另按有关定额人工费乘 1.5 系数执行。

64. 怎样确定园路的宽度？

确定园路宽度所考虑的因素，在以人行为主的园路上是并排行走的人数和单人行走所需宽度，在兼顾园务运输的园路上是所需设置的车道数和单车道的宽度。

公园中，单人散步的宽度按 0.6m 计算，两人并排散步的道路宽度按 1.2m 算，三人并排行走的道路宽度则可为 1.8m 或 2.0m。个别狭窄地带或屋顶花园上，单人散步的小路最窄可取 0.9m。

65. 如何确定不同类型路面的纵横坡度？

园林定额中，不同类型路面的坡度按表 5-3 确定。

表 5-3

路面类型	纵坡(%)			横坡(%)		
	最小	最大		特殊	最小	最大
		游览大道	园路			
混凝土路面	3	60	70	100	1.5	2.5
沥青混凝土路面	3	50	60	100	1.5	2.5

续表

路面类型	纵坡(%)			横坡(%)		
	最小	最大		特殊	最小	最大
		游览大道	园路			
块石、砾石路面	4	60	80	110	2	3
拳石、卵石路面	5	70	80	70	3	4
粒料路面	5	60	80	80	2.5	3.5
改善土路面	5	60	60	80	2.5	4
游览小道	3	—	80		1.5	3
自行车道	3	30			1.5	2
广场、停车场	3	60	70	100	1.5	2.5
特别停车场	3	60	70	100	0.5	1

66. 如何确定主路、次路、小路、小径的宽度？

主路一般为 3.5～5.0m，至少可单向通行卡车、消防车等；次路一般为 2.0～3.5m，能单向通行轻型机动车辆，小路宽度在 1.5m 左右；小径宽度一般为 0.8～0.9m。

67. 园林定额对无障碍设计有哪些要求？

通常路面宽度必须大于 1.2m，回车路面宽大于 2.5m；纵坡必须小于 4%，不得设阶梯；休息平台大于 1.8m，通行轮椅的路面斜度不得大于 5°（1∶12），坡度应小于 10m。路面一侧有陡坡的要设栏杆，导盲栏杆或路标高 1.3～1.6m。

68. 怎样确定车道的宽度？

车道的宽度，依车辆的类型和车辆本身情况而定。在机动车中，小汽车车身宽度按 2.0m 计，中型车（包括洒水车、垃圾车、喷药车）按 2.5m，大型客车按 2.6m 计算。加上行驶中横向安全距离的宽度，则单车道的实际宽度可取的数值是：小汽车 3.0m，中型车 3.5m，大客车 3.5m 或 3.75m（不限制行驶速度时）。在非机动车中，自行车车身宽度按 0.5m 计。伤残人轮椅车按 0.7m 算，三轮车按 1.1m 计，板车按 2.0m 计算。加上横向安全距离，非机动车的单车道宽度为：自行车 1.5m，三轮车 2.0m，轮椅车 1.0m，板车 2.8m。

69. 怎样确定园路的转弯半径？

构成园路平曲线的几何要素及其相互关系如图 5-3 所示。其计算方法如下：

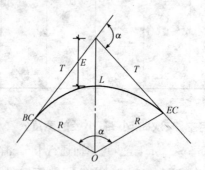

图 5-3 园路平曲线

$$T = R\tan\frac{\alpha}{2}$$

$$E = R(\sec\frac{\alpha}{2} - 1)$$

$$R = T\cot\frac{\alpha}{2}$$

$$L = \frac{\pi}{180}R\alpha$$

式中，T、E、R、L、α 分别为切线长、曲线外距、平曲线半径、曲线长和路线转折角度。

第五章 园路、园桥、假山工程

70. 园林定额中对双车道路面加宽值是有哪些要求?

(1)平曲线半径为400~250m时,加宽值为0.60m。

(2)平曲线半径为250~150m时,加宽值为0.75m。

(3)平曲线半径为125~90m时,加宽值为1.00m。

(4)平曲线半径为80~70m时,加宽值为1.25m。

(5)平曲线半径为60~50m时,加宽值为1.50m。

(6)平曲线半径为45~30m时,加宽值为1.80m。

(7)平曲线半径为25m时,加宽值为2.00m。

(8)平曲线半径为20m时,加宽值为2.20m。

71. 怎样确定弯道路面加宽缓和段的长度?

(1)在不设超高的弯道前,加宽缓和段可直接取10m长。

(2)在设超高的弯道前,加宽缓和段的长度可按下列公式计算。

$$i_{超} = \frac{V^2}{127R^\mu}$$

$$L \geq \frac{Bi_{超}}{i_2}$$

式中　B——路面宽度(m);

　　　V——规定的行车速度(km/h);

　　　R——弯道平曲线半径;

　　　μ——横向力系数(取值小于0.1);

　　　$i_{超}$——超高横坡度(%);

　　　i_2——超高缓和段路面外缘纵坡与路线设计纵坡之差(%)。一般在0.5%~1.0%之间,在地形复杂路段和山地,可允许达到1.0%~2.0%。

72. 园林定额对园路纵向坡度有何规定?

为排水通畅考虑,应保证最小纵坡不小于0.3%~0.5%。

(1)通车的园路,纵断面的最大坡度,宜限制在8%以内,在弯道或山区还应减小一点。

(2)可供自行车骑行的园路,纵坡宜在 2.5% 以下,最大不超过 4%。

(3)轮椅、三轮车宜为 2% 左右,不超过 3%。

(4)不通车的人行游览道,最大纵坡不超过 12%,若坡度在 12% 以上,就必须设计为梯级道路。

(5)除了专门设在悬崖峭壁边的梯级蹬道外,一般的梯道纵坡道都不要超过 10%。

73. 如何计算道路中央分车绿带的宽度?

一般说来,两块板道路的中央分车绿带宽度在 5m 以上,最窄不小于 3m。三块板道路的分车绿带可窄一点,最窄可到 1.5m。人行道绿化带的宽窄视道路用地情况而定,最窄 1.5m,最宽可达 20m 以上。

74. 怎样确定路基的标高?

路基的标高应高于按洪水频率确定的设计水位 0.5m 以上。

75. 如何确定园路路面各结构层次的铺设厚度?

(1)垫层铺设厚度 8~15cm。

(2)园路的基层铺设厚度可在 6~15cm 之间。

(3)结合层材料一般选用 3~5cm 厚的粗砂、1:3 石灰砂浆或 M2.5 水泥石灰混合砂浆。

(4)磨耗层厚度一般为 1~3cm。

(5)装饰层的厚度可为 1~2cm。

76. 怎样确定踏步的高度及宽度?

根据园林定额的规定,一步踏的踏面宽度为 28~38cm,适当再加宽一点也可以,但不宜宽过 60cm;二步踏的踏面可以宽 90~100cm。一级踏步的高度一般情况下应设计为 10~16.5cm。低于 10cm 时行走不安全,高于 16.5cm 时行走较吃力。儿童活动区的梯级道路,其踏步高应为 10~12cm,踏步宽不超过 45cm。

77. 在路口外形成三角形区域,怎样确定视距三角形及安全视距?

视距三角形(图 5-4)及安全视距可按下式计算:

$$D = a + tv + b$$

式中　D——安全视距(m);

　　　a——安全距离(取 4m);

　　　t——刹车时间(S);

　　　v——行车速度(m/s);

　　　b——刹车距离(m) $= \dfrac{v^2}{2g\varphi}$;

　　　v^2——速度的平方;

　　　g——重力加速度(9.8m/s);

　　　φ——摩擦系数(结冰时 0.2;潮湿时 0.5;干燥时 0.7)。

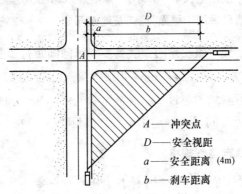

A——冲突点
D——安全视距
a——安全距离 (4m)
b——刹车距离

图 5-4　视距三角形

78. 怎样进行重量比与体积比换算?

(1)重量比换算成体积比按下式进行计算:

$$石灰体积:土体积 = P_2/y_2 : P_1/y_1$$

式中　P_2、P_1——分别为石灰及土的重量配合百分比;

　　　y_2、y_1——分别为熟石灰及土的天然松方干容量(kg/m³)。

若石灰的体积为 1,则石灰体积：土体积 $= 1 : P_2 y_1 / P_1 y_2$

(2)土的虚铺厚度按以下公式计算(石灰亦同此理)：
$$h_1 = y_0 P_1 h_0 / y_1$$

式中　h_1——土的虚铺厚度(cm)；

　　　y_0——石灰最大压实密度(kg/m³)；

　　　h_0——灰土层的压实厚度(cm)。

每延米灰土层用灰量的天然松方体积(每延米土用量也用此公式求得)：
$$V_2 = b_0 h_0 y_0 P_2 / y_2$$

式中　V_2——每延米灰土层用灰量的天然松方体积(m³)；

　　　b_0——灰土层实铺厚度(m)。

79. 如何计算伸缩缝工程量？

伸缩缝工程量以延长米(m)计算,如内外双面填缝者,工程量按双面计算。伸缩缝项目适用于屋面、墙面及地面部分。

80. 园林定额对照明器的安装高度和纵向间距有哪些要求？

路灯安装高度一般为 4～5m,广场则在 8～10m。庭园灯杆高度一般不超过 4m,草坪灯则不超过 2m,通常为 0.3～1.50m。园灯间距一般为 10～20m,杆式路灯间距可大一些,草坪灯间距可小一些。

81. 如何确定路灯规格？

底部管径 $\phi 160 \sim \phi 150$,高 H 为 5～8m,伸臂长度 B 为 1～2m,灯具仰角 α 为 0°、5°、10°、$\leqslant 15°$。

82. 园路工程内容有哪些？其工程量怎样计算？

园路工程内容包括：①园路路基、路床整理；②垫层铺筑；③路面铺筑；④路面养护。

清单工程量计算规则：按设计图示尺寸以面积计算,不包括路牙。

定额工程量计算规则：路面(不含蹬道)和地面,按图示尺寸以平方米计算。

第五章 园路、园桥、假山工程

【**例 5-1**】 某园林绿化需对广场采用青砖铺设路面(无路牙),具体路面结构设计如图 5-5 所示,已知该广场半径为 20m,试求其工程量。

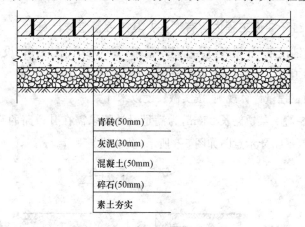

图 5-5 园路剖面示意图

【**解**】 1. 清单工程量

园路工程量 $=3.14\times 20^2=1256\text{m}^2$

按清单工程量计算规则,具体见表 5-4。

表 5-4　　　　　　　　清单工程量计算表

项目编码	项目名称	项目特征描述	计量单位	工程量
050201001001	园路	青砖 50mm,灰泥 30mm,混凝土 50mm,碎石 50mm	m²	1256

2. 定额工程量

(1)垫层计算:

1)碎石工程量 $=3.14\times(20+0.1)^2\times 0.05=63.43\text{m}^3$

2)灰泥工程量 $=3.14\times(20+0.1)^2\times 0.03=38.06\text{m}^3$

广场采用 3∶7 灰泥

3)混凝土工程量 $=3.14\times(20+0.1)^2\times 0.05=63.43\text{m}^3$

(2)路面、地面工程量计算:

青砖工程量 $= 3.14 \times 20^2 = 1256 m^2$

83. 路牙铺设工程内容有哪些？其工程量怎样计算？

路牙铺设工程内容包括：①基层清单；②垫层铺设、路牙铺设。

清单工程量计算规则：按设计图示尺寸以长度计算。

定额工程量计算规则：按实做长度以米计算。

【例 5-2】 某道路长 250m，为满足设计要求需在其道路的路面两侧安置路牙，平路牙示意图如图 5-6 所示，试求其工程量。

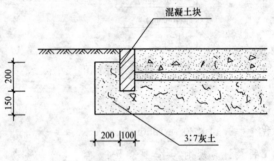

图 5-6 平路牙示意图

【解】 1. 清单工程量

根据清单工程量计算规则，工程量 $= 2 \times 250 = 500.00 m$。

注：因该道路两边均安置路牙，所以路牙的工程量为 2 倍的道路长。

清单工程量计算见表 5-5。

表 5-5　　　　　　　　清单工程量计算表

项目编码	项目名称	项目特征描述	计量单位	工程量
050201002001	路牙铺设	混凝土路牙	m	500

2. 定额工程量

(1)路牙铺装工程量 $= 2 \times 250 = 500.00 m$

(2) 3∶7灰土工程量：

$V = 长 \times 宽 \times 厚度$

$= [250 \times (0.2+0.1) \times 0.15 + 250 \times 0.2 \times 0.2] \times 2$

$= 42.5 m^3$

注：铺设3∶7灰土垫层厚度不小于100mm。

84. 什么是平树池？

平树池是指树池池壁的外缘的高程与铺装地面的高程相平。池壁可用普通机砖直埋，也可以用混凝土预制，其宽×厚为60cm×120cm或80cm×220cm，长度根据树池大小而定。树池周围的地面铺装可向树池方向做排水坡。最好在树池内装上格栅（铁箅子），格栅要有足够的强度、不易折断，地面水可以通过箅子流入树池。可在树池周围的地面做成与其他地面不同颜色的铺装，以防踩踏。既是一种装饰，又可起到提示的作用。

85. 什么是高树池？

把种植池的池壁作成高出地面的树珥。树珥的高度一般为15cm左右，以保护池内土壤，防止人们误入，踩实土壤影响树木生长。

86. 什么是树池围牙？

树池围牙是树池四周做成的围牙，类似于路沿石，即树池的处理方法。主要有绿地预制混凝土围牙和树池预制混凝土围牙两种。

(1) 绿地预制混凝土围牙：是将预制的混凝土块（混凝土块的形状、大小、规格依具体情况而定）埋置于种植有花草树木的地段，对种植有花草树木的地段起围护作用，防止人员、牲畜和其他可能的外界因素对花草树木造成伤害的保护性设施。

(2) 树池预制混凝土围牙：是将预制的混凝土块（混凝土块的形状、规格、大小依树的大小和装饰的需要而定）埋置于树池的边缘，对树池起围护作用和保护性设施。

围牙勾缝是指砌好围牙后,先用砖凿刻修砖缝,然后用勾缝器将水泥砂浆填塞于灰缝之间。围牙勾缝主要有平缝、凹缝和凸缝三种形状。

87. 树池围牙、盖板的工程内容有哪些？其工程量怎样计算？

工程内容包括:①清理基层;②围牙、盖板运输;③围牙、盖板铺设。

清单工程量计算规则:按设计图示尺寸以长度计算。

定额工程量计算规则:按实做长度以米计算。

【例 5-3】 某城市园林内正方形的树池,边长为 1.2m,现需对其四周进行围牙处理,试求该树池围牙的工程量。

【解】 1. 清单工程量

树池围牙:$L=4\times1.2=4.80m$

注:在清单计算时,树池围牙是按设计图示尺寸以长度计算,因为该树池是正方形的,又知边长为 1.2m,所以该树池围牙的清单工程量为 4.8m。

清单工程量计算见表 5-6。

表 5-6　　　　　　　　清单工程量计算表

项目编码	项目名称	项目特征描述	计量单位	工程量
050201003001	树池围牙	树池边长 1.2m,方形	m	4.80

2. 定额工程量

树池围牙:$L=4\times1.2=4.80m$

88. 什么是园桥？

园桥是指建筑在庭园内的、主桥孔洞 5m 以内、供游人通行兼有观赏价值的桥梁。园桥最基本的功能就是联系园林水体两岸上的道路,使园路不至于被水体阻断。由于它直接伸入水面,能够集中视线,就自然而然地成为某些局部环境的一种标识点,因而园桥能够起到导游作用,可作为导游点进行布置。低而平的长桥、栈桥还可以作为水面的过道和水面游览线,把游人引到水上,拉近游人与水体的距离,使水景更加迷人。

园林中桥的设计都很讲究造型和美观。为了造景的需要,在不同环境中就要采取不同的造型。园桥的造型形式很多,结构形式也有多种。在规划设计中,完全可以根据具体环境的特点来灵活地选配具有各种造型的园桥。

89. 常见的园桥造型形式有哪些?

(1)平桥。平桥有木桥、石桥、钢筋混凝土桥等。桥面平整,结构简单,平面形状为一字形。桥边常不做栏杆或只做矮护栏。桥体的主要结构部分是石梁、钢筋混凝土直梁或木梁,也常见直接用平整石板、钢筋混凝土板作桥面而不用直梁的。

(2)平曲桥。基本情况和一般平桥相同。桥的平面形状不为一字形,而是左右转折的折线形。根据转折数,可有三曲桥、五曲桥、七曲桥、九曲桥等。桥面转折多为90°直角,但也可采用120°钝角,偶尔还可用150°转角。平曲桥桥面设计为低而平的效果最好。

(3)拱桥。常见有石拱桥和砖拱桥,也少有钢筋混凝土拱桥。拱桥是园林中造景用桥的主要形式,其材料易得,价格便宜,施工方便;桥体的立面形象比较突出,造型可有很大变化;并且圆形桥孔在水面的投影也十分好看。因此,拱桥在园林中应用极为广泛。

(4)亭桥。在桥面较高的平桥或拱桥上,修建亭子,就做成亭桥。亭桥是园林水景中常用的一种景物,它既是供游人观赏的景物点,又是可停留其中向外观景的观赏点。

(5)廊桥。这种园桥与亭桥相似,也是在平桥或平曲桥上修建风景建筑,只不过其建筑是采用长廊的形式罢了。廊桥的造景作用和观景作用与亭桥一样。

(6)吊桥。吊桥是以钢索、铁链为主要结构材料(在过去,则有用竹索或麻绳的),将桥面悬吊在水面上的一种园桥形式。这类吊桥吊起桥面的方式又有两种。一种是全用钢索铁链吊起桥面,并作为桥边扶手。另一种是在上部用大直径钢管做成拱形支架,从拱形钢管上等距地垂下钢制缆索,吊起桥面。吊桥主要用在风景区的河面上或山沟上面。

(7)栈桥与栈道。架长桥为道路,是栈桥和栈道的根本特点。严格地讲，这两种园桥并没有本质上的区别，只不过栈桥更多的是独立设置在水面上或地面上，而栈道则更多地依傍于山壁或岸壁。

(8) 浮桥。将桥面架在整齐排列的浮筒（或舟船）上，可构成浮桥。浮桥适用于水位常有涨落而又不便人为控制的水体中。

(9) 汀步。这是一种没有桥面，只有桥墩的特殊的桥，或者也可说是一种特殊的路。汀步是采用线状排列的步石、混凝土墩、砖墩或预制的汀步构件布置在浅水区、沼泽区、沙滩上或草坪上，形成的能够行走的通道。

90. 什么是桥基？

桥基是介于墩身与地基之间的传力结构。桥身指桥的上部结构，包括人行道、栏杆与灯柱等部分。

91. 石活的连接有哪几种方法？

石活的连接方法一般有 3 种，即：构造连接、铁件连接和灰浆连接。

(1) 构造连接。构造连接是指将石活加工成公母榫卯、做成高低企口的"磕绊"、剔凿成凸凹仔口等形式，进行相互咬合的一种连接方式。

(2) 铁件连接。铁件连接是指用铁制拉接件，将石活连接起来，如铁"拉扯"、铁"银锭"、铁"扒锔"等。铁"拉扯"是一种长脚丁字铁，将石构件打凿成丁字口和长槽口，埋入其中，再灌入灰浆。铁"银锭"是两头大，中间小的铁件，需将石构件剔出大小槽口，将银锭嵌入。铁"扒锔"是一种两脚扒钉，将石构件凿眼钉入。

(3) 灰浆连接。灰浆连接是最常用的一种方法，即采用铺垫坐浆灰、灌浆汁或灌稀浆灰等方式，进行砌筑连接。灌浆所用的灰浆多为桃花浆、生石灰浆或江米浆。

92. 桥面指的是什么？

桥面指桥梁上构件的上表面。通常布置要求为线形平顺，与路线顺利搭接。城市桥梁在平面上宜做成直桥，特殊情况下可做成弯桥，如采用曲线形时，应符合线路布设要求。桥梁平面布置应尽量采用正交方式，避免与河流或桥上路线斜交。若受条件限制时，跨线桥斜度不宜超过 15°，在通航河流上不宜超过15°。

桥梁桥面的一般构造如图5-7所示。

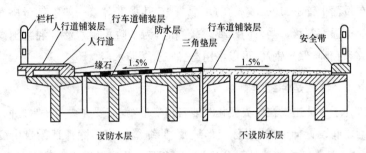

图 5-7 桥面的一般构造

93. 桥面铺装的作用是什么？

桥面铺装的作用是防止车轮轮胎或履带直接磨耗行车道板；保护主梁免受雨水浸蚀，分散车轮的集中荷载。因此，桥面铺装的要求是：具有一定强度，耐磨，防止开裂。

桥面铺装一般采用水泥混凝土或沥青混凝土，厚6～8cm，混凝土强度等级不低于行车道板混凝土的强度等级。在不设防水层的桥梁上，可在桥面上铺装厚8～10cm有横坡的防水混凝土，其强度等级应不低于行车道板的混凝土强度等级。

94. 什么是桥面排水与防水？

桥面排水是借助于纵坡和横坡的作用，使桥面水迅速汇向集水碗，并从泄水管排出桥外。横向排水是在铺装层表面设置1.5%～2%的横坡，横坡的形成通常是铺设混凝土三角垫层构成，对于板桥或就地建筑的肋梁桥，也可在墩台上直接形成横坡，而作成倾斜的桥面板。

当桥面纵坡大于2%而桥长小于50m时，桥上可不设泄水管，而在车行道两侧设置流水槽以防止雨水冲刷引道路基，当桥面纵坡大于2%但桥长大于50m时，应沿桥长方向12～15m设置一个泄水管，如桥面纵坡小于

2%,则应将泄水管的距离减小至 6～8m。

桥面防水是将渗透过铺装层的雨水挡住并汇集到泄水管排出。一般可在桥面上铺8～10cm厚的防水混凝土,其强度等级一般不低于桥面板混凝土强度等级。当对防水要求较高时,为了防止雨水渗入混凝土微细裂纹和孔隙,保护钢筋,可以采用"三油三毡"防水层。

95. 什么是伸缩缝?

为了保证主梁在外界变化时能自由变形,就需要在梁与桥台之间、梁与梁之间设置伸缩缝(也称变形缝)。伸缩缝的作用除保证梁自由变形外,还能使车辆在接缝处平顺通过,防止雨水及垃圾泥土等渗入,其构造应方便施工安装和维修。

常用的伸缩缝有:U形镀锌薄钢板式伸缩缝、钢板伸缩缝、橡胶伸缩缝。

96. 桥梁支座具有哪些作用?

梁桥支座的作用是将上部结构的荷载传递给墩台,同时保证结构的自由变形,使结构的受力情况与计算简图相一致。

梁桥支座一般按桥梁的跨径、荷载等情况分为:简易垫层支座、弧形钢板支座、钢筋混凝土摆柱、橡胶支柱。

97. 混凝土桥基础具有哪些特点?

混凝土桥基础是采用混凝土浇筑成的基础。这种基础抗压强度大,材料易得,施工方便。由于材料是水硬性的,因而能够在潮湿的环境中使用,且能适应多种土地环境。

98. 什么是金刚墙?

金刚墙是指券脚下的垂直承重墙,即现代的桥墩,又叫"平水墙"。梢孔(即边孔)内侧以内的金刚墙一般作成分水尖形,故称为"分水金刚墙"。梢孔外侧的叫"两边金刚墙"。

99. 桥墩指的是什么?

桥墩多指跨桥梁的中间支承结构物,它除承受上部结构的荷重外,还要承受流水压力,水面以上的风力以及可能出现的冰荷载、船只、排筏和漂浮物的撞击力。

100. 梁架指的是什么?

在传统的屋顶结构形式中,以柱和梁形成梁架来支承檩条,并利用檩条及连系梁(枋),使整个房屋形成一个整体的骨架。

101. 什么是檐板?

建筑物屋顶在檐墙的顶部位置称檐口。钉在檐口处起到封闭作用的板称为檐板。

102. 什么是型钢?

型钢指断面呈不同形状的钢材的统称。断面呈 L 形的叫角钢,呈 U 形的叫槽钢,呈圆形的叫圆钢,呈方形的叫方钢,呈工字形的叫工字钢,呈 T 形的叫 T 形钢。

103. 什么是花岗石河底海墁?

花岗石河底海墁是指河底地面全部墁花岗石的做法。

104. 拱桥基础设计施工应注意哪些问题?

拱桥的基础,应置放到清除淤泥和浮土后的硬土(老土)层上,同时必须埋深在冻土线以下 300mm,一般都是埋深到清除河泥的最低点处以下 500mm 处。如果实际条件不允许埋这么深,或者因为软土层太厚,那么就要采用桩基加固基土。在夯实的土基上,可用 60~80mm 厚碎石作垫层,垫层之上,用 300~500mm 厚的 C20 块石混凝土作基础。

105. 牙子石指什么?

位于桥长两头,作为拦束桥板石的窄石叫"锁口牙子石",简称为"牙子石"。

106. 什么是平板桥?

平板桥指桥体的主要部分是石梁、钢筋混凝土直梁或木梁的桥,通常有木桥、石桥、钢筋混凝土桥等。桥面平板桥,结构简单,平面形状为一字形,桥边常不做栏杆或只做矮护栏。

107. 接头灌缝指什么?

接头灌缝是指预制钢筋混凝土构件的坐浆、灌缝、堵板孔、塞板梁缝等。

108. 园林定额对桥面板有哪些具体规定?

铺石板时,要求横梁间距比较小,一般不大于1.8m。石板厚度应在80mm以上。钢筋混凝土板可用预制空心板或实心板。空心板可按产品规定直接选用。实心钢筋混凝土板常为6、8、10(cm)厚,用直径为6、8、10(cm)的钢筋双向配筋,钢筋间距为150mm、180mm或200mm;混凝土强度等级可用C15~C20。

109. 如何进行平曲桥造型设计?

通常,桥面转折多为90°直角,但也可采用120°钝角,偶尔还可用150°转角。平曲桥桥面设计为低而平的效果最好。

110. 园林定额对空心板产品有何具体规定?

在结构形式上可采用板梁柱式。桥面用预制的混凝土空心板或现浇钢筋混凝土上板均可。空心板产品的标准宽度在400~1200mm,常用的宽度是500mm、600mm;其标准长度在2100~4200mm,常用的是2700~3600mm。可根据桥面的设计宽度和桥孔的跨度来选用。

111. 栏杆由哪些要素构成?什么是栏杆安装?

栏杆最好采用石材制作。石栏杆主要由望柱、栏板、地伏三部分构成。望柱的形状一般可分为柱身和柱头两部分。柱身的形状很简单,仅有一条浅槽线作装饰。柱头的造型种类很多,常见的有素方头、莲瓣头、金瓜头、卷云头、盘龙头、仙人头、狮子头、麻叶头等。栏板的造型式样分禅杖栏板和罗汉栏板两类,其中禅杖栏板又分为透瓶栏板和束莲栏板两种。

栏杆安装是地伏平放设置,直接安装在平台的沿边,其顶面按栏板厚度和望柱截面宽度开凿有浅槽,用以固定栏板和望柱。

112. 栏杆的形式有哪些?

栏杆的形式有实体和漏空两种形式。实体的是由栏板扶手构成,漏空的是由立杆、扶手组成;有的加设横挡成花饰部件;也有局部漏空的。栏杆的设计应考虑安全、适用、美观、节省空间和施工方便等。

113. 如何确定栏杆的高度?

栏杆的高度主要取决于使用对象和场所,一般高 900mm,在高险处可酌情加高。

114. 制作栏杆的材料有哪些?

(1)天然石材。各种岩石如花岗石、大理石等,由于石质坚硬,受到了一定加工手段的限制。石栏显得较粗犷、朴素、浑厚。

(2)人造石材。各种混凝土与钢筋混凝土等,由于制作自由,造型比较活泼,形式丰富多样。色彩和质感可随设计要求而定,也可获得天然石材的效果。

(3)金属。钢栏杆包括型钢、钢管和钢筋等做成的栏杆。此类栏杆造型简洁、通透、加工工艺方便,造型丰富多样,可做成一定的纹样图案,耐久性好,且具有时代感,不过在室外运用时,其表面必须加以防锈蚀处理。

铸铁栏杆可按一定的造型浇铸,坚固实用,装饰性也不错,较石材栏杆通透,但比钢材栏杆质地稍粗,另外,在耐腐蚀方面稍差,近几年来使用的越来越少。

(4)木(仿木)、竹(仿竹)。木制栏杆的使用与园林环境结合在绿地中更能反映其朴素的特点。而竹材在南方地区来源丰富,其色泽、纹理、质感极富装饰性,加工方便,但耐久性差;在北方地区则用仿竹的形式也会取得很好的效果。

(5)砖。此类栏杆古朴中透出典雅,经济实用,且施工方便,在中国庭院园林或名胜古迹环境修复中至今都有沿用,但在公共园林中已很少采用。

115. 不同类型栏杆和扶手的构造是怎样的？

(1)铁栏杆。栏杆和基座相连,有以下几种形式:①插入式:将开脚扁钢、倒刺铁件等插入基座预留的孔穴中。用水泥砂浆或细石混凝土浆填实固结。②焊接式:把栏杆立柱(或立杆)焊于基座中预埋的钢板、套管等铁件上。③螺栓结合式:可用预埋螺母套接,或用板底螺母钢筋混凝土栏杆,多用预制立杆,下端同基座插筋焊接或预埋铁件相连,上端同混凝土扶手中的钢筋相连,浇筑而成。

(2)木栏杆:以榫接为主。若为望柱,则应将柱底印入楼梯斜梁,扶手再与望柱榫接。

(3)栏板式栏杆:可采用现浇或预制的钢筋混凝土板和钢丝网水泥板,也可用砖砌。

(4)扶手:多为木制的,常以木螺丝固定于立杆顶端的通长扁铁条上,木立杆时为榫接。也可用金属焊接和螺钉固接或以金属作骨衬。饰以塑料或木质面层,或为混凝土浇筑、水磨石抹面等。断面形式和尺寸应据功能需要确定。

116. 什么是栏板、撑鼓？

栏板指实体式或局部镂空的栏杆。石栏板的板件一般是将扶手和绦环板用一块石板剔凿镂雕而成。撑鼓是石栏杆端头的支顶、封头用花饰栏板石。一般将石面雕凿成圆鼓形花纹,故称为"抱鼓石"。

117. 什么是寻杖栏板？

寻杖栏板是指在两栏柱之间的栏板中,最上面为一根圆形横杆的扶手,即为寻杖,其下由雕刻云朵状石块承托,此石块称为云扶,再下为瓶颈状石件称为瘿项。支立于盆臀之上,再下为各种花饰的板件。

118. 什么是罗汉板？

罗汉板是指只有栏板而不用望板的栏杆,在栏杆端头用抱鼓石封头。

119. 园林定额对栈道路面宽度有何规定?

栈道路面宽度的确定与栈道的类别有关。采用立柱式栈道的,路面设计宽度可为 1.5~2.5m;斜撑式栈道宽度可为 1.2~2.0m;插梁式栈道不能太宽,0.9~1.8m 比较合适。

120. 怎样确定横梁的长度?

横梁的长度应是栈道路面宽度的 1.2~1.3 倍,梁的一端插入山壁或坡面的石孔并稳实地固定下来。插梁式栈道的横梁插入山壁部分的长度,应为梁长的 1/4 左右。

121. 什么是石桥基础? 其工程量怎样计算?

石桥基础是把桥梁自重以及作用于桥梁上的各种荷载传至地基的构件。

基础的类型主要有条形基础、独立基础、杯形基础及桩基础等。

石桥基础工程量计算按以下规定进行:

(1)清单工程量计算规则:按设计图示尺寸以体积计算。

(2)定额工程量计算规则:桥基础、现浇混凝土柱(桥墩)、梁、拱旋石、金刚墙方整石、旋脸石和水兽(螭首)等,均按图示尺寸以立方米计算。

【例 5-4】 桥的造型形式为平桥,已知桥长 10m,宽 2m,试求园桥的基础工程量(该园桥基础为杯形基础)。图 5-8 为该石桥基础构造示意图。

【解】 1. 清单工程量

$$
\begin{aligned}
杯形混凝土基础工程量 =& 2.5 \times 2 \times 0.1 + 1.5 \times 2 \times 0.6 + \frac{0.3}{6} \times [2.5 \times \\
& 2 + 2 \times 1.5 + (2.5+2) \times (2+1.5)] - \\
& \frac{(0.6+0.3+0.05)}{6} \times [0.3^2 + 0.5^2 + (0.3+ \\
& 0.5)^2] \\
=& 3.33 m^3
\end{aligned}
$$

清单工程量计算见表 5-7。

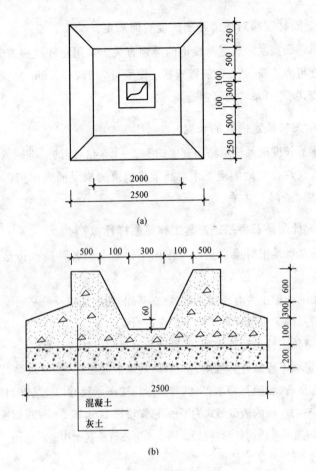

图 5-8 石桥基础构造力

(a)平面图；(b)剖面图

表 5-7　　　　　　　　　　清单工程量计算表

项目编码	项目名称	项目特征描述	计量单位	工程量
050201005001	石桥基础	1个杯形基础	m³	3.33

2. 定额工程量

园桥为混凝土杯形基础,其工程量为 3.33m³,计算方法参照清单工程量计算相关内容。

122. 桩基础分为哪些种类?

桩基础是由若干根设置于地基中的桩柱和承接建筑物(或构筑物)上部结构荷载的承台构成的一种基础。桩基础分类如下:

(1)按传力及作用性质,可分为端承桩和摩擦桩。

(2)按构成材料分为钢筋混凝土预制桩、钢筋混凝土离心管桩、混凝土灌注桩、灰土挤压桩、振动水冲桩、砂(碎石或碎石)桩。

(3)按施工方法分为打入桩和灌注桩两种。

123. 石桥墩、石桥台各指什么?其工程量怎样计算?

石桥墩指多跨桥梁的中间支承结构物,它除承受上部结构的荷重外,还要承受流水压力、水面以上的风力以及可能出现的冰荷载,船只、排筏和漂浮物的撞击力。

石桥台是将桥梁与路堤衔接的构筑物,它除了承受上部结构的荷载外,并承受桥头填土的水平土压力及直接作用在桥台上的车辆荷载等。

石桥墩、石桥台工程量计算工程量按以下规定进行:

(1)清单工程量计算规则:按设计图示尺寸以体积计算。

(2)定额工程量计算规则:桥基础、现浇混凝土柱(桥墩)梁、拱旋,预制混凝土拱旋、望柱、门式梁、平板板,砖石拱旋砌筑和内旋石、金刚墙方整石、旋脸石和水兽(螭首)等,均按图示尺寸以立方米计算。

【例5-5】 图5-9所示为某园桥的石桥墩示意图,试求该桥墩的工程量,该园桥有4个桥墩。

【解】 1. 清单工程量

该桥墩的体积由大放脚四周体积和柱身体积两部分组成,求出其体积便是工程量。

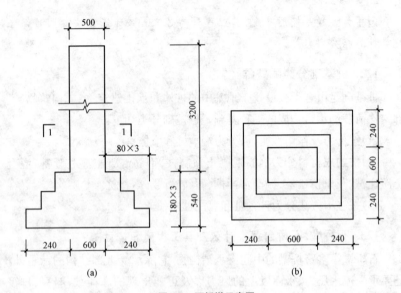

图 5-9 石桥墩示意图

(a)立面图;(b)1—1 剖面图

(1)大放脚体积=$0.18\times(0.6+0.24+0.24)^2+0.18\times(0.6+0.08\times2\times2)^2+0.18\times(0.6+0.08\times2)^2$

= 0.466m³

(2)柱身体积=$0.6\times0.6\times3.2=1.152$m³

(3)整个桥墩体积=0.466+1.152=1.618m³

所有桥墩体积=1.618×4=6.472m³

清单工程量计算见表 5-8。

表 5-8　　　　　　　　清单工程量计算表

项目编码	项目名称	项目特征描述	计量单位	工程量
050201006001	石桥墩	4 个石桥墩	m³	6.472

2. 定额工程量

该园桥的桥墩工程量为 6.472m³，计算方法参考清单工程量计算。

124. 什么是拱旋石？其工程量怎样计算？

旋石即磴石，古代多称券石。石券最外端的一圈旋石叫"旋脸石"，券洞内的叫"内旋石"。主要是加工面的多少不同，旋脸石可雕刻花纹，也可加工成光面。石券正中的一块旋脸石常称为"龙口石"，也有叫"龙门石"；龙口石上若雕凿有兽面者叫"兽面石"。

拱旋石应选用细密质地的花岗石、砂岩石等，加工成上宽下窄的楔形石块。石块一侧做有榫头，另一侧有榫眼，拱券时相互扣合，再用 1：2 水泥砂浆砌筑连接。

拱旋石工程量计算按以下规定进行：

清单工程量计算规则：拱旋石制作、安装按设计图示尺寸以体积计算，石旋脸制作、安装按设计图示尺寸以面积计算。

定额工程量计算规则：桥基础、现浇混凝土柱（桥墩）、梁、拱旋、预制混凝土拱旋，望柱、门式梁架、平桥板、砖石拱旋砌筑和内旋石、金刚墙方整石、石旋脸和水兽（螭首）等，均按图示尺寸以立方米计算。

125. 金刚墙砌筑的工作内容有哪些？怎样计算其工程量？

金刚墙砌筑工作内容包括：①石料、种类、规格；②起金架、搭拆；③砌石；④填土夯实。

金刚墙砌筑工程量计算按以下规定进行：

清单工程量计算规则：按设计图示尺寸以体积计算。

定额工程量计算规则：桥基础、现浇混凝土柱（桥墩）、梁、拱旋、预制混凝土拱望柱旋、门式梁架、平桥板、砖石拱旋砌筑和内旋石、金刚墙方整石、旋脸和水兽（螭首）等，均按图示尺寸以立方米计算。

126. 石桥面铺筑工程量怎样计算？

清单工程量计算规则：按设计图示尺寸以面积计算。

定额工程量计算规则：桥面石，分厚度以平方米计算。

127. 什么是石桥面檐板？其工程量怎样计算？

石桥面檐板是指钉在石桥面板口处起封闭作用的板。

桥面板铺设指桥面板用石板铺设。铺设时，要求横梁间距一般不大于 1.8m。石板厚度应在 80mm 以上。

石桥面檐板工程量计算按以下规定进行：

清单工程量计算规则：按设计图示尺寸以面积计算。

定额工程量计算规则：按设计图示尺寸以体积计算。

【例 5-6】 根据设计要求需在檐处订制花岗石檐板，用银锭安装，共用 50 个银锭，四块檐板的规格为宽 0.3m，厚 8cm，桥宽 22m，长 90m，桥正立面如图 5-10 所示，试求其工程量。

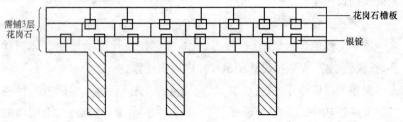

图 5-10 桥正立面图

【解】 1. 清单工程量

花岗石檐板表面积：

$S_1 = 长 \times 宽 = 22 \times 0.3 \times 3 = 19.8 m^2$

$S_2 = 长 \times 宽 = 90 \times 0.3 \times 3 = 81.0 m^2$

$S = 2(S_1 + S_2) = 2 \times (19.8 + 81) = 201.6 m^2$

清单工程量计算见表 5-9。

表 5-9　　　　　　　　清单工程量计算表

项目编码	项目名称	项目特征描述	计量单位	工程量
050201011001	石桥面檐板	花岗石檐板，每块宽 0.3m，厚 8cm，桥宽 22m，长 90m	m^2	201.6

在本例中计算檐板面积时,要4个面全计算,最后结果相加。

2. 定额工程量

石桥花岗石檐板表面积计算方法同清单工程量。$S=201.6m^2$

定额工程量$=S \cdot h=201.6 \times 0.08=16.182m^3$

128. 什么是仰天石、地伏石?其工程量怎样计算?

位于桥面两边的边缘石叫"仰天石"。在桥长两头的仰面石叫"扒头仰天"。在桥长正中带弧形的仰面石叫"罗锅仰天"。

地伏石是用于台基栏杆下面或须弥座平面上栏杆栏板下面的一种特制条石。

地伏石石材加工指在地伏石石面上凿有嵌立栏杆柱方槽和嵌立栏板的凹槽,并每隔几块凿有排水孔。

地伏石铺设指地伏平放设置,直接安装在平台的沿边,其顶面按栏板厚度和望柱截面宽度开凿有浅槽,用以固定栏板和望柱。

仰天石、地伏石工程量计算按以下规定进行:

清单工程量计算规则:按设计图示尺寸以长度或体积计算。

定额工程量计算规则:仰天石、地伏石、踏步石、牙子石均按图示尺寸以米计算。

说明:计算仰天石和地伏石的长度时,先计算出桥一侧的长度,再乘以2,才是整座桥上仰天石和地伏石的长度。

129. 如何确定石望柱的柱高、柱截面、柱头?

(1)柱高:按柱基上表面算至柱顶的高度。望柱总高一般在66~120cm之间。

(2)柱截面:望柱的直径可根据柱高确定,应为柱高的2/11。

(3)柱头:柱子上端支承上部结构物的部分。按柱子受力分有轴心受压柱头与偏心受力柱头两种。

130. 什么是木制步桥?

木制步桥指建筑在庭园内的、由木材加工制作的、立桥孔洞5m以内,供游人通行兼有观赏价值的桥梁。这种桥易与园林环境融为一体,但其承载量有限,且不易长期保持完好状态,木材易腐蚀,因此,必须注意经常检查,及时更换相应材料。

131. 木制步桥的木材选用有哪些要求?

用于普通木结构的木材应从表 5-10 和表 5-11 所列的树种中选用。主要的承重构件应采用针叶材;重要的木制连接件应采用细密、直纹、无节和无其他缺陷的耐腐的硬质阔叶材。

表 5-10　　　　　　　　针叶树种木材适用的强度等级

强度等级	组别	适用树种
TC17	A	柏木　长叶松　湿地松　粗皮落叶松
	B	东北落叶松　欧洲赤松　欧洲落叶松
TC15	A	铁杉　油杉　太平洋海岸黄柏　花旗松—落叶松　西部铁杉　南方松
	B	鱼鳞云杉　西南云杉　南亚松
TC13	A	油松　新疆落叶松　云南松　马尾松　扭叶松　北美落叶松　海岸松
	B	红皮云杉　丽江云杉　樟子松　红松　西加云杉　俄罗斯红松　欧洲云杉　北美山地云杉　北美短叶松
TC11	A	西北云杉　新疆云杉　北美黄松　云杉—松—冷杉　铁—冷杉　东部铁杉　杉木
	B	冷杉　速生杉木　速生马尾松　新西兰辐射松

表 5-11　　　　　　　阔叶树种木材适用的强度等级

强度等级	适 用 树 种
TB20	青冈　椆木　门格里斯木　卡普木　沉水稍克隆　绿心木　紫心木　李叶豆　塔特布木
TB17	栎木　达荷玛木　萨佩莱木　苦油树　毛罗藤黄
TB15	锥栗(栲木)　桦木　黄梅兰蒂　梅萨瓦木　水曲柳　红劳罗木
TB13	深红梅兰蒂　浅红梅兰蒂　白梅兰蒂　巴西红厚壳木
TB11	大叶椴　小叶椴

132. 木制步桥所用普通胶合板有哪几类？

(1) Ⅰ类胶合板,即耐气候胶合板,供室外条件下使用,能通过煮沸试验。

(2) Ⅱ类胶合板,即耐水胶合板,供潮湿条件下使用,能通过 63℃±3℃热水浸渍试验。

(3) Ⅲ类胶合板,即不耐潮胶合板,供干燥条件下使用,能通过干状试验。

133. 如何计算木制步桥工程量？

(1)清单工程量计算:按设计图示尺寸以桥面板长乘桥面板宽以面积计算。

(2)定额工程量计算:按设计图示尺寸以面积计算。

134. 什么是假山？

园林中的假山是模仿真山创造风景,而真山之所以值得模仿,正是由于它具有林泉丘壑之美,能愉悦身心。如果假山全部由石叠成,不生草木,即使堆得嵯峨屈曲,终觉有骨无肉,干枯无味。况且叠山有一定的局限性,不可能过高过大。

135. 假山分为哪几类?

假山按材料可分为土山、石山和土石相间的山(土多称土山戴石,石多称石山戴土);按施工方式可分为筑山(版筑土山)、掇山(用山石掇合成山)、凿山(开凿自然岩石成山)和塑山(传统是用石灰浆塑成的,现代是用水泥、砖、钢丝网等塑成的假山,如岭南庭园);按在园林中的位置和用途可分为园山、厅山、楼山、阁山、书房山、池山、室内山、壁山和兽山。

假山的组合形态分为山体和水体。山体包括峰、峦、顶、岭、谷、壑、岗、壁、岩、岫、洞、坞、麓、台、磴道和栈道;水体包括泉、瀑、潭、溪、涧、池、矶和汀石等。山水宜结合一体,才相得益彰。

136. 什么是叠山?

叠山即叠石造山。一般选用质好形宜的叠石,堆叠于山体外层。叠石常选用湖石、黄石和青石等。

137. 叠山的技术措施有哪些?

(1)压。"靠压不靠拓"是叠山的基本常识。

(2)刹。为了安置底面不平的山石,在找平石之上面以后,于底下不平处垫以一至数块控制平稳和传递重力的垫片。

(3)对边。叠山需要掌握山石的重心,保持上下山石的平衡。

(4)搭角。应使两旁的山石稳固,以承受做发券的山石对两边的侧向推力。

(5)防断。对于较瘦长的石料应注意山石的裂缝。

(6)忌磨。需把整块石料悬空起吊,不可将石块在山体上磨转移动去调整位置。

(7)铁活加固设施。常用几种:银锭扣、铁爬钉、铁扁担、马蹄形吊架和叉形吊架、模胚骨架、勾缝和胶结。

138. 叠山在艺术处理方面应注意哪些问题?

(1)同质。同质是指山石拼叠组合时,其品种、质地要一致。

(2)同色。同样品种质地的石料的拼叠在色泽上也应力求一致才好。

(3)接形。将各种形状的山石外形相结合拼叠起来,既有变化而又浑然一体。

(4)合纹。当石与石相互组合拼叠时,山石外轮廓的拼叠接形吻合面的石缝就变成了山石的内在纹理脉络。包括横纹拼叠、竖纹拼叠、环透拼叠、扭曲拼叠。

(5)过渡。使石料在色彩、外形、纹理等方面有所过渡。

139. 什么是掇山?

掇山是用自然山石掇叠成假山的工艺过程。包括选石、采运、相石、立基、拉底、堆叠中层、结顶等工序。

140. 什么是湖石? 可分为哪几种?

湖石是一种经过熔融的石灰岩,在我国分布很广,除太湖一带盛产外,北京、广东、江苏、山东、安徽等省均有出产。各地湖石只是在色泽、纹理和形态方面有些差别。

湖石可分为太湖石、房山石、英石、灵璧石等。

141. 什么是塑山? 其工艺特点是怎样的?

塑山是用雕塑艺术的手法仿造自然山石的园林工程。这种工艺是在继承发扬岭南庭园的山石景艺术和雕塑传统工艺的基础上发展起来的,具有用真石掇山、置石同样的功能,广州动物园狮山即由人工塑造而成。

塑造的山与自然山石相比,有干枯、缺少生气的缺点,设计时要多考虑绿化与泉水的配合,以补其不足。这种山是用人工材料塑成的,毕竟难以表现石的本身质地之美,所以只宜远观不宜近赏。

塑山的工艺特点表现在以下几方面:

(1)可以塑造较理想的艺术形象——雄伟、磅礴富有力感的山石景,特别是能塑造难以采运和堆叠的巨型奇石。这种艺术造型较能与现代建筑相协调。此外还可通过仿造,表现黄蜡石、英石、太湖石等不同石材所具有的风格。

(2)可以在非产石地区布置山石景,可利用价格较低的材料,如砖、砂、水泥等。

(3)施工灵活方便,不受地形、地物限制,在重量很大的巨型山石不宜进入的地方,如室内花园、屋顶花园等,仍可塑造出壳体结构的、自重较轻的巨型山石。

(4)可以预留位置栽培植物,进行绿化。

142. 什么是黄石?

黄石的形体顽夯,是一种带橙黄颜色的细砂岩,见棱见角,节理面近乎垂直,雄浑沉实,平整大方,块钝而棱锐,具有强烈的光影效果。用黄石叠山,粗犷而富野趣。

143. 怎样计算假山工程石料用量?

堆砌假山工程量以吨(t)计算,计算公式如下:

(1)施工现场有验收条件者,按

  堆砌假山工程量(t)=进料验收数-进料剩余数

(2)施工现场无验收条件者,按

$$W_{重}=2.64 A_{矩} H_{高} k_n$$

式中 $W_{重}$——假山石工程量(t);

2.64——石料比重(t/m^3);

$A_{矩}$——假山不规则平面轮廓的水平投影面积的最大外接矩形面积(m^2);

$H_{高}$——假山石着地点至最高点的垂直距离(m);

k_n——系数,当 $H_{高}$ 在 1m 以内时为 0.77,当 $H_{高}$ 在 1~2m 时为 0.72,当 $H_{高}$ 在 2~3m 时为 0.652,当 $H_{高}$ 在 3~4m 时为 0.60。

(3)各种单体孤峰及散点石按其具体石料体积(取单体长、宽、高各自的平均值乘积)乘以石料比重 2.6 计算。

144. 假山置石具有哪些特点?

置石所用的山石材料较少,结构比较简单,对施工技术的要求简单,因此容易实现。置石的布置特点是:以少胜多,以简胜繁,量少质高。

145. 什么是特置?

特置是指将体量较大、形态奇特,具有较高观赏价值的山石单独布置成景的一种置石方式,亦称单点、孤置山石。如杭州的绉云峰(图5-11)、苏州留园的三峰(冠云峰、瑞云峰、岫云峰)、上海豫园的玉玲珑、北京颐和园的青芝岫、广州海幢公园的猛虎回头、广州海珠花园的飞鹏展翅(图5-12)、苏州狮子林的嬉狮石等都是特置山石名品。

图 5-11 绉云峰

图 5-12 飞鹏展翅

146. 怎样进行特置山石的安置?

特置山石的安置可采用整形的基座,如图 5-13 所示;也可以坐落在自然的山石上面,如图 5-14 所示。这种自然的基座称为磐。

图 5-13 整形基座上的特置

图 5-14 自然基座上的特置

147. 特置山石在工程结构方面有哪些要求？

特置山石在工程结构方面要求稳定和耐久，其关键是掌握山石的重心线以保持山石的平衡。传统作法是用石榫头定位，如图 5-15 所示。石榫头必须在重心线上，其直径宜大不宜小，榫肩宽 3cm 左右，榫头长度根据山石体重大小而定，一般从十几厘米到二十几厘米。榫眼的直径应大于榫头的直径，榫眼的深度略大于榫头的长度，这样可以保证榫肩与基磐接触可靠稳固。吊装山石前须在榫眼中浇入少量粘合材料，待石榫头插入时，粘合材料便可自然充满空隙。在养护期间，应加强管理，禁止游人靠近，以免发生危险。

特置山石还可以结合台景布置。台景也是一种传统的布置手法，用石头或其他建筑材料做成整形的台，内盛土壤，台下有一定的排水设施，然后在台上布置山石和植物。或仿作大盆景布置，使人欣赏这种有组合的整体美。北京故宫御花园绛雪轩前面就是用琉璃贴面为基座，以植物和山石组合成台景。

148. 什么是散置？

散置是仿照山野岩石自然分布之状而施行点置的一种手法，亦称"散点"，如图 5-16 所示。散置并非散乱随意点摆，而是断续相连的群体。散置山石时，要有疏有密，远近适合，彼此呼应，切不可众石纷杂，零乱无章。

散置的运用范围甚广,在土山的山麓、山坡、山头,在池畔水际,在溪涧河流中,在林下、在花径、在路旁均可以散点山石而得到意趣。北京北海琼华岛南山西路山坡上有用房山石作的散置,处理得比较成功,不仅起到了护坡作用,同时也增添了山势的变化。

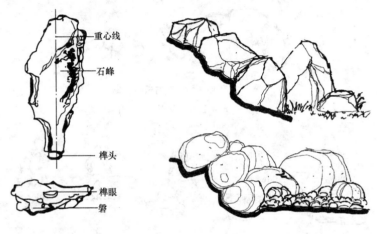

图 5-15　特置山石的传统作法　　图 5-16　散置山石

149. 什么是对置?

对置是指沿建筑中轴线两侧作对称布置的山石,如图 5-17 所示。对置在北京古典园林中运用较多,如颐和园仁寿殿前的山石布置等。

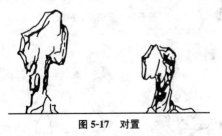

图 5-17　对置

150. 什么是群置?

群置是指运用数块山石互相搭配点置,组成一个群体,亦称聚点。这类置石的材料要求可低于对置,但要组合有致。

群置的关键手法在于一个"活"字,这与我国国画石中所谓"攒三聚五""大间小、小间大"等方法相仿。布置时要主从有别,宾主分明(图5-18),搭配适宜,根据"三不等"原则(即石之大小不等,石之高低不等,石之间距不等)进行配置,如图5-19~图5-21所示。

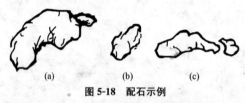

图 5-18　配石示例

(a)主石;(b)从石;(c)宾石

图 5-19　三块山石相配

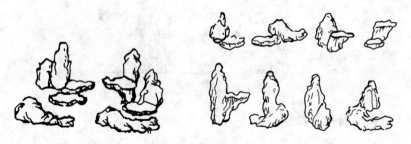

图 5-20　五块山石相配　　　图 5-21　两块山石相配

群置山石还常与植物相结合,配置得体,则树、石掩映,妙趣横生,景观之美,足可入画。

151. 人造独立峰具有怎样的构造特点?

园林中特置的人造独立峰,是以自然界为蓝本的。大凡可作为特置的石都为峰石,因而对峰石的形态和质量要求很高。人造独立峰要有较完整的形象,用多块岩石拼合而成的独立峰石务必做到天衣无缝,不露一点人工痕迹,凡有缺陷的地方,可用攀缘植物掩饰。

152. 怎样进行山石器设的布置?

山石器设既可独立布置,又可与其他景物结合设置,如图 5-22 所示。在室外可结合挡土墙、花台、水池、驳岸等统一安排;在室内可以用山石叠成柱子作为装饰。

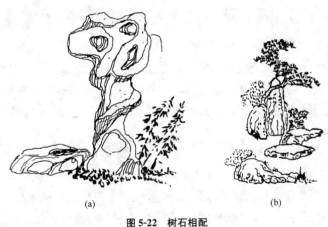

图 5-22 树石相配
(a)石主竹从;(b)松主石从

153. 盆景山水在园林景观中有何作用?

在有的园林露地底院中,布置有大型的山水盆景。盆景中的山水景观大多数都是按照真山真水形象塑造的,而且有着显著的小中见大的艺术效果,能够让人领会到咫尺千里的山水意境。

154. 怎样确定人造独立峰及峰石、石笋的高度？

人造独立峰的高度，以峰底着地地坪算至峰顶；峰石、石笋的高度，按其石料长度计算。

155. 什么是池山？

池山是假山的一种类型，是按假山堆筑的位置进行分类的。它是堆筑在水池中的假山，它可单独成景也可结合水的形状或水饰的形态成景，如瀑布假山。

156. 假山放样前需做哪些准备工作？

假山定位放样前要将假山工程设计图的意图看懂摸透，掌握山体形式和基础的结构。为了便于放样，要在平面图上按一定的比例尺寸，依工程大小或平面布置复杂程度，采用 2m×2m 或 5m×5m 或 10m×10m 的尺寸画出方格网，以其方格与山脚轮廓线的交点作为地面放样的依据。

157. 怎样对假山进行实地放样？

在设计图方格网上，选择一个与地面有参照的可靠固定点作为放样定位点，然后以此点为基点，按实际尺寸在地面上画出方格网；并对应图纸上的方格和山脚轮廓线的位置，放出地面上的相应的白灰轮廓线。

为了便于基础和土方的施工，应在不影响堆土和施工的范围内，选择便于检查基础尺寸的有关部位，如假山平面的纵横中心线、纵横方向的边端线、主要部位的控制线等位置的两端，设置龙门桩或埋地木桩，以便在挖土或施工时的放样白线被挖掉后，作为测量尺寸或再次放样的基本依据点。

158. 什么是土山点石？

土山点石是模仿大自然土山中裸露的石块形成，一般呈非规则形态布置，故又可称为散兵石。其观赏价值、体量不及景石。如布置在平地、草丛中，又可称为散驳石。土山点石和景石一样，定额中均以太湖石为主要材料，如采用其他石料时，也可换算。

159. 堆砌假山包括哪些工作内容？

堆砌假山包括湖石假山、黄石假山、塑假石山、山皮料塑假山及其他山石。

160. 堆砌石假山工程量怎样计算？

清单工程量计算规则：按设计图示尺寸以质量计算。

定额工程量计算规则：按相应假山工程项目实际石料的重量以吨计算。

【例 5-7】 图 5-23 为某公园内有一堆砌石假山示意图。该假山材料为黄石，假山平面轮廓的水平投影外接矩形长 8m，宽 4.5m，投影面积为 30m²。假山下为混凝土基础，40mm 厚砂石垫层，110mm 厚 C10 混凝土，1∶3 水泥砂浆砌山石，石间空隙处填土配制有贴梗海棠，试求其工程量。

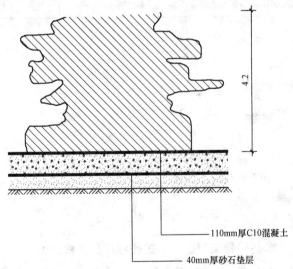

110mm厚C10混凝土
40mm厚砂石垫层

图 5-23 假山立剖面图

【解】 1. 清单工程量

(1) 石料质量：

$W = AHRK_n = 30 \times 4.2 \times 2.6 \times 0.56 = 183.456t$

式中 W——石料重量(t);

A——假山平面轮廓的水平投影面积(m^2);

H——假山着地点至最高顶点的垂直距离(m);

R——石料密度:黄(杂)石 $2.6t/m^3$、湖石 $2.2t/m^3$;

K_n——折算系数,高度在 2m 以内 $K_n=0.65$,高度在 4m 以内 $K_n=0.56$。

(2)贴梗海棠——6 株。

清单工程量计算见表 5-12。

表 5-12 清单工程量计算表

序号	项目编码	项目名称	项目特征描述	计量单位	工程量
1	050202002001	堆砌石假山	山石材料为黄石,山高 4.2m	t	183.456
2	050102004001	栽植灌木	贴梗海棠	株	6

2. 定额工程量

(1)石料:

石料重:$W=18.35(10t)$

(2)40mm 厚砂石垫层体积:

$V=8\times4.5\times0.04=1.44m^3$

(3)110mm 厚 C10 混凝土体积:

$V=8\times4.5\times0.11=3.96m^3$

(4)栽植灌木:

贴梗海棠:高度 1.50m 以内——6 株

161. 什么是砖骨架塑山?其工作程序是怎样的?

砖骨架塑山,即以砖作为塑山的骨架,适用于小型塑山及塑石。

砖骨架塑山的工作程序为:基础放样→挖土方→浇混凝土垫层→砖骨架→打底→造型→两层批荡(批荡:面层厚度抹灰,多用砂浆)及上色修饰→成形。

162. 如何确定现场预制混凝土板的制作费用?

砖骨架塑假山定额中,未包括现场预制混凝土板的制作费用,其制作费用应按照预制混凝土小品定额子目执行。包括了预制混凝土板的现场运输及安装。

163. 砖骨架塑假山包括哪些费用?

砖骨架塑假山包括土方、基础垫层、砖骨架的费用。

164. 怎样进行假山基础施工?

假山基础施工应按设计要求进行,通常,假山基础有浅基础、深基础、桩基础等。

(1)浅基础施工。浅基础是在原地形上略加整理、符合设计地貌后经夯实后的基础。此类基础可节约山石材料,但为符合设计要求,有的部位需垫高,有的部位需挖深以造成起伏。这样使夯实平整地面工作变得较为琐碎。对于软土、泥泞地段,应进行加固或清淤处理,以免日后基础沉陷。此后,即可对夯实地面铺筑垫层,并砌筑基础。

(2)深基础施工。深基础是将基础埋入地面以下的基础,应按基础尺寸进行挖土,严格掌握挖土深度和宽度,一般假山基础的挖土深度为50~80cm,基础宽度多为山脚线向外50cm。土方挖完后夯实整平,然后按设计铺筑垫层和砌筑基础。

(3)桩基础施工。桩基础多为短木桩或混凝土桩,打桩位置、打桩深度应按设计要求进行,桩木按梅花形排列,称"梅花桩"。桩木顶端可露出地面或湖底10~30cm,其间用小块石嵌紧嵌平,再用平整的花岗石或其他石材铺一层在顶上,作为桩基的压顶石或用灰土填平夯实。混凝土桩基的做法和木桩桩基一样,也有在桩基顶上设压顶石与设灰土层的两种做法。

基础施工完成后,要进行第二次定位放线。在基础层的顶面重新绘出假山的山脚线。并标出高峰、山岩和其他陪衬山的中心点和山洞洞桩位置。

165. 什么是塑假山？

塑假山是指采用混凝土、玻璃钢、有机树脂等现代材料的石灰、砖、水泥等非石材料经人工塑造的假山。

166. 塑假山是否包括模型的费用？

塑假山不包括模型制作费用。

167. 怎样计算塑假山工程量？

塑假山按设计图示尺寸以外形表面的估算展开面积计算。塑假山钢骨架制作安装按设计图示尺寸以质量计算。

168. 塑假山包括哪些材料？

塑假山材料主要包括混凝土塑山材料、GRC 塑山材料、FKP 塑山材料、上色材料。

169. GRC 材料用于塑山的优点有哪些？

GRC 材料用于塑山的优点主要表现在以下几个方面：

（1）用 GRC 造假山石，石的造型、皴纹逼真，具有岩石坚硬润泽的质感。

（2）用 GRC 造假山石，材料自身重量轻，强度高，抗老化且耐水湿，易进行工厂化生产，施工方法简便、快捷、造价低，可在室内外及屋顶花园等处广泛使用。

（3）GRC 假山造型设计、施工工艺较好，与植物、水景等配合，可使景观更富于变化和表现力。

（4）GRC 造假山可利用计算机进行辅助设计，结束了过去假山工程无法做到的石块定位设计的历史，使假山不仅在制作技术，而且在设计手段上取得了新突破。

170. 什么是 FRP 塑山材料？

玻璃纤维强化树脂（简称 FRP）是继 GRC 现代塑山材料后，出现的一种新型的塑山材料，其是用不饱和树脂及玻璃纤维结合而成的一种复合材料。该种材料具有质轻、耐用、价廉、造型逼真等特点,同时可预制分割,方便运输,特别适用于大型的、易地安装的塑山工程。

171. 什么是零星点布?

零星点布是按照若干块山石布置石景时"散漫理之"的做法,其布置方式的最大特点是山石的分散、随意布置。采用零星点布的石景,主要是用来点缀地面景观,使地面更具有自然山地的野趣。散置的山石可布置在园林土山的山坡上、自然式湖池的池畔、岛屿上、园路两边、游廊两侧、园墙前面、庭地一侧、风景林地内等处。零星点布的山石材料可以用普通的自然风化石,对石形石态的要求不高,在山地中采集的一般自然落石、崩石都可以使用。

172. 什么是假山山脚?

假山山脚是直接落在基础之上的山体底层,包括拉底、起脚和做脚等施工内容。

173. 拉底的方式有哪些?

拉底的方式有满拉底和线拉底两种。

(1)满拉底是将山脚线范围之内用山石满铺一层。这种方式适用于规模较小、山底面积不大的假山,或者有冻胀破坏的北方地区及有振动破坏的地区。

(2)线拉底是在山脚线的周边铺砌山石,而内空部分用乱石、碎砖、泥土等填补筑实。这种方式适用于底面积较大的大型假山。

174. 拉底的技术要求有哪些?

(1)底层山脚石应选择大小合适、不易风化的山石。
(2)每块山脚石必须垫平垫实,不得有丝毫摇动。
(3)各山石之间要紧密咬合。
(4)拉底的边缘要错落变化,避免做成平直和浑圆形状的脚线。

175. 起脚应注意哪些问题?

拉底之后,开始砌筑假山山体的首层山石层叫"起脚"。起脚时,定点、摆线要准确。先选到山脚突出点的山石,并将其沿着山脚线先砌筑上,待多数主要的凸出点山石都砌筑好了,再选择和砌筑平直线、凹进线处所用的山石。这样,既保证了山脚线按照设计而成弯曲转折状,避免山脚平直的毛病,又使山脚突出部位具有最佳的形状和最好的皱纹,增加了山脚部分的景观效果。

176. 做脚的方法有哪些?

做脚,就是用山石砌筑成山脚,它是在假山的上面部分山形山势大体施工完成以后,于紧贴起脚石外缘部分拼叠山脚,以弥补起脚造型不足的一种操作技法。所做的山脚石起脚边线的做法常用的有:点脚法、连脚法和块面法。

(1)点脚法。即在山脚边线上,用山石每隔不同的距离作墩点,用片块状山石盖于其上,做成透空小洞穴,如图 5-24(a)所示。这种做法多用于空透型假山的山脚。

(2)连脚法。即按山脚边线连续摆砌弯弯曲曲、高低起伏的山脚石,形成整体的连线山脚线,如图 5-24(b)所示。这种做法各种山形都可采用。

(3)块面法。即用大块面的山石,连线摆砌成大凸大凹的山脚线,使凸出凹进部分的整体感都很强,如图 5-24(c)所示。这种做法多用于造型雄伟的大型山体。

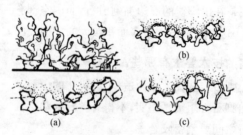

图 5-24 做脚的三种方法
(a)点脚法;(b)连脚法;(c)块面法

177. 砌石假山、塑假山工程是否应计取脚手架的费用？

砌石假山、塑假山工程均未包括脚手架费用。脚手架费用根据相关定额规定执行。

178. 银锭扣具有哪些规格？有什么作用？

银锭扣为生铁铸成，有大、中、小三种规格。主要用以加固山石间的水平联系。先将石头水平向接缝作为中心线，再按银锭扣大小画线凿槽打下去。古典石作中有"见缝打卡"的说法，其上再接山石就不外露了。

179. 铁爬钉具有什么作用？其构造要求是怎样的？

铁爬钉或称"铁锔子"，用熟铁制成，用以加固山石水平向及竖向的衔接。南京明代瞻园北山之山洞中尚可发现用小型铁爬钉作水平向加固的结构；北京圆明园西北角之"紫碧山房"假山坍倒后，山石上可见约10cm长、6cm宽、5cm厚的石槽，槽中都有铁锈痕迹，也似同一类做法；北京乾隆花园内所见铁爬钉尺寸较大，长约80cm、宽10cm左右、厚7cm，两端各打入石内9cm。也有向假山外侧下弯头而铁爬钉内侧平压于石下的作法。避暑山庄则在烟雨楼峭壁上有用于竖向联系的作法（图5-25）。

图 5-25　铁爬钉

180. 铁扁担具有什么作用？其构造要求是怎样的？

铁扁担多用于加固山洞，作为石梁下面的垫梁。铁扁担之两端成直角上翘，翘头略高于所支承石梁两端。北海静心斋沁泉廊东北，有巨石象征"蛇"出挑悬岩，选用了长约2m、宽16cm、厚6cm的铁扁担镶嵌于山石底部。如果不是下到池底仰望，铁扁担是看不出来的，如图5-26所示。

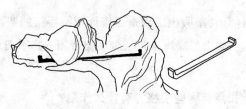

图 5-26　铁扁担

181. 怎样进行山石的支撑固定？

山石吊装到山体一定位点上，经过调整后，可使用木棒支撑将山石固定在一定的状态上。使山石临时固定下来。以木棒的上端顶着山石的凹处，木棒的下端则斜着落在地面，并用一块石头将棒脚压住（图5-27）。一般每块山石都要用2～4根木棒支撑。此外，铁棍或长形山石，也可作为支撑材料。

182. 怎样进行山石的捆扎固定？

山石的固定，还可采用捆扎的方法（图 5-27）。山石捆扎固定一般采用 8 号或 10 号钢丝。用单根或双根铅丝做成圈，套上山石，并在山石的接触面垫上或抹上水泥砂浆后再进行捆扎。捆扎时铅丝圈先不必收紧，应适当松一点；然后再用小钢钎（錾子）将其绞紧，使山石固定，此方法适用于小块山石，对大块山石应以支撑为主。

图 5-27　山石捆扎与支撑

183. 什么是钢骨架塑山？其工作程序是怎样的？

钢骨架塑山是以钢材作为塑山的骨架，适用于大型假山。

钢骨架塑山的工作程序为：基础放样→挖土方→浇混凝土垫层→焊接钢骨架→做分块钢架，铺设钢丝网→双面混凝土打底→造型→面层批荡及上色修饰→成形。

184. 钢丝网铺设前应注意哪些问题？

钢丝网在塑山中主要起成形及挂泥的作用。砖骨架一般不设钢丝网，但型体宽大者也需铺设，钢骨架必须铺设钢丝网。钢丝网要选择易于挂泥的材料。铺设之前，先做分块钢架附在形体简单的钢骨架上并焊牢，变几何形体为凹凸的自然外形，其上再挂钢丝网。钢丝网根据设计造型用木锤及其他工具成型。

185. GRC塑山材料有哪些特点？

为了克服钢、砖骨架塑山存在着的施工技术难度大，皱纹很难逼真，材料自重大，易裂和退色等缺陷，国内外园林科研工作者近年来探索出一种新型的塑山材料——玻璃纤维强化水泥(简称GRC)。这种工艺在中央新闻电影制片厂、秦皇岛野生动物园、中共中央党校、北京重庆饭店庭园、广东飞龙世界、黑龙江大庆石油管理局体育中心海洋馆等工程中进行了实践，均取得了较好的效果。

186. 山石勾缝和胶结材料有哪些？

古代假山结合材料主要是以石灰为主，用石灰作胶结材料时，为了提高石灰的胶合性，须加入一些辅助材料，配制成纸筋石灰、明矾石灰、桐油石灰和糯米浆拌石灰等。纸筋石灰凝固后硬度和韧性都有所提高，且造价相对较低。桐油石灰凝固较慢，造价高，但黏结性能良好，凝固后很结实，适宜小型石山的砌筑。明矾石灰和糯米浆石灰的造价较高，凝固后的硬度很大，黏结牢固，是较为理想的胶合材料。

现代假山施工基本上全用水泥砂浆或混合砂浆来胶合山石。水泥砂浆的配制，是用普通灰色水泥和粗砂，按 1∶1.5～1∶2.5 比例加水调制而成,主要用来粘合石材、填充山石缝隙和为假山抹缝。有时,为了增加水泥砂浆的和易性和对山石缝隙的充满度,可以在其中加进适量的石灰浆,配成混合砂浆。

湖石勾缝再加青煤,黄石勾缝后刷铁屑盐卤,使缝的颜色与石色相协调。

187. 山石胶结的操作要点有哪些?

(1)胶结用水泥砂浆要现配现用。

(2)待胶合山石石面应事先刷洗干净。

(3)待胶合山石石面应都涂上水泥砂浆(混合砂浆),并及时互贴合、支撑捆扎固定。

(4)胶合缝应用水泥砂浆(混合砂浆)补平填平填满。

(5)胶合缝与山石颜色相差明显时,应用水泥砂浆(混合砂浆硬化前)对胶合缝撒布同色山石粉或砂子进行变色处理。

188. 人工塑造山石怎样进行基架设置?

可根据石形和其他条件分别采用砖基架或钢筋混凝土基架。坐落在地面的塑山要有相应的地基处理,坐落在室内的塑山则必须根据楼板的构造和荷载条件作结构设计,包括地梁和钢材梁、柱和支撑设计。基架将自然山形概括为内接的几何形体的桁架,并遍涂防锈漆两遍。

189. 人工塑造山石怎样铺设钢丝网?

砖基架可设或不设钢丝网。一般形体较大者都必须设钢丝网。钢丝网要选易于挂泥的材料。若为钢基架则不宜先做分块钢架,附在形体简单的基架上,变几何形体为凸凹的自然外形,其上再挂钢丝网。钢丝网根据设计模型用木锤和其他工具成型。

190. 挂水泥砂浆以成石脉与皱纹时怎样进行材料的选取?

水泥砂浆中可加纤维性附加料以增加表面抗拉的力量,减少裂缝。以往常用 M7.5 水泥砂浆作初步塑型,用 M15 水泥砂浆罩面作最后成型。现在多以特种混凝土作为塑型成型的材料,其施工工艺简单、塑性良好。

常见特种混凝土的配比见表 5-13。

表 5-13 树脂混凝土的配合比(重量比)

原材料		聚酯混凝土		环氧混凝土	酚醛混凝土	聚氨基甲酸酯混凝土
胶结料		不饱和聚酯树脂 10	不饱和聚酯树脂 11.25	环氧树脂（含固化剂）10	酚醛树脂 10	聚氨基甲酸酯（含固化剂、填料）20
填料		碳酸钙 12	碳酸钙 11.25	碳酸钙 10	碳酸钙 10	—
骨料/mm	细砂	(0.1～0.8)20	(<1.2)38.8	(<1.2)20	(<1.2)20	(<1.2)20
	粗砂	(0.8～4.8)25	(1.2～5)9.6	(1.2～5)15	(1.2～5)15	(1.2～5)15
	石子	(4.5～20)33	(5～20)29.1	(5～20)45	(5～20)45	(5～20)45
其他材料		短玻璃纤维(12.7mm) 过氧化物促凝剂	过氧化甲基乙基酮	邻苯二甲酸二丁酯	—	—

191. 如何对假山山顶结构进行设计处理？

假山顶部的基本造型分为峰顶、峦顶、崖顶和平山顶等四个类型。

(1)峰顶设计。常见的假山山峰收顶形式有分峰式、合峰式、剑立式、斧立式、流云式和斜立式。

(2)峦顶设计。常见形式有圆丘式、梯台式、玲珑式、灌丛式。

(3)崖顶设计。常见形式有平坡式、斜坡式、悬垂式、悬挑式。

(4)平山顶设计。常见形式有平台式、亭台式、草坪式。

192. 塑山过程中如何确定石色水泥砂浆的配合比？

各种砂浆配合比见表 5-14。

表 5-14　　　　　　　　　各种砂浆配合比

伪色	白水泥	普通水泥	氧化铁黄	氧化铁红	108 胶	黑墨汁
黄　　石	100		5	0.5	适量	适量
红色山石	100		1	5	适量	适量
通用山石	70	30			适量	适量
白色山石	100				适量	—

193. 什么是景石？用料与定额不同时怎样处理？

景石是指单独存在，非石峰形成的大块石。一般以整块状态存在，其外形为圆形或其他奇异形状，具有观赏价值的石块。定额中以太湖石为主要材料，如采用其他不同石料时，可按实换算。

194. 什么是点风景石？其工程量怎样计算？

点风景石是以石材或仿石材布置成自然露岩景观的造景手法。点风景石还可结合它的挡土、护坡和作为种植床等实用功能，用以点缀风景园林空间。

点风景石时，要注意石身之形状和纹理，宜立则立，宜卧则卧，纹理和背向需要一致。其选石多半应选具有"透、漏、瘦、皱、丑"特点的具有观赏性的石材。点风景石所用的山石材料较少，结构比较简单，施工也相对简单。

点风景石工程量计算按以下要求进行：

清单工程量计算规则：按设计图示数量计算。

定额工程量计算规则：叠山，人造独立峰、独角、零墨点布、驳岸、山石踏步等，一律按图示尺寸以吨计算。

195. 怎样计算景石、散点工程量？

景石是指不具备山形但以奇特的形状为审美特征的石质观赏品。

散点石是指无相应联系的一些自然山石分散布置在草坪、山坡等处,主要起点缀环境、烘托野地氛围的作用。

它们的工程量计算公式为:

$$W=LBHR$$

式中　W——山石单体质量(t);

　　　L——长度方向的平均值(m);

　　　B——宽度方向的平均值(m);

　　　H——高度方向的平均值(m);

　　　R——石料密度(t/m^3)。

196. 怎样计算湖石和黄石假山工程量?

假山工程量按吨(t)计算。一般假山工程量应按"假山石料进料验收数－假山完工后石料乘余数"确定。

197. 整块湖石峰和人工造湖石峰有哪些区别?

两者之间在外形上无明显的区别。整块湖石峰指天然形成的、单块独立堆置的石峰;而人造湖石峰,则以多块太湖石堆叠成峰。两者工程量的计算,均以露出地面部分开始计算,地下部分,应套用相应的基础定额子目,另行计算。

198. 散点石和过水汀石如何套用定额?

零星点布包括散点石和过水汀石等疏散的点布。因此,散点石和过水汀石执行定额的时候套用零星点布。

199. 什么是池石、盆景山?其工程量怎样计算?

池石是布置在水池中的点风景石。

盆景山在有的园林露地庭院中,布置的大型的山水盆景。盆景中的山水景观大多数都是按照真山真水形象塑造的,而且有着显著的小中见大的艺术效果,能够让人领会到咫尺千里的山水意境。

池石的山石高度要与环境空间和水池的体量相称,一般石景的高度应小于水池长度的 1/2。

池石、盆景山工程量计算按以下规则进行。

清单工程量计算规则：按图示数量计算。

定额工程量计算规则：叠山，人造独立峰，护面零星点布、驳岸、山石踏步等，一律按图示尺寸以"吨"计算；塑料假山按山皮料的展开面积以平方米计算。

200. 什么是山石护角？

山石护角是为了使假山呈现设计预定的轮廓而在转角用山石设置的保护山体的一种措施。它是带土假山的一种做法。

201. 什么是山坡石台阶？

山坡石台阶指随山坡而砌，多使用不规整的块石，砌筑的台阶一般无严格统一的每步台阶高度限制，踏步和踢脚无须石表面加工或有少许加工（打荒）的台阶。制作山坡石台阶所用石料规格应符合要求，一般片石厚度不得小于 15cm，不得有尖锐棱角；块石应有两个较大的平行面，形状大致方正，厚度为 20～30cm，宽度为厚度的 1～1.5 倍，长度为厚度的 1.5～3 倍，粗料石厚度不得小于 20cm，宽度为厚度的 1～1.5 倍，长度为厚度的 1.5～4 倍，要错缝砌筑。

常用作台阶的石材有自然石（如六万石、圆石、鹅卵石）及整形切石、石板等。木材则有杉、桧等的角材或圆木柱等。其他材料还包括红砖、水泥砖、钢铁等都可以选用。除此之外，还有各种贴面材料，如石板、洗石子、瓷砖、磨石子等。

202. 假山石台阶的构造做法是怎样的？

假山石台阶常用作建筑与自然式庭院的过渡，有两种方法，一种是用大块顶面较为平整的不规则石板代替整齐的条石作台阶，称为"如意踏垛"；另一种是用整齐的条石作台阶，用蹲配代替支撑的梯形基座。为了利于排水，台阶每一级都向下坡方向作 20%的倾斜，石阶断面要上挑下收,以免人们上台阶时脚尖碰到石级上沿。用小块山石拼合的石级,拼缝要上下交错,以上石压下缝。

203. 如何计算山坡石台阶工程量?

清单工程量计算规则:按设计图示尺寸以体积计算。

定额工程量计算规则:叠山,人造独立峰、护角、零星点布、驳岸、山石踏步等一律按图示尺寸以吨计算。

204. 驳岸有哪些作用?

(1)驳岸是一面临水的挡土墙,是支持陆地和防止岸壁坍塌的水工构筑物。

(2)驳岸用来维系陆地与水面的界限,使其保持一定的比例关系。驳岸是正面临水的挡土墙,用来支撑墙后的陆地土壤。如果水际边缘不做驳岸处理,就很容易因为水的浮托、冻胀或风浪淘刷而使岸壁塌陷,导致陆地后退,岸线变形,影响园林景观。

(3)驳岸能保证水体岸坡不受冲刷。通常水体岸坡受水冲刷的程度取决于水面的大小、水位高低、风速及岸土的密实度等。当这些因素达到一定程度时,如水体岸坡不做工程处理,岸坡将失去稳定,而造成破坏。因而,要沿岸线设计驳岸以保证水体坡岸不受冲刷。

(4)驳岸还可强化岸线的景观层次。驳岸除支撑和防冲刷作用外,还可通过不同的形式处理,增加驳岸的变化,丰富水景的立面层次,增强景观的艺术效果。

205. 驳岸的水位关系是怎样的?

图 5-28 表明驳岸的水位关系。由图可见,驳岸可分为湖底以下部分、常水位至低水位部分、常水位与高水位之间部分和高水位以上部分。

高水位以上部分是不淹没部分,主要受风浪撞击和淘刷、日晒风化或超重荷载,致使下部坍塌,造成岸坡损坏。

常水位至高水位部分(B~A)属周期性淹没部分,多受风浪拍击和周期性冲刷,使水岸土壤遭冲刷而淤积水中,损坏岸线,影响景观。

图 5-28 驳岸的水位关系

常水位到低水位部分(B~C)是常年被淹部分,其主要是湖水浸渗冻胀,剪力破坏,风浪淘刷。我国北方地区因冬季结冻,常造成岸壁断裂或移位。有时因波浪淘刷,土壤被淘空后导致坍塌。

C 以下部分是驳岸基础,主要影响地基的强度。

206. 什么是规则式驳岸?

规则式驳岸是指用块石、砖、混凝土砌筑的几何形式的岩壁,如常见的重力式驳岸、半重力式驳岸、扶壁式驳岸(图 5-29)等。规则式驳岸多属永久性的,要求较好的砌筑材料和较高的施工技术。其特点是简洁规整,但缺少变化。

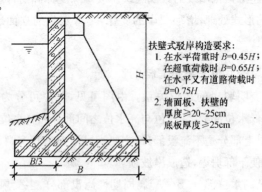

图 5-29 扶壁式

207. 什么是自然式驳岸？

自然式驳岸是指外观无固定形状或规格的岩坡处理，如常用的假山石驳岸、卵石驳岸。这种驳岸自然堆砌，景观效果好。

208. 什么是混合式驳岸？

混合式驳岸是规则式与自然式驳岸相结合的驳岸造型（图 5-30 和图 5-31）。一般为毛石岸墙，自然山石岸顶。混合式驳岸易于施工，具有一定装饰性，适用于地形许可且有一定装饰要求的湖岸。

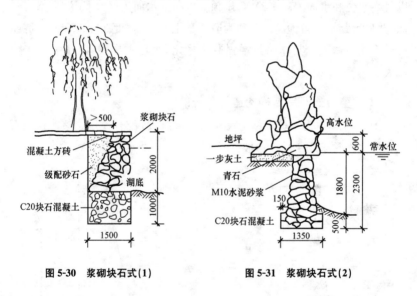

图 5-30　浆砌块石式(1)　　　　图 5-31　浆砌块石式(2)

209. 什么是砌石类驳岸？

砌石类驳岸是指在天然地基上直接砌筑的驳岸，埋设深度不大，但基址坚实稳固。如块石驳岸中的虎皮石驳岸、条石驳岸、假山石驳岸等。此类驳岸的选择应根据基址条件和水景景观要求确定，既可处理成规则式，也可做成自然式。

210. 砌石驳岸的构造是怎样的？

图 5-32 为砌石驳岸的常见构造，它由基础、墙身和压顶三部分组成。基础是驳岸承重部分，通过它将上部重量传给地基。因此，驳岸基础要求坚固，埋入湖底深度不得小于 50cm，基础宽度 B 则视土壤情况而定，砂砾土为 $(0.35\sim0.4)h$，砂壤土为 $0.45h$，湿砂土为 $(0.5\sim0.6)h$。饱和水壤土为 $0.75h$。墙身处于基础与压顶之间，承受压力最大，包括垂直压力、水的水平压力及墙后土壤侧压力。因此，墙身应具有一定的厚度，墙体高度要以最高水位和水面浪高来确定，岸顶应以贴近水面为好，便于游人亲近水面，并显得蓄水丰盈饱满。压顶为驳岸最上部分，宽度 30～50cm，用混凝土或大块石做成。其作用是增强驳岸稳定，美化水岸线，阻止墙后土壤流失。

211. 重力式驳岸结构构造是怎样的？

图 5-33 是重力式驳岸结构尺寸图，与表 5-15 配合使用。整形式块石驳岸迎水面常采用 1∶10 边坡。

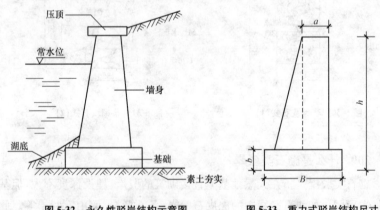

图 5-32　永久性驳岸结构示意图　　图 5-33　重力式驳岸结构尺寸

如果水体水位变化较大，即雨季水位很高，平时水位很低，为了岸线景观可见，则可将岸壁迎水面做成台阶状，以适应水位的升降。

表 5-15 常见块石驳岸选用表 cm

h	a	B	b
100	30	40	30
200	50	80	30
250	60	100	50
300	60	120	50
350	60	140	70
400	60	160	70
500	60	200	70

212. 驳岸的施工程序是怎样的？

驳岸施工前应进行现场调查，了解岸线地质及有关情况，作为施工时的参考。驳岸施工程序如下：

(1) 放线。布点放线应依据设计图上的常水位线，确定驳岸的平面位置，并在基础两侧各加宽 20cm 放线。

(2) 挖槽。一般由人工开挖，工程量较大时采用机械开挖。为了保证施工安全，对需要放坡的地段，应根据规定进行放坡。

(3) 夯实地基。开槽后应将地基夯实。遇土层软弱时需进行加固处理。

(4) 浇筑基础。一般为块石混凝土，浇筑时应将块石分隔，不得互相靠紧，也不得置于边缘。

(5) 砌筑岸墙。浆砌块石岸墙的墙面应平整、美观；砌筑砂浆饱满，勾缝严密。每隔 25～30m 做伸缩缝，缝宽 3cm，可用板条、沥青、石棉绳、橡胶、止水带或塑料等防水材料填充。填充时应略低于砌石墙面，缝用水泥砂浆勾满。如果驳岸有高差变化，则应做沉降缝，确保驳岸稳固。驳岸墙体应于水平方向 2～4m、竖直方向 1～2m 处预留泄水孔，口径为 120mm×120mm，便于排除墙后积水，保护墙体。也可于墙后设置暗沟，填置砂石排除积水。

(6) 砌筑压顶。可采用预制混凝土板块压顶，也可采用大块方整石压顶。顶石应向水中至少挑出 5～6cm，并使顶面高出最高水位 50cm 为宜。

213. 砌石类驳岸结构做法是怎样的？

砌石类驳岸结构做法如图 5-34～图 5-36 所示。

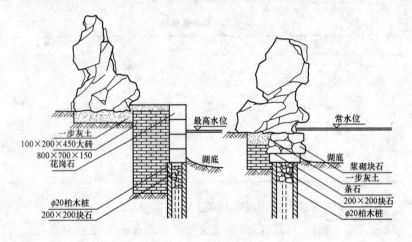

图 5-34 驳岸做法(1)

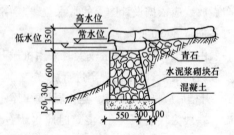

图 5-35 驳岸做法(2)

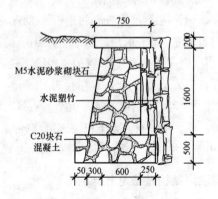

图 5-36 驳岸做法(3)

第五章 园路、园桥、假山工程

214. 什么是原木桩驳岸？

原木桩驳岸指取伐倒木的树干或适用的粗枝，按枝种、树径和作用的不同，横向截断成规定长度的木材打桩成的驳岸。

木桩要求耐腐、耐湿、坚固、无虫蛀，如柏木、松木、橡树、榆树、杉木等。木桩的规格取决于驳岸的要求和地基的土质情况，一般直径 10～15cm，长 1～2m，弯曲度（d/l）小于 1%。

215. 原木桩驳岸的施工要点有哪些？

(1) 施工前，应先对木桩进行处理，例如，按设计图纸图示尺寸对木桩的一头进行切削成尖锥状，以便于打入河岸的泥土中；或按河岸的标高和水平面的标高，计算出木桩的长度，再进行截料、削尖。

(2) 木桩入土前，还应在入土的一端涂刷防腐剂，如涂刷沥青（水柏油），或对整根木桩进行涂刷防火、防腐、防蛀的溶剂。

(3) 最好选用耐腐蚀的杉木作为木桩的材料。

(4) 在施打木桩前，还应对原有河岸的边缘进行修整，挖去一些泥土，修整原有河岸的泥土，便于木桩的打入。如果原有的河岸边缘土质较松，可能会塌方，那么还应进行适当的加固处理。

216. 怎样计算原木桩驳岸工程量？

清单工程量计算规则：按设计图示以桩长（包括桩尖）计算。

定额工程量计算规则：按设计图示尺寸以立方米计算。

217. 什么是散铺砂卵石护岸？

散铺砂卵石护岸是指将大量的卵石、砂石等按一定级配与层次堆积、散铺于斜坡式岸边，使坡面土壤的密实度增大，抗坍塌的能力也随之增强。在水体岸坡上采用这种护岸方式，在固定坡土上能起一定的作用，还能够使坡面得到很好的绿化和美化。

护坡在园林工程中得到广泛应用，原因在于水体的自然缓坡能产生自然、亲水的效果。护坡方法的选择应依据坡岸用途、构景透视效果、水岸地质状况和水流冲刷程度而定。护坡不允许土壤从护面石下面流失。为此应做过滤层,并且护坡应预留排水孔,每隔25m左右做一伸缩缝。

对于小水面,当护面高度在1m左右时,护坡的做法比较简单,也可以用大卵石等护坡,以表现海滩等的风光。当水面较大,坡面较高,一般在2m以上时,则护坡要求较高,多用于砌石块,用M7.5水泥砂浆勾缝。压顶石用MU20浆砌块石,坡脚石一定要坐在湖底下。

218. 散铺砂卵石护岸的施工要点有哪些?

首先把坡岸平整好,并在最下部挖一条梯形沟槽,槽沟宽度约40～50cm,深约50～60cm。铺石以前先将垫层铺好,垫层的卵石或碎石要求大小一致,厚度均匀,铺石时由下至上铺设。下部要选用大块的石料,以增加护坡的稳定性。铺时石块摆成丁字形,与岸坡平行,一行一行往上铺,石块与石块之间要紧密相贴,如有突出的棱角,应用铁锤将其敲掉。铺后检查一下质量,即当人在铺石上行走时铺石是否移动,如果不移动,则施工质量合乎要求。下一步就是用碎石嵌补铺石缝隙,再将铺石夯实即成。

219. 什么是堆筑土山丘?

堆筑土山丘是指山体以土壤堆成,或利用原有凸起的地形、土丘,加堆土壤以突出其高耸的山形。为使山体稳固,常需要较宽的山麓。因此布置土山需要较大的园地面积。

220. 土丘坡度要求中的"坡度"指的是什么?

通常,把坡面的铅直高度 h 和水平宽度 l 的比叫做坡度(或叫做坡比),用字母 i 表示。

坡度的表示方法有百分比法、度数法、密位法和分数法四种,其中以百分比法和度数法较为常用。

百分比法,即两点的高程差与其水平距离的百分比,其计算公式如下:

$$坡度 = \frac{高程差}{水平距离} \times 100\%$$

使用百分比表示时,

即 $i = h/l \times 100\%$

例如:坡度 3%是指水平距离每 100m,垂直方向上升(下降)3m;1%是指水平距离每 100m,垂直方向上升(下降)1m。以此类推。

《公园设计规范》中规定:"地形设计应以总体设计所确定的各控制点的高程为依据。大高差或大面积填方地段的设计标高,应计入当地土壤的自然沉降系数。改造的地形坡度超过土壤的自然安息角时,应采取护坡、固土或防冲刷的工程措施。植草皮的土山最大坡度为 33%,最小坡度为 1%。人力剪草机修剪的草坪坡度不应大于 25%。"

221. 怎样确定土山的高度?

山的高度可因需要确定,供人登临的山,为有高大感并利于远眺应高于平地树冠线。在这个高度上可以不致使人产生"见林不见山"的感觉。当山的高度难以满足 10～30m 左右这一要求时,要尽可能不在主要欣赏面中靠山脚处种植过大的乔木,而应植低矮灌木突出山的体量。对于那些分隔空间和起障景作用的土山,高度在 1.5m 以能遮挡视线就足够了。

222. 怎样计算堆筑土山丘工程量?

清单工程量计算规则:按设计图示山丘水平投影外接矩形面积乘以高度的 1/3 以体积计算。

定额工程量计算规则:按相应假山项目实际石料的重量以吨计算。

【例 5-8】 图 5-37 为某园林中的堆筑假山,假山高 3.5m,已知假山采用的石料为黄石(密度为 2.6t/m³,折算系数为 0.54)石作护坡,每块块石重 0.35t,试求其工程量。

【解】 1. 清单工程量

$V_{堆} = 长 \times 宽 \times 高 \times \dfrac{1}{3} = 10 \times 8 \times 3.5 \times \dfrac{1}{3} = 93.33 m^3$

具体工程量计算见表 5-16。

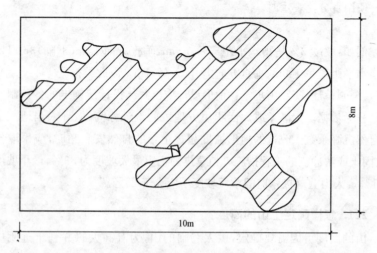

图 5-37 假山水平投影图

表 5-16 清单工程量计算表

项目编码	项目名称	项目特征描述	计量单位	工程量
050202001001	堆筑土山丘	土丘外接矩形面和为 80m², 假山高 3.5m, 块石护坡	m³	93.33

2. 定额工程量

定额工程量 = 10×8×3.5×2.6×0.54 = 393.12t

223. 什么是石笋？其工程量怎样计算？

石笋颜色多为淡灰绿色、土红灰色或灰黑色。质重而脆，是一种长形的砾岩岩石。石形修长呈条柱状，立于地上即为石笋，顺其纹理可竖向劈分。石柱中含有折色的小砾石，如白果般大小。石面上"白果"未风化的，称为龙岩；若石面砾石已风化成一个个小穴窝，则称为凤岩。石面还有不规则的裂纹。

石笋的工程量计算按以下要求进行:
(1)清单工程量计算规则:按设计图示数量计算。
(2)定额工程量计算规则:按图示数量以支计算。

224. 石笋分为哪几种?

(1)白果笋。它是在青灰色的细砂岩中沉积了一些卵石,犹如银杏所产的白果嵌在石中,因以为名。北方则称白果笋为"子母石"或"子母剑"。"剑"喻其形,"子"即卵石,"母"是细砂母岩。这种山石在我国各园林中均有所见。有些假山师傅把大而圆的头向上的称为"虎头笋",而上面尖而小的称为"凤头笋"。

(2)乌炭笋。顾名思义,这是一块乌黑色的石笋,比煤炭的颜色稍浅而无甚光泽。如用浅色景物作背景,这种石笋的轮廓就更清新。

(3)慧剑。这是北京假山师傅的沿称,所指是一种净面青灰色、水灰青色的石笋,北京颐和园前山东腰有高达数丈的大石笋就是这种"慧剑"。

【例5-9】 根据设计要求,某植物园竹林旁需以石笋石作点缀,其石笋采用白果笋,平面布置形式见图5-38,试求其工程量。

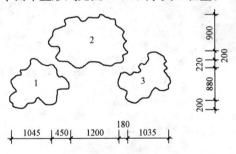

图 5-38 白果笋布置平面图

注:1号地白果笋高度为 2.4m;2号地白果笋高度为 3.52m;3号地白果笋高度为 1.6m。

【解】 1. 清单工程量
该景区共布置有3支白果笋。
清单工程量计算见表5-17。

表 5-17　　　　　　　　　清单工程量计算表

序号	项目编码	项目名称	项目特征描述	计量单位	工程量
1	050202004001	石笋	白果笋,高 2.4m	支	1
2	050202004002	石笋	白果笋,高 3.52m	支	1
3	050202004003	石笋	白果笋,高 1.6m	支	1

2. 定额工程量

该景区共布置了 3 支石笋石,故石笋定额工程量为 3 支,其中

1 号白果笋占地面积约为 $1.045 \times 1.3 = 1.359 m^2$,其体积约为 $1.359 \times 2.2 = 2.990 m^3$

2 号白果笋占地面积约为 $1.830 \times 1.32 = 2.416 m^2$,其体积约为 $2.416 \times 3.52 = 8.504 m^3$

3 号白果笋占地面积约为 $1.215 \times 1.3 = 1.580 m^2$,其体积约为 $1.580 \times 1.6 = 2.528 m^3$

由白果笋所构成这片景观共占地面积约为 $3.91 \times 2.4 = 9.38 m^2$。

第六章

·园林景观工程·

1. 什么是园林建筑小品?

园林建筑小品是指园林中体量小巧、数量多、分布广、功能简明、造型别致,具有较强的装饰性,且富有情趣的精美设施。园林建筑小品的作用主要表现在满足人们休息、娱乐、游览、文化、宣传等活动要求方面。它既有使用功能,又可观赏,并且是环境美化的重要因素。

2. 园林建筑小品有哪几类?各具有什么特点?

园林建筑小品类型很多,可概括为以下两类:

(1)传统园林建筑小品。主要有古典亭、廊、台阶、园墙、景门、景窗、水池等。

(2)现代园林建筑小品。主要有花架、现代喷泉水池、花盆、花钵、桌、椅、灯具等。

传统园林小品与现代园林小品在形式、材料、构造等方面既有一定的联系,又有不同之处。在表现形式上,传统园林小品多以细腻、变化、素雅取胜,现代园林建筑多以简洁、明快、抽象而见长。

3. 传统园林建筑小品与现代园林建筑小品有什么关系?

传统园林建筑小品与现代园林建筑小品在形式、材料、构造等方面既有一定的联系,又有不同之处。在表现形式上,传统园林建筑小品,多以细腻、变化素雅取胜,现代园林建筑多以简洁、明了、抽象见长。

4. 亭的构造是怎样的?

亭的构造大致可分为亭顶、亭身、亭基三部分。体量宁小勿大,形制也较细巧,竹、木、石、砖瓦等地方性传统材料均可修建。现在更多的是用钢筋混凝土或兼以轻钢、铝合金、玻璃钢、镜面玻璃、充气塑料等新材料组建而成。

亭四面多开放,空间流动,内外交融,榭廊亦如此。解析了亭也就能举一反三于其他楼阁殿堂。亭榭等体量不大,但在园林造景中作用不小,是室内的室外而在庭院中则是室外的室内。选择要有分寸,大小要得体,要有恰到好处的比例尺度,只顾重某一方面都是不允许的。任何作品只有在一定的环境下,它才是艺术、科学。生搬硬套学流行,会失去神韵和灵性,更谈不上艺术性与科学性。

5. 亭按平面可分为哪几种形式?

(1)正多边形亭。正多边形尤以正方形平面是几何形中最严谨、规整、轴线布局明确的图形。常见多为三、四、五、六、八角形亭。

(2)长方形亭。平面长阔比多接近于黄金分割1∶1.6,由于亭同殿、阁、厅堂不同,其体量小巧,常可见其全貌,比例若过于狭长就不具有美感的基本条件了。同时平面为长方形的亭多用面阔为三间或三间四步架。

1)江南路亭——常用二间面阔。

2)水榭——进深三间四步架或六步架。

3)梁架布局:亭尤以歇山亭榭与殿、阁、厅堂异曲同工,且更自由,江南多遵循古制。

4)山花——明代及明以前是作悬山,清代则出现了更山山花。

(3)仿生形亭。睡莲形、扇形(优美、华丽)、十字形(对称、稳定)、圆形(中心明确、向心感强)、梅花形。

(4)多功能复合式亭。

6. 亭按亭顶可分为哪几种形式?

(1)攒尖式。角攒易用于表达向上、高峻、收集交汇的意境;圆攒表达向上之中兼有灵活、轻巧之感。

(2)歇山。易于表达强化水平趋势的环境。

(3)卷棚。卷棚歇山亭顶易于表现平远的气势。

(4)路顶与开口顶。

(5)单檐与重檐的组合。

7. 亭按柱可分为哪几种形式?

(1)单柱——伞亭。

(2)双柱——半亭。

(3)三柱——角亭。

(4)四柱——方亭,长方亭。

(5)五柱——圆亭,梅花五瓣亭。

(6)六柱——重檐亭,六角亭。

(7)八柱——八角亭。

(8)十二柱——方亭,12个月份亭,12个时辰亭。

(9)十六柱——文亭,重檐亭。

8. 亭按材料可分为哪几类?

(1)地方材料:木、竹、石、茅草亭。

(2)混合材料(结构):复合亭;轻钢亭;钢筋混凝土亭——仿传统,仿竹,书皮,茅草塑亭;特种材料(结构)亭——塑料树脂,玻璃钢,薄壳充气软结构,波折板,网架。

9. 亭按功能可分为哪几类?

(1)休憩遮阳遮雨——传统亭,现代亭。

(2)观赏游览——传统亭,现代亭。

(3)纪念,文物古迹——纪念亭,碑亭。

(4)交通,集散组织人流——站亭,路亭。

(5)骑水——廊亭,桥亭。

(6)倚水——楼台水亭。

(7)综合——多功能组合亭。

10. 现代亭分为哪几类?

(1)板亭。板亭包括伞板亭、荷叶亭,造型简洁清新,组合灵活。

(2)组合构架亭。

1)竹、木组合构架亭。自然趣味强,造价低,但易损坏,使用两年为限,可以先建竹木临时性的过渡小品,成熟后再建成永久性的建筑。

2)混凝土组合构架亭。可塑性好,节点易处理。但构架截面尺寸设计时不易权衡。

3)轻钢-钢管组合式构架亭。本类型亭施工方便,组合灵活,装配性强,单双臂悬挑均可成亭,也适宜在露天餐厅茶座活动的遮阳伞亭中使用。

(3)类拱亭。

1)盔拱亭。

2)多铰拱式长颈鹿馆亭。表示一对吻颈之交的长颈鹿,结构扩大了空间,有利于长颈鹿的室内活动。

11. 廊的形式有哪些?

(1)廊(双开画廊)。有柱无墙,开敞通透,适用于景色层次丰富的环境,使廊的两面有景可观。当次廊隔水飞架,即为水廊。

(2)单廊(单面空廊)。一面开敞,一面靠墙,墙上又设有各色漏窗门洞或设有宣传橱柜。

(3)复廊。廊中间没有漏窗之墙,犹如两列半廊复合而成,两面都可通行,并适合廊的两边各属不同景区的场合。

(4)双层廊。双层廊又称复道阁廊,有上下两层,便于联系不同高度的建筑和景物,增加廊的气势和景观层次。

(5)爬山廊。廊顺地势起伏蜿蜒曲折,犹如伏地游龙而成爬山廊。常见的有跌落爬山廊和竖直线爬山廊。

(6)曲廊。依墙又离墙,因而在廊与墙之间组成各式小院,空间交错,穿插流动,曲折有法,或在其间栽花置石,或略添小景而成曲廊,不曲则成修廊。

12. 怎样计算挖土方工程量?

凡平整场地厚度在 30cm 以上,槽底宽度在 3m 以上和坑底面积在 20m^2 以上的挖土,均按挖土方计算。

13. 怎样计算挖土槽工程量?

凡槽宽在 3m 以内,槽长为槽宽 3 倍以上的挖土,按挖地槽计算。外墙地槽长度按其中心线长度计算,内墙地槽长度以内墙地槽的净长计算,宽度按图示宽度计算,突出部分挖土量应予增加。

14. 哪种情况下土方工程量按挖地坑计算?

凡挖土底面积在 $20m^2$ 以内,槽宽在 3m 以内,槽长小于槽宽 3 倍者按挖地坑计算。

15. 怎样计算挖地槽、地坑的高度?

挖地槽、地坑的高度,按室外自然地坪至槽(坑)底计算。

16. 怎样计算挖管槽工程量?

按规定尺寸计算,槽宽如无规定者可按表 6-1 计算,沟槽长度不扣除检查井,检查井的突出管道部分的土方也不增加。

表 6-1　　　　　　　　　　　管沟底宽度

管径/mm	铸铁管、钢管、石棉水泥管	混凝土管、钢筋混凝土管	缸瓦管	附 注
50~75	0.6	0.8	0.7	(1)本表为埋深在 1.5m 以内沟槽底宽度,单位:m。 (2)当深度在 2m 以内,有支撑时,表中数值适当增加 0.1m。 (3)当深度在 3m 以内,有支撑时,表中数值适当增加 0.2m
100~200	0.7	0.9	0.8	
250~350	0.8	1.0	0.9	
400~450	1.0	1.3	1.1	
500~600	1.3	1.5	1.4	

17. 怎样计算平整场地工程量?

平整场地系指厚度在 ±30cm 以内的就地挖、填、找平,其工程量按建筑物的首层建筑面积计算。

18. 怎样计算挖地槽原土回填工程量?

挖地槽原土回填的工程量,可按地槽挖土工程量乘以系数 0.6 计算。

(1)满堂红挖土方,其设计室外地坪以下部分如采用原土者,此部分不计取原土价值的措施费和各项间接费用。

(2) 大开槽四周的填土，按回填土定额执行。

(3) 地槽、地坑回填土的工程量，可按地槽地坑的挖土工程量乘以系数 0.6 计算。

(4) 管道回填土按挖土体积减去垫层和直径大于 500mm（包括 500mm 本身）的管道体积计算，管道直径小于 500mm 的可不扣除其所占体积，管道在 500mm 以上的应减去的管道体积，可按表 6-2 计算。

表 6-2　　　　　　　　每米管道应减土方量

管道种类	减土方量/m³					
	管径/mm					
	500~600	700~800	900~1000	1100~1200	1300~1400	1500~1600
钢管	0.24	0.44	0.71			
铸铁管	0.27	0.49	0.77			
钢筋混凝土管及缸瓦管	0.33	0.60	0.92	1.15	1.35	1.55

(5) 用挖槽余土作填土时，应套用相应的填土定额，结算时应减去其利用部分的土的价值，但措施费和各项间接费不予扣除。

19. 怎样依据《北京市建筑工程预算定额》计算园林景观土方工程量？

(1) 平整场地。

1) 园路、花架分别按路面、花架柱外皮间的面积乘以系数 1.4，以平方米计算。

2) 水池、假山、步桥，按其底面积乘以系数 2，以平方米计算。

(2) 人工挖土方、基坑、槽沟按图示垫层面积乘以挖土深度以立方米计算。其挖填土方的起点，应从设计地坪的标高为准，如设计地坪与自然地坪的标高高度差在 ±30cm 以上时，则按自然地坪标高计算。挖土为一侧弃土时，乘以系数 1.13。

(3) 推土机推土按推土的方量，分运距以立方米计算。

(4)路基挖土按垫层外皮尺寸乘以厚度以立方米计算。

(5)回填土应扣除设计地坪以下埋入的基础垫层及基础所占体积,以立方米计算。

(6)余土或亏土是施工现场全部土方平衡后的余工或亏土,以立方米计算。

余土或亏土＝挖土量－回填量－(灰土量×90％)－土山丘用土＋围堰弃土,其结果为负值即亏土;正值即余土。

(7)堆筑土山丘,按其图示底面积,乘以设计造型高度(连座按平均高度)乘以系数0.7,以立方米计算。

(8)围堰筑堤,根据设计图示不同堤高,按堤顶中心线长度以米计算。

(9)木桩钎(梅花桩),按图示尺寸以组计算;每组5根,余数不足5根者按一组计算。

(10)围堰排水工程量,按堰内河道、池塘水面面积乘以平均深度以立方米计算。

(11)河道、池塘挖淤泥及其超运距运输,均按淤泥挖掘体积以立方米计算。

20.《北京市建筑工程预算定额》关于园林景观工程的相关说明有哪些?

(1)《庭园工程》定额第三章"砖石工程"包括:砌砖、砌石、花饰等3节共25个子目。

(2)砌体的勾缝是按砂浆勾缝编制的,勾缝砂浆或缝型与《庭园工程》定额不同时,允许换算。

(3)带有砖柱的半截围墙,其高出围墙部分的砖柱,执行砖柱相应定额子目,与围墙相连部分以及基础,均执行围墙相应定额子目。

(4)布瓦饰定额是按不磨瓦、轱辘钱花型编制的,不论实际磨瓦与否或摆何种花型,均不调整定额中的瓦件含量。定额中的瓦件含量是按现行一般布瓦规格尺寸编制的。

(5)预制混凝土花饰安装,适用于采用北京市通用建筑配件图集标准花饰,如设计采用其他非标准花饰,应另行计算。

21. 怎样依据《北京市建筑工程预算定额》计算园林景观砖石工程量?

(1)砖石基础不分厚度和深度,按图示尺寸以立方米计算。应扣除混凝土梁、柱所占体积,但大放脚交接重叠部分和面积在 0.3m² 以内预留孔洞所占的体积均不扣除。

(2)砖砌挡土墙沟渠、驳岸、毛石砌墙压顶石和护坡等砖石砌体,均按图示尺寸以立方米计算。沟渠、驳岸的砖砌基础部分,应并入沟渠或驳岸体积内计算。

(3)独立砖柱的砖柱基础应合并在柱身工程量内,按图示尺寸以立方米计算。

(4)围墙基础和突出墙面的砖垛部分的工程量,应并入围墙内按图示尺寸以立方米计算。遇到混凝土或布瓦花饰时,应将花饰部分所占的体积扣除。

(5)勾缝按平方米计算,应扣除抹灰面积。

(6)布瓦花饰和预制混凝土花饰,按图示尺寸以平方米计算。

22. 园林砖石工程定额计价的一般规定有哪些?

(1)砌体砂浆强度等级为综合强度等级,编排预算时不得调整。

(2)砌墙综合了墙的厚度,划分为外墙、内墙。

(3)砌体内采用钢筋加固者,按设计规定的质量,套用"砖砌体加固钢筋"定额。

(4)檐高是指由设计室外地平至前后檐口滴水的高度。

23. 怎样计算标准砖墙体的厚度?

标准砖墙体厚度按表 6-3 计算。

表 6-3　　　　　　　　　　标准砖墙体计算厚度

墙　体	1/4	1/2	3/4	1	1.5	2	2.5	3
计算厚度/mm	53	115	180	240	365	490	615	740

24. 如何划分基础与墙身？

砖基础与砖墙以设计室内地平为界，设计室内地平以下为基础、以上为墙身，如墙身与基础为两种不同材料时以材料为分界线。砖围墙以设计室外地平为分界线。

25. 怎样计算外墙与内墙的基础长度？

外墙基础长度，按外墙中心线计算。内墙基础长度，按内墙净长计算，墙基大放脚重叠处因素已综合在定额内；突出墙外的墙垛的基础大放脚宽出部分不增加，嵌入基础的钢筋、铁杆、管件等所占的体积不予扣除。

26. 怎样计算砖基础工程量？

砖基础工程量不扣除 $0.3m^2$ 以内的孔洞，基础内混凝土的体积应扣除，但砖过梁应另列项目计算。

27. 怎样计算内外墙长度？

外墙长度按外墙中心线长度计算，内墙长度按内墙净长计算。女儿墙工程量并入外墙计算。

28. 怎样计算实砌砖墙身工程量？

计算实砌砖墙身时，应扣除门窗洞口(门窗框外围面积)、过人洞空圈、嵌入墙身的钢筋砖柱、梁、过梁、圈梁的体积，但不扣除每个面积在 $0.3m^2$ 以内的孔洞梁头、梁垫、檩头、垫木、木砖、砌墙内的加固钢筋、墙基抹隔潮层等及内墙板头压 1/2 墙者所占的体积。突出墙面窗台虎头砖、压顶线、门窗套、三皮砖以下的腰线、挑檐等体积也不增加。嵌入外墙的钢筋混凝土板头已在定额中考虑，计算工程量时，不再扣除。

29. 如何确定墙身高度？

墙身高度从首层设计室内地平算至设计要求高度。

30. 怎样计算附墙烟囱工程量？

附墙烟囱(包括附墙通风道、垃圾道)按其外形体积计算，并入所依附的墙体积内,不扣除每一孔洞横断面积在 0.1m² 以内的体积,但孔洞内的抹灰工料也不增加。如每一孔洞横断面积超过 0.1m² 时,应扣除孔洞所占体积,孔洞内的抹灰应另列项目计算。如砂浆强度等级不同时,可按相应墙体定额执行。附墙烟囱如带缸瓦管、除灰门以及垃圾道带有垃圾道门、垃圾斗、通风百叶窗、铁箅子以及钢筋混凝土预制盖等,均应另列项目计算。

31. 怎样计算框架结构间砌墙工程量?

框架结构间砌墙,分内、外墙,以框架间的净空面积乘墙厚度按相应的砖墙定额计算,框架外表面镶包砖部分也并入框架结构间砌墙的工程量内一并计算。

32. 怎样计算围墙工程量?

围墙以立方米计算,按相应外墙执行,砖垛和压顶等工程量并入墙身内计算。

33. 零星砌体定额适用哪些项目?

零星砌体定额适用于厕所蹲台、小便槽、水池腿、煤箱、垃圾箱、台阶、台阶挡墙、花台、花池、房上烟囱、阳台隔断墙、小型池槽、楼梯基础等,以立方米计算。

34. 怎样理解园林混凝土及钢筋混凝土工程定额?

(1)混凝土及钢筋混凝土工程预算定额是综合定额,包括了模板、钢筋和混凝土各工序的工料及施工机械的耗用量。模板、钢筋不需单独计算。如与施工图规定的用量另加损耗后的数量不同时,可按实调整。

(2)定额中模板按木模板、工具式钢模板、定型钢模板等综合考虑的,实际采用模板不同时,不得换算。

(3)钢筋按手工绑扎、部分焊接及点焊编制的,实际施工与定额不同时,不得换算。

(4)混凝土设计强度等级与定额不同时,应以定额中选定的石子粒径,按相应的混凝土配合比换算,但混凝土搅拌用水不换算。

35. 怎样计算混凝土与钢筋混凝土工程量?

以体积为计算单位的各种构件,均根据图示尺寸以构件的实体积计算,不扣除其中的钢筋、铁件、螺栓和预留螺栓孔洞所占的体积。

36. 怎样计算混凝土柱工程量?

(1)柱高按柱基上表面算至柱顶面的高度。

(2)依附于柱上的云头、梁垫的体积另列项目计算。

(3)多边形柱,按相应的圆柱定额执行,其规格按断面对角线长套用定额。

(4)依附于柱上的牛腿的体积,应并入柱身体积计算。

37. 怎样计算混凝土梁工程量?

(1)梁的长度:梁与柱交接时,梁长应按柱与柱之间的净距计算,次梁与主梁或柱交接时,次梁的长度算至柱侧面或主梁侧面的净距。梁与墙交接时,伸入墙内的梁头应包括在梁的长度内计算。

(2)梁头处如有浇制垫块者,其体积并入梁内一起计算。

(3)凡加固墙身的梁均按圈梁计算。

(4)戗梁按设计图示尺寸,以立方米计算。

38. 怎样计算混凝土板工程量?

(1)有梁板是指带有梁的板,按其形式可分为梁式楼板、井式楼板和密肋形楼板。梁与板的体积合并计算,应扣除大于 $0.3m^2$ 的孔洞所占的体积。

(2)平板是指无柱、无梁直接由墙承重的板。

(3)亭屋面板(曲形)是指古典建筑中的亭面板,为曲形状。其工程量按设计图示尺寸,以实体积立方米计算。

(4)凡不同类型的楼板交接时,均以墙的中心线划为分界。

(5)伸入墙内的板头,其体积应并入板内计算。

(6)现浇混凝土挑檐、天沟与现浇屋面板连接时,以外墙皮为分界线;与圈梁连接时,以圈梁外皮为分界线。

(7)戗翼板系指古建筑中的翘角部位,并连有摔网椽的翼角板。椽望板是指古建筑中的飞沿部位,并连有飞椽和出沿椽重叠之板。其工程量按设计图示尺寸,以实体积计算。

(8)中式屋架系指古典建筑中立贴式屋架。其工程量(包括立柱、童柱、大梁)按设计图示尺寸,以实体积立方米计算。

39. 怎样计算枋、桁的工程量?

(1)枋子、桁条、梁垫、梓桁、云头、斗拱、椽子等构件,均按设计图示尺寸,以实体积立方米计算。

(2)枋与柱交接时,枋的长度应按柱与柱间的净距计算。

40. 景观工程其他项目包括哪些? 怎样计算其工程量?

景观工程其他项目包括整体楼梯、阳台、雨篷、小型构件等,其计算规则如下:

(1)整体楼梯。应分层按其水平投影面积计算。楼梯井宽度超过50cm时的面积应扣除。伸入墙内部分的体积已包括在定额内,不另计算,但楼梯基础、栏杆、栏板、扶手应另列项目套相应定额计算。

楼梯的水平投影面积包括踏步、斜梁、休息平台、平台梁以及楼梯与楼板连接的梁。

楼梯与楼板的划分以楼梯梁的外侧面为分界。

(2)阳台、雨篷。均按伸出墙外的水平投影面积计算,伸出墙外的牛腿已包括在定额内不再计算,但嵌入墙内的梁应按相应定额另列项目计算。阳台上的栏板、栏杆及扶手均应另列项目计算,楼梯、阳台的栏杆、栏板、吴王靠(美人靠)、挂落均按延长米计算(包括楼梯伸入墙内的部分)。楼梯斜长部分的栏板长度,可按其水平长度乘系数 1.15 计算。

(3)小型构件。小型构件是指单位体积小于 $0.1m^3$ 以内未列入项目的构件。

(4)古式小构件。古式小构件是指梁垫、云头、插角、宝顶、莲花头子、花饰块等以及单件体积小于 0.05m³ 未列入的古式小构件。

(5)池槽。池槽按实体积计算。

41. 怎样计算装配式构件工程量?

(1)装配式构件一律按施工图示尺寸以实体积计算,空腹构件应扣除空腹体积。

(2)预制混凝土板或补现浇板缝时,按平板定额执行。

(3)预制混凝土花漏窗按其外围面积以平方米计算,边框线抹灰另按抹灰工程规定计算。

42. 怎样理解园林结构工程定额?

(1)定额中凡包括玻璃安装项目的,其玻璃品种及厚度均为参考规格,如实际使用的玻璃品种及厚度与定额不同时,玻璃厚度及单价应按实调整,但定额中的玻璃用量不变。

(2)凡综合刷油者,定额中除在项目中已注明者外,均为底油一遍,调和漆两遍,木门窗的底油包括在制作定额中。

(3)一玻一纱窗,不分纱扇所占的面积大小,均按定额执行。

(4)木墙裙项目中已包括制作安装踢脚板在内,不另计算。

43. 怎样计算园林金属结构定额工程量?

(1)构件制作、安装、运输工程量。均按设计图纸的钢材质量计算,所需的螺栓、电焊条等的质量已包括在定额内,不另增加。

(2)钢材质量计算。按设计图纸的主材几何尺寸以吨计算质量,均不扣除孔眼、切肢、切边的质量,多边形按矩形计算。

(3)钢柱工程量。计算钢柱工程量时,依附于柱上的牛腿及悬臂梁的主材质量,应并入柱身主材质量计算,套用钢柱定额。

44. 园林金属结构定额工程量计算应符合哪些规定?

(1)构件制作是以焊接为主考虑的,对构件局部采用螺栓连接时,已考虑在定额内不再换算,但如果有铆接为主的构件时,应另行补充定额。

(2)刷油定额中一般均综合考虑了金属面调和漆两遍,如设计要求与定额不同时,按装饰分部油漆定额换算。

(3)定额中的钢材价格是按各种构件的常用材料规格和型号综合测算取定的,编制预算时不得调整,但如设计采用低合金钢时,允许换算定额中的钢材价格。

45. 怎样计算普通窗定额工程量?

定额中普通窗适用于:平开式,上、中、下悬式,中转式及推拉式,均按框外围面积计算。

46. 怎样计算木窗台板定额工程量?

木窗台板工程量按平方米计算,如图纸未注明窗台板长度和宽度时,可按窗框的外围宽度两边共加10cm计算,凸出墙面的宽度按抹灰面增加3cm计算。

47. 怎样计算木楼梯、挂镜线及门窗贴脸定额工程量?

(1)木楼梯(包括休息平台和靠墙踢脚板)按水平投影面积以"m^2"计算(不计伸入墙内部分的面积)。

(2)挂镜线按延长米计算,如与窗帘盒相连接时,应扣除窗帘盒长度。

(3)门窗贴脸的长度,按门窗框的外围尺寸以延长米计算。

48. 怎样计算木隔板定额工程量?

木隔板工程量按图示尺寸以平方米计算。定额内按一般固定考虑,如用角钢托架者,角钢应另行计算。

49. 怎样计算间壁墙定额工程量?

间壁墙的高度按图示尺寸,长度按净长计算,应扣除门窗洞口,但不扣除面积在 $0.3m^2$ 以内的孔洞。

50. 什么是现浇混凝土斜屋面板? 其工程量怎样计算?

现浇混凝土斜屋面板是指在施工现场直接支模、绑扎钢筋、浇灌混凝土制成的斜屋面板。

清单工程量与定额工程量计算规则相同,均按设计图示以体积计算,混凝土屋脊、椽子、角梁、八梁均应并入屋面体积内。

【例6-1】 某园林亭子屋面板为现浇混凝土斜屋面板,已知:该屋面板制作厚度为2.5cm,屋面坡度为1∶40。屋面为等腰三角形,边长分别为8m、8m、12m,试求其工程量(图6-1)。

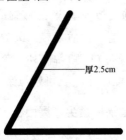

图6-1 亭屋面板断面图

【解】 1.清单工程量

(1)根据题意勾画出等腰三角形 ABC,设 AD 为三角形的高,交 BC 于 D。$BC=12m$, $BD=DC=6m$,△ABD 为直角三角形,$AB=8m$,$BD=6m$。

所以 $AD=\sqrt{AB^2-BD^2}=\sqrt{8^2-6^2}=5.29m$

$S_{\triangle ABC}=\dfrac{1}{2}\times BC\times AD=\dfrac{1}{2}\times 12\times 5.29=31.74m^2$

(2)屋面板体积计算:

$V=SHK=31.74\times 0.025\times 2.5=1.98m^3$

清单工程量计算见表6-4。

表6-4 清单工程量计算表

项目编码	项目名称	项目特征描述	计量单位	工程量
050302004001	现浇混凝土斜屋面板	屋面板制作厚度为2.5cm,屋面坡度为1∶40	m³	1.98

2. 定额工程量

定额工程量同清单工程量。

51. 什么是穹顶？

穹顶是指屋顶形状似半球形状的拱顶。

52. 什么是压型钢板？

压型钢板是以冷轧薄钢板为基板，经镀锌或镀锌后覆以彩色涂层再经辊弯成形的波纹板材，是一种质量轻（$10.5 \sim 20.9 \text{kg/m}^2$）[$1 \text{kg/m}^2 = 9.806\ 65 \text{Pa}$（国际单位制单位）]、强度高、外观美观、抗震性能好的新型建材，广泛用于建筑屋面及墙面围护，也可以与保温防水材料复合使用。

53. 什么是彩色压型钢板攒尖亭屋面板？

彩色压型钢板（夹芯板）攒尖亭屋面板是由厚度 0.8～1.6mm 的薄钢板经冲压加工而成的彩色瓦楞状产品加工成的攒尖亭屋面板。

54. 压型金属板的类型有哪些？

（1）镀锌压型钢板。镀锌压型钢板，其基板为热镀锌板，镀锌层重应不小于 275g/m^2（双面），产品标准应符合国标《连续热镀锌钢板和钢带》（GB/T 2518）的要求。

（2）涂层压型钢板。为在热镀锌基板上增加彩色涂层的薄板压形而成，其产品标准应符合《彩色涂层钢板及钢带》（GB/T 12754）的要求。

（3）锌铝复合涂层压型钢板。锌铝复合涂层压型钢板为新一代无紧固件扣压式压型钢板，其使用寿命更长，但要求基板为专用的、强度等级更高的冷轧薄钢板。

压型钢板根据其波型截面可分为：

1) 高波板：波高大于 75mm，适用于作屋面板。

2) 中波板：波高 50～75mm，适用于作楼面板及中小跨度的屋面板。

3) 低波板：波高小于 50mm，适用于作墙面板。

（4）常用压型钢板的规格。选用压型金属板时，应根据荷载及使用情况选用定型产品，其常用规格型号见表 6-5。

表6-5　　　　　　　　　　建筑用压型钢板规格、型号　　　　　　　　　　mm

序号	型号	截面基本尺寸	展开宽度
1	YX173-300-300		610
2	YX130-300-600		1000
3	YX130-275-550		914
4	YX75-230-690（Ⅰ）		1100
5	YX75-230-690（Ⅱ）		1100

续表

序号	型号	截面基本尺寸	展开宽度
6	YX75-210-840		1250
7	YX75-200-600		1000
8	YX70-200-600		1000
9	YX28-200-600（Ⅰ）		1000
10	YX28-200-600（Ⅱ）		1000

续表

序号	型号	截面基本尺寸	展开宽度
11	YX28-150-900（Ⅰ）		1200
12	YX28-150-900（Ⅱ）		1200
13	YX28-150-900（Ⅲ）		1200
14	YX28-150-900（Ⅳ）		1200
15	YX28-150-750（Ⅰ）		1000
16	YX28-150-750（Ⅱ）		1000

续表

序号	型 号	截面基本尺寸	展开宽度
17	YX51-250-750		1000
18	YX38-175-700		960
19	YX35-125-750		1000
20	YX35-187.5-750（Ⅰ）		1000
21	YX35-115-690		914
22	YX35-115-677		914

续表

序号	型号	截面基本尺寸	展开宽度
23	YX28-300-900（Ⅰ）		1200
24	YX28-300-900（Ⅱ）		1200
25	YX28-100-800（Ⅰ）		1200
26	YX28-100-800（Ⅱ）		1200
27	YX21-180-900		1100

续表

序号	型　号	截面基本尺寸	展开宽度
28	YX35-187.5-750 (U-188)	(截面图)	1000

55. 屋面板自防水嵌缝材料的种类有哪些？

园林建筑轻型屋面板自防水的接缝防水材料有：水泥、砂子、碎石、水乳型丙烯酸密封膏、改性沥青防水嵌缝油膏、氯磺化聚乙烯密封膏、聚氯乙烯胶泥、塑料油膏、橡胶沥青油膏和底涂料等。

56. 怎样设置草屋面的坡度？其工程量怎样计算？

草屋面是指用草铺设建筑顶层的构造层。草屋面的屋面坡度应满足下列要求：

(1) 单坡跨度大于 9m 的屋面宜作结构找坡，坡度不应小于 3%。

(2) 当材料找坡时，可用轻质材料或保温层找坡，坡度宜为 2%。

(3) 天沟、檐沟纵向坡度不应小于 1%，沟底水落差不得超过 200mm；天沟、檐沟排水不得流经变形缝和防火墙。

(4) 卷材屋面的坡度不宜超过 25%，当坡度超过 25% 时应采取防止卷材下滑的措施。

(5) 刚性防水屋面应采用结构找坡，坡度宜为 2%～3%。

屋面坡度与斜面长度系数见表 6-6。

表 6-6　　　　　屋面坡度与斜面长度系数

屋面坡度	高度系数	1.00	0.67	0.50	0.45	0.40	0.33	0.25	0.20	0.15	0.125	0.10	0.083	0.066
	坡度	1/1	1/1.5	1/2	—	1/2.5	1/3	1/4	1/5	—	1/8	1/10	1/12	1/15
	角度	45°	33°40′	26°34′	24°14′	21°48′	18°26′	14°02′	11°19′	8°32′	7°08′	5°42′	4°45′	3°49′
	斜长系数	1.4142	1.2015	1.1180	1.0966	1.0770	1.0541	1.0380	1.0198	1.0112	1.0078	1.0050	1.0035	1.0022

清单工程量与定额工程量计算规则相同，均按设计图示尺寸以截面面积计算。

57. 什么是竹屋面？其工程量怎样计算？

竹屋面指建筑顶层的构造层由竹材料铺设成。竹屋面的屋面坡度要求与草屋面基本相同。

竹作为建筑材料，凭借竹材的纯天然的色彩和质感，给人们贴近自然、返璞归真的感觉，受到各阶层游人的喜爱。竹材的施工应符合下列要求：

(1)竹材表面均刮掉竹青，进行砂光，并用桐油或清漆照面两度。

(2)同类构件选材尽可能直径大小一致，竹材要挺直。

(3)竹材需经防腐、防蛀处理。所有竹小品和竹建筑表面都无需加任何底色，尽量保持竹材本身的色彩、质感，使其保持真正的质朴、自然。

58. 什么是树皮屋面？其工程内容有哪些？

树皮屋面指建筑顶层的构造层由树皮铺设而成。树皮屋面的铺设是用桁、椽搭于梁架之上，再在上面铺树皮做脊。

树皮屋面工程内容包括：①整理、选料②屋面铺设③刷防护材料。

59. 园林屋面定额工程量计算应注意哪些问题？

(1)水泥瓦、黏土瓦的规格与定额不同时，除瓦的数量可以换算外，其他工料均不得调整。

(2)铁皮屋面及铁皮排水项目，铁皮咬口和搭接的工料包括在定额内不得另计，铁皮厚度如定额规定不同时，允许换算，其他工料不变。刷冷底子油一遍已综合在定额内，不另计算。

60. 怎样计算园林屋面定额工程量？

(1)保温层。按图示尺寸的面积乘平均厚度以立方米计算，不扣除烟囱、风帽及水斗斜沟所占面积。

(2)瓦屋面。按图示尺寸的屋面投影面积乘屋面坡度延尺系数以平方米计算，不扣除房上烟囱、风帽底座、风道、屋面小气窗和斜沟等所占面积，而屋面小气窗出檐与屋面重叠部分的面积也不增加，但天窗出檐部分重叠的面积应计入相应屋面工程量内。瓦屋面的出线、披水、梢头抹灰、脊瓦、加腮等工料均已综合在定额内,不另计算。

(3)卷材屋面。按图示尺寸的水平投影面积乘屋面坡度延尺系数以平方米计算,不扣除房上烟囱、风帽底座、风道斜沟等所占面积,其根部弯起部分不另计算。天窗出檐部分重叠的面积应按图示尺寸以平方米计算,并入卷材屋面工程量内,如图纸未注明尺寸,伸缩缝、女儿墙可按25cm,天窗处可按50cm,局部增加层数时,另计增加部分。

(4)水落管长度。按图示尺寸展开长度计算,如无图示尺寸时,由檐口下皮算至设计室外地平以上15cm为止,上端与铸铁弯头连接者,算至接头处。

(5)屋面抹水泥砂浆找平层。屋面抹水泥砂浆找平层的工程量与卷材屋面相同。

61. 怎样计算顶棚、木地板、栏杆扶手、屋架定额工程量?

(1)顶棚面积以主墙实钉面积计算,不扣除间壁墙,检查洞,穿过顶棚的柱、垛、附墙烟囱及水平投影面积 1m² 以内的柱帽等所占的面积。

(2)木地板以主墙间的净面积计算,不扣除间壁墙,穿过木地板的柱、垛和附墙烟囱等所占的面积,但门和空圈的开口部分也不增加。

(3)木地板定额中,木踢脚板数量不同时,均按定额执行,如设计不用时,可以扣除其数量但人工不变。

(4)栏杆的扶手均以延长米计算。楼梯踏步部分的栏杆、扶手的长度可按全部水平投影长度乘1.15系数计算。

(5)屋架分别不同跨度按架计算,屋架跨度按墙、柱中心线计算。

(6)楼梯底钉顶棚的工程量均以楼梯水平投影面积乘系数1.1,按顶棚面层定额计算。

62. 怎样理解园林地面工程定额?

(1)混凝土强度等级及灰土、白灰焦渣、水泥焦渣的配合比与设计要求不同时,允许换算。但整体面层与块料面层的结合层或底层的砂层的砂浆厚度,除定额注明允许换算外一律不得换算。

(2)散水、斜坡、台阶、明沟均已包括了土方、垫层、面层及沟壁。如垫层、面层的材料品种、含量与设计不同时，可以换算，但土方量和人工、机械费一律不得调整。

(3)随打随抹地面只适用于设计中无厚度要求随打随抹面层，如设计中有厚度要求时，应按水泥砂浆抹地面定额执行。

63. 怎样计算楼地面层定额工程量？

(1)水泥砂浆随打随抹、砖地面及混凝土面层，按主墙间的净空面积计算，应扣除凸出地面的构筑物、设备基础及室内铁道所占的面积（不需做面层的沟盖板所占的面积也应扣除），不扣除柱、垛、间壁墙、附墙烟囱以及 0.3m² 以内孔洞所占的面积，但门洞、空圈也不增加。

(2)水磨石面层及块料面层均按图示尺寸以平方米计算。

64. 怎样计算楼地面防潮层定额工程量？

(1)平面。地面防潮层同地面面层与墙面连接处高在 50cm 以内展开面积的工程量，按平面定额计算，超过 50cm 者，其立面部分的全部工程量按立面定额计算。墙基防潮层，外墙长以外墙中心线，内墙按内墙净长乘宽度计算。

(2)立面。墙身防潮层按图示尺寸以平方米计算，不扣除 0.3m² 以内的孔洞。

65. 怎样计算伸缩缝定额工程量？

各类伸缩缝，按不同用料以延长米计算。外墙伸缩缝如内外双面填缝者，工程量加倍计算。伸缩缝项目，适用于屋面、墙面及地面等部位。

66. 怎样计算踢脚板定额工程量？

(1)水泥砂浆踢脚板以延长米计算，不扣除门洞及空圈的长度，但门洞、空圈和垛的侧壁也不增加。

(2)水磨石踢脚板、预制水磨石及其他块料面层踢脚板，均按图示尺寸以净长计算。

67. 怎样计算散水坡道定额工程量？

(1)散水。按外墙外边线的长乘以宽度，以平方米计算(台阶、坡道所占长度不扣除,四角延伸部分也不增加)。

(2)坡道。按水平投影面积计算。

68. 怎样计算原木、竹构件工程量?

清单工程量计算规则:按设计图示尺寸以长度计算(包括榫长)。

定额工程量计算规则:按设计图示木材体积计算。

【例6-2】 图6-2所示为某园林建筑所用的厚木构造柱子示意图,试求10根该柱子的工程量。

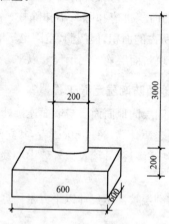

图6-2 立柱立体示意图

【解】 1. 清单工程量

根据清单工程量计算规则,该题所给柱子长=3.0+0.2=3.2m。

因此,清单工程量=3.2×10=32m

清单工程量计算见表6-7。

表6-7 清单工程量计算表

项目编码	项目名称	项目特征描述	计量单位	工程量
050301001001	原木(带树皮)柱	原木梢径为200mm,共10根	m	32.00

2. 定额工程量

求所用木材体积,其体积分为大放脚四周体积($V_{放}$)及柱身体积

($V_{柱身}$)两部分。

其中一根柱子的工程量为:

$V_{放} = 长 \times 宽 \times 高 = 0.6 \times 0.6 \times 0.2 = 0.072 m^3$

$V_{柱子} = 底面积 \times 高 = 3.14 \times \left(\dfrac{0.2}{2}\right)^2 \times 3.0 = 0.094 m^3$

一个柱子的体积 $= V_{放} + V_{柱子} = 0.072 + 0.094 = 0.166 m^3$

所有柱子的体积 $= 0.166 \times 10 = 1.66 m^3$

69. 什么是原木(带树皮)墙？其工程量怎样计算？

原木(带树皮)墙是指主要取伐倒木的树干,也可取适用的粗枝,保留树皮,按树种、树径和用途的不同,只进行横向截断成规定长度的木材所制成的墙体。其作用是分隔空间。

原木(带树皮)墙的工程量计算按以下规定进行：

清单工程量计算规则:按设计图示尺寸以面积计算(不包括柱、梁)。

定额工程量计算规则:按设计图示木材体积计算。

【例 6-3】 某园林景区设计需用原木墙来分隔空间,按照设计要求,原木墙做成高低参差不齐的形状,如图 6-3 所示,所用原木均为直径 12cm 的木材,试求其工程量。

已知原木规格如下：

高 1.5m,8 根；

高 1.6m,7 根；

高 1.7m,8 根；

高 1.8m,5 根；

高 1.9m,6 根；

高 2.0m,6 根。

【解】 1. 清单工程量计算

不同高度的原木面积之和 $= 0.8 \times 1.7 + 0.6 \times 2 + 0.7 \times 1.6 + 0.5 \times 1.8 + 0.8 \times 1.5 + 0.6 \times 1.9$

$= 6.92 m^2$

清单工程量计算见表 6-8。

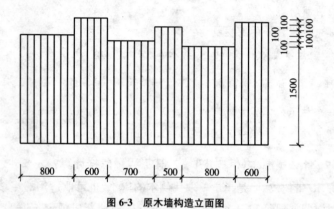

图 6-3 原木墙构造立面图

表 6-8　　　　　　　　　清单工程量计算表

项目编码	项目名称	项目特征描述	计量单位	工程量
050301002001	原木（带树皮）墙	原木直径为 12cm	m²	6.92

2. 定额工程量

高 1.5m, $V = 3.14 \times \left(\dfrac{0.12}{2}\right)^2 \times 1.5 \times 8 = 0.1356 \mathrm{m}^3$

高 1.6m, $V = 3.14 \times \left(\dfrac{0.12}{2}\right)^2 \times 1.6 \times 7 = 0.1266 \mathrm{m}^3$

高 1.7m, $V = 3.14 \times \left(\dfrac{0.12}{2}\right)^2 \times 1.7 \times 8 = 0.1537 \mathrm{m}^3$

高 1.8m, $V = 3.14 \times \left(\dfrac{0.12}{2}\right)^2 \times 1.8 \times 5 = 0.1017 \mathrm{m}^3$

高 1.9m, $V = 3.14 \times \left(\dfrac{0.12}{2}\right)^2 \times 1.9 \times 6 = 0.1289 \mathrm{m}^3$

高 2m, $V = 3.14 \times \left(\dfrac{0.12}{2}\right)^2 \times 2 \times 6 = 0.1356 \mathrm{m}^3$

则整个原木墙所有木材工程量：

0.1356 + 0.1266 + 0.1537 + 0.1017 + 0.1289 + 0.1356 = 0.7821m³

70. 原木(带树皮)墙的防护材料有哪些种类？

(1)木材常用的防腐、防虫材料有水溶性防腐剂(氟化钠、硼铬合剂、硼酚合剂、铜铬合剂)；油类防腐剂(混合防腐油、强化防腐油)；油溶性防腐剂(五氯酚、林丹和五氯酚合剂、沥青浆膏)。

(2)木材常用防火材料有各种金属、水泥砂浆、熟石膏、耐火涂料(硅酸盐涂料、可赛银涂料、氯乙烯涂料等)。

71. 怎样进行原木(带树皮)墙的防护处理？

(1)在建筑物使用年限内,木材应保持其防腐、防虫、防火的性能,并对人畜无害。

(2)木材经处理后不得降低强度和腐蚀金属配件。

(3)对于工业建筑木结构需做耐酸防腐处理时,木结构基面要求较高；木材表面应平整光滑,无油脂、树脂和浮灰；木材含水率不大于15%；木基层有疖疤、树脂时,应用脂胶清漆做封闭处理。

(4)采用马尾松、木麻黄、桦木、杨木、湿地松、辐射松等易腐朽和虫蛀的树种时,整个构件应用防腐防虫药剂处理。

(5)对于易腐和虫蛀的树种,或虫害严重地区的木结构,或珍贵的细木制品,应选用防腐防虫效果较好的药剂。

(6)木材防火剂的确定应根据规范与设计要求,按建筑耐火等级确定防火剂浸渍的等级。

(7)木材构件中所有钢材的级别应符合设计要求,所有钢构件均应除锈,并进行防锈处理。

72. 什么是竹吊挂楣子？

竹吊挂楣子是用竹编织加工制成的吊挂楣子。它是用竹材作成各种花纹图案。

竹材按其地下茎和地面生长情况,有如下三种类型：单轴散生型,如毛竹、紫竹、斑竹、方竹、刚竹等；合轴丛生型,如凤尾竹、孝顺竹、佛肚竹等；复轴混生型,如茶秆竹、箬竹、菲白竹等。

73. 什么是竹柱、梁、檩、椽？其工程量怎样计算？

竹柱、梁、檩、椽指用竹材料加工制作而成的柱、梁、檩、椽，是园林中亭、廊、花架等的构件。

进行竹柱、梁、檩、椽防护时，常用的防护材料种类如下所述：

(1)防水材料有生漆、铝质厚漆、永明漆或熟桐油、克鲁素油、乳化石油沥青、松香和赛璐珞丙酮溶液。

(2)防火材料有水玻璃(50 份)、碳酸钙(5 份)、甘油(5 份)、氧化铁(5 份)、水(40 份)混合剂。

(3)防腐材料有 1%～2%五氯苯酚酸钠、配制氟硅酸钠(12 份)、氨水(19 份)、水(500 份)混合剂、黏土(100 份)、氟化钠(100 份)、水(200 份)混合剂。

(4)防霉、防虫材料有 30 号石油沥青、煤焦油、生桐油、虫胶漆、清漆、重铬酸钾(5%)、硫酸铜(3%)、氧化砷水溶液(氧化砷 1%：水 91%)、0.8%～1.25%硫酸铅液、1%～2%醋酸铅液、1%～2%石碳酸液。

(5)防裂材料有生漆或桐油。

竹柱、梁、檩、椽的工程量计算按以下规定进行：

(1)清单工程量计算规则：按设计图示尺寸以长度计算。

(2)定额工程量计算规则：按设计图示木材体积计算。

74. 什么是竹编墙？其工程量怎样计算？

竹编墙指用竹材料编成的墙体，用来分隔空间和防护之用。

竹的种类：应选用质地坚硬、直径为 10～15mm、尺寸均匀的竹子，并要对其进行防腐防虫处理。

墙龙骨的种类：有木框、竹框、水泥类面层等。

竹编墙工程量计算按以下规定进行：

(1)清单工程量计算规则：按设计图示以面积计算(不包括柱梁)。

(2)定额工程量计算规则：按设计图示木材体积计算。

【例 6-4】 需用竹编墙进行房屋的隔设，房屋地板面积 106m²，地板为水泥地板。竹编墙长 4.8m，宽 3.2m，墙中龙骨也为竹制，横龙骨长 5.2m，通贯龙骨长 4.5m,竖龙骨长 3.2m,龙骨直径为 18m,试求其清单工程量。

【解】根据清单工程量计算规则。

竹编墙面积 $S=长×宽=4.8×3.2=15.36m^2$

清单工程量计算见表 6-9。

表 6-9　　　　　　　　　清单工程量计算表

项目编码	项目名称	项目特征描述	计量单位	工程量
050301005001	竹编墙	墙中龙骨为竹制,横龙骨长 5.2m,通贯龙骨长 4.5m,竖龙骨长 3.2m,龙骨直径为 18mm,地板为水泥地板	m²	15.36

说明:计算竹编墙工程量时,柱子和梁的工程量不包括在内。

75. 水池在园林景观工程中的作用是什么?

水池在园林中的用途很广泛,可用作处理广场中心、道路尽端以及亭、廊、花架等各种建筑,形成富于变化的各种组合。这样可以在缺乏天然水源的地方开辟水面以改善局部的小气候条件,为种植、饲养有经济价值和观赏价值的水生动植物创造生态条件,并使园林空间富有生动活泼的景观。常见的喷水池、观鱼池、海兽池及水生植物种植池都属于这种水体类型。水池平面形状和规模主要取决于园林总体与详细规划中的观赏与功能要求,水景中水池的形态种类众多,深浅和池壁、池底材料也各不相同。

76. 水池由哪几部分组成?

水池由基础、防水层、池底、池壁、压顶等部分组成,如图 6-4 所示。

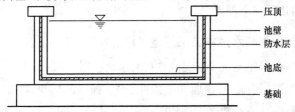

图 6-4　水池结构示意图

77. 刚性材料水池施工工艺是怎样的?

(1) 放样:按设计图纸要求放出水池的位置、平面尺寸、池底标高及桩位。

(2) 开挖基坑:一般可采用人工开挖,如水面较大也可采用机挖;为确保池底基土不受扰动破坏,机挖必须保留 200mm 厚度,由人工修整。需设置水生植物种植槽的,在放样时应明确,以防超挖而造成浪费;种植槽深度应视设计种植的水生植物特性决定。

(3) 做池底基层:一般硬土层上只需用 C10 素混凝土找平约 100mm 厚,然后在找平层上浇捣刚性池底;如土质较松软,则必须经结构计算后设置块石垫层、碎石垫层、素混凝土找平层后,方可进行池底浇捣。

(4) 池底、壁结构施工:按设计要求,用钢筋混凝土作结构主体的,必须先支模板,然后扎池底、壁钢筋;两层钢筋间需采用专用钢筋撑脚支撑,已完成的钢筋严禁踩踏或堆压重物。

浇捣混凝土需先底板、后池壁;如基底土质不均匀,为防止不均匀沉降造成水池开裂,可采用橡胶止水带分段浇捣;如水池面积过大,可能造成混凝土收缩裂缝的,则可采用后浇带法解决。

如要采用砖、石作为水池结构主体的,必须采用 M7.5~M10 水泥砂浆砌筑底,灌浆饱满密实,在炎热天要及时洒水养护砌筑体。

(5) 水池粉刷:为保证水池防水可靠,在作装饰前,首先应做好蓄水试验,在灌满水 24h 后未有明显水位下降,即可对池底、壁结构层采用防水砂浆粉刷。粉刷前要将池水放干清洗,不得有积水、污渍,粉刷层应密实牢固,不得出现空鼓现象。

78. 柔性材料水池施工工艺是怎样的?

(1) 放样、开挖基坑要求与刚性材料水池相同。

(2) 池底基层施工:在地基土条件极差(如淤泥层很深,难以全部清除)的条件下,才有必要考虑采用刚性水池基层的做法。

不做刚性基层时,可将原土夯实整平,然后在原土上回填 300~

500mm 的黏性黄土压实，即可在其上铺设柔性防水材料。

(3)水池柔性材料的铺设：铺设时应从最低标高开始向高标高位置铺设；在基层面应先按照卷材宽度及搭接长度要求弹线，然后逐幅分割铺贴，搭接也要用专用胶粘剂满涂后压紧，防止出现毛细缝。卷材底空气必须排出，最后在每个搭接边再用专用自粘式封口条封闭。一般搭接边长边不得小于 80mm，短边不得小于 150mm。

如采用膨润土复合防水垫，铺设方法和一般卷材类似，但卷材搭接处需满足搭接 200mm 以上，且搭接处按 0.4kg/m 铺设膨润土粉压边，防止渗漏产生。

(4)柔性水池完成后，为保护卷材不受冲刷破坏，一般需在面上铺压卵石或粗砂作保护。

79. 水池的给水系统有哪些形式？

水池的给排水系统主要有直流给水系统、陆上水泵循环给水系统、潜水泵循环给水系统和盘式水景循环给水系统等四种形式。

80. 直流给水系统的工作原理是怎样的？

直流给水系统如图 6-5 所示。将喷头直接与给水管网连接，喷头喷射一次后即将水排至下水道。这种系统构造简单、维护简单且造价低，但耗水量较大。直流给水系统常与假山、盆景配合，作小型喷泉、瀑布、孔流等，适合在小型庭院、大厅内设置。

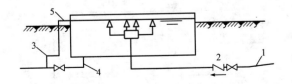

图 6-5 直流给水系统

1—给水管；2—止回隔断阀；3—排水管；4—泄水管；5—溢流管

81. 陆上水泵循环给水系统工作原理是怎样的？

陆上水泵循环给水系统,如图 6-6 所示。该系统设有贮水池、循环水泵房和循环管道,喷头喷射后的水多次循环使用,具有耗水量少、运行费用低的优点。但系统较复杂,占地较多,管材用量较大,投资费用高,维护管理麻烦。此种系统适合各种规模和形式的水景,一般用于较开阔的场所。

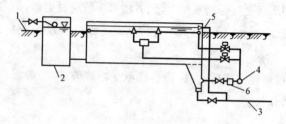

图 6-6　陆上水泵循环给水系统
1—给水管;2—补给水井;3—排水管;4—循环水泵;5—溢流管;6—过滤器

82. 潜水泵循环给水系统工作原理是怎样的？

潜水泵循环给水系统,如图 6-7 所示。该系统设有贮水池,将成组喷头和潜水泵直接放在水池内作循环使用。这种系统具有占地少,投资低,维护管理简单,耗水量少的优点,但是水姿花形控制调节较困难。潜水泵循环给水系统适用于各种形式的中型或小型喷泉、水塔、涌泉、水膜等。

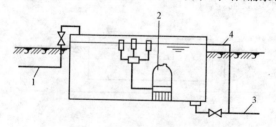

图 6-7　潜水泵循环给水系统
1—给水管;2—潜水泵;3—排水管;4—溢流管

83. 盘式水景循环给水系统工作原理是怎样的？

盘式水景循环给水系统，如图 6-8 所示。该系统设有集水盘、集水井和水泵房。盘内铺砌踏石构成甬路。喷头设在石隙间，适当隐蔽。人们可在喷泉间穿行，满足人们的亲水感、增添欢乐气氛。该系统不设贮水池，给水均循环利用，耗水量少，运行费用低，但存在循环水易被污染、维护管理较麻烦的缺点。

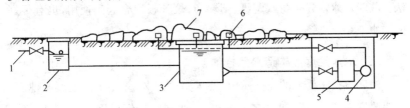

图 6-8 盘式水景循环给水系统
1—给水管；2—补给水井；3—集水井；4—循环泵；5—过滤器；6—喷头；7—踏石

84. 水池防水材料有哪些种类？

目前，水池防水材料种类较多，如按材料分，主要有沥青类、塑料类、橡胶类、金属类、砂浆、混凝土及有机复合材料等；如按施工方法分，有防水卷材、防水涂料、防水嵌缝油膏和防水薄膜等。

(1) 沥青材料：主要有建筑石油沥青和专用石油沥青两种。专用石油沥青可在音乐喷泉的电缆防潮防腐中使用。建筑石油沥青与油毡结合形成防水层。

(2) 防水卷材：品种有油毡、油纸、玻璃纤维毡片、三元乙丙再生胶及 603 防水卷材等。其中油毡应用最广，三元乙丙再生胶用于大型水池、地下室、屋顶花园做防水层效果较好；603 防水卷材是新型防水材料，具有强度高、耐酸碱、防水防潮、不易燃、有弹性、寿命长、抗裂纹等优点，且能在 $-50\sim80℃$ 环境中使用。

(3) 防水涂料：常见的有沥青防水涂料和合成树脂防水涂料两种。

(4) 防水嵌缝油膏：主要用于水池变形缝防水填缝，种类较多。按施工方法的不同分为冷用嵌缝油膏和热用灌缝胶泥两类。

（5）防水剂和注浆材料：防水剂常用的有硅酸钠防水剂、氯化物金属盐防水剂和金属皂类防水剂。注浆材料主要有水泥砂浆、水泥玻璃浆液和化学浆液三种。

水池防水材料的选用，可根据具体要求确定，一般水池用普通防水材料即可。钢筋混凝土水池也可采用抹5层防水砂浆（水泥加防水粉）做法。临时性水池还可将吹塑纸、塑料布、聚苯板组合起来使用，也有很好的防水效果。

85. 水池池底的构造是怎样的？

池底直接承受水的竖向压力，要求坚固耐久，多用钢筋混凝土池底，一般厚度大于20cm；如果水池容积大，要配双层钢筋网。施工时，每隔20m选择最小断面处设变形缝（伸缩缝、防震缝），变形缝用止水带或沥青麻丝填充；每次施工必须由变形缝开始，不得在中间留施工缝，以防漏水，如图6-9～图6-11所示。

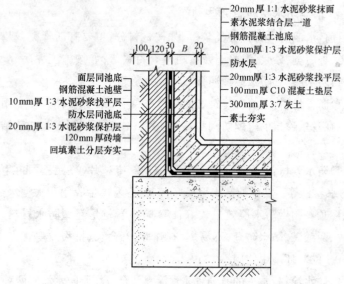

图6-9 池底做法

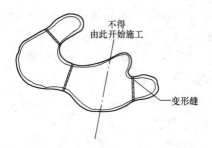

图 6-10　变形缝位置

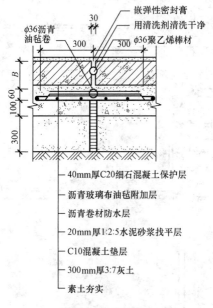

图 6-11　伸缩缝做法

86. 水池池壁的构造是怎样的?

池壁是水池的竖向部分,承受池水的水平压力,水愈深容积愈大,压力也愈大。池壁一般有砖砌池壁、块石池壁和钢筋混凝土池壁三种,如图 6-12 所示。壁厚视水池大小而定,砖砌池壁一般采用标准砖、M7.5 水泥砂浆砌筑,壁厚不小于240mm。砖砌池壁虽然具有施工方便的优点,但红砖多孔,砌体接缝多,易渗漏,不耐风化,使用寿命短。块石池壁自然朴素,要求垒砌严密,勾缝紧密。混凝土池壁用于厚度超过400mm的水池,C20混凝土现场浇筑。钢筋混凝土池壁厚度多小于300mm,常用150~200mm,宜配 $\phi 8$、$\phi 12$ 钢筋,中心距多为200mm,如图6-13所示。

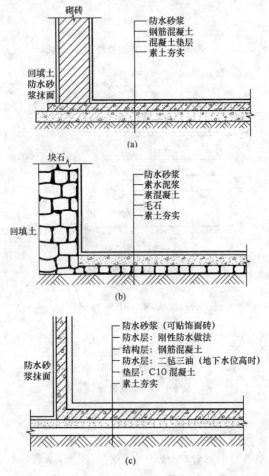

图6-12 喷水池池壁(底)构造

(a)砖砌喷水池结构;(b)块石喷水池结构;(c)钢筋混凝土喷水池结构

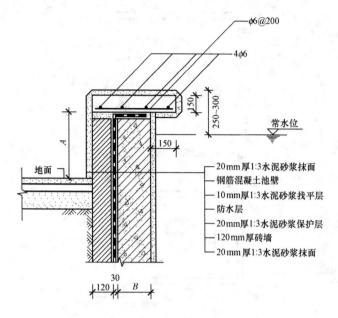

图 6-13 池壁常见做法

87. 水池池壁压顶的作用是什么？

压顶属于池壁最上部分，其作用为保护池壁，防止污水泥沙流入池中，同时也防止池水溅出。对于下沉式水池，压顶至少要高于地面 5～10cm；而当池壁高于地面时，压顶做法必须考虑环境条件，要与景观相协调，可做成平顶、拱顶、挑伸、倾斜等多种形式。压顶材料常用混凝土和块石。

88. 供水管、补给水管、泄水管和溢水管如何布置？

完整的喷水池还必须设有供水管、补给水管、泄水管和溢水管及沉泥池。其布置如图 6-14～图 6-16 所示。管道穿过水池时，必须安装止水环，以防漏水。供水管、补给水管安装调节阀；泄水管配单向阀门，防止反向流水污染水池；溢水管无须安装阀门，连接于泄水管单向阀后直接与排水管网连接。沉泥池应设于水池的最低处并加过滤网。

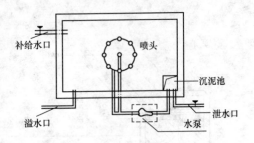

图 6-14　水泵加压喷泉管口示意图

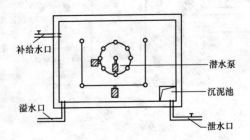

图 6-15　潜水泵加压喷泉管口示意图

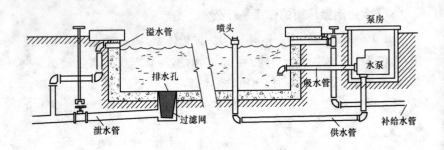

图 6-16　喷水池管线系统示意图

89. 水池排水系统由哪几部分组成？

为维持水池水位和进行表面排污，保持水面清洁，水池应有溢流口。常用的溢流形式有堰口式、漏斗式、管口式和连通管式等，如图 6-17 所示。

大型水池宜设多个溢流口,均匀布置在水池中间或周边。溢流口的设置不能影响美观,并要便于清除积污和疏通管道,为防止漂浮物堵塞管道,溢流口要设置格栅,格栅间隙应不大于管径的1/4。

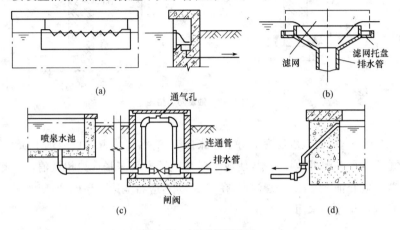

图 6-17　水池各种溢流口
(a)堰口式;(b)漏斗式;(c)连通管式;(d)管口式

为便于清洗、检修和防止水池停用时水质腐败或池水结冰,影响水池结构,池底应有1‰的坡度,坡向泄水口。若采用重力泄水有困难时,在设置循环水泵的系统中,也可利用循环水泵泄水,并在水泵吸水口上设置格栅,以防水泵装置和吸水管堵塞,一般栅条间隙不大于管道直径的1/4。

90. 怎样做好室外水池的防冻?

在我国北方冰冻期较长,对于室外园林地下水池的防冻处理,就显得十分重要了。若为小型水池,一般是将池水排空,这样池壁受力状态是:池壁顶部为自由端,池壁底部铰接(如砖墙池壁)或固接(如钢筋混凝土池壁)。空水池壁外侧受土层冻胀影响,池壁承受较大的冻胀推力,严重时会造成水池池壁产生水平裂缝或断裂。

冬期池壁防冻,可在池壁外侧采用排水性能较好的轻骨料如矿渣、焦渣或砂石等,并应解决地面排水,使池壁外回填土不发生冻胀情况,如图6-18所示,池底花管可解决池壁外积水(沿纵向将积水排除)。

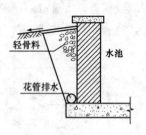
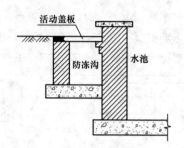

图 6-18　池壁防冻措施

在冬季,大型水池为了防止冻胀推裂池壁,可采取冬期池水不撤空,池中水面与池外地坪持平,使池水对池壁压力与冻胀推力相抵消。因此为了防止池面结冰,胀裂池壁,在寒冬季节,应将池边冰层破开,使池子四周为不结冰的水面。

91. 怎样理解水池工程定额?

(1)水池定额是按一般方形、圆形、多边形水池编制的,遇有异形水池时,应另行计算。

(2)水池池底、池壁砌筑均按图示尺寸以立方米计算。

(3)混凝土水池,池内底面积小于或等于 $20m^2$ 时,其池底和池壁定额的人工费乘以系数 1.25。

(4)一般按图示尺寸以平方米计算,套用防水子目,材料价按膨润土材料价组价。或者可以根据所咨询的市场材料价格的基础上计取一定的人工费后做补充定额。

(5)景石工程量套用庭园工程安布景石子目,以"10t"为单位计算。

92. 什么是现浇混凝土花架柱、梁? 其工程量怎样计算?

现浇混凝土花架柱、梁是指直接在现场支模、绑扎钢筋、浇灌混凝土而成形的花架柱、梁。

清单工程量与定额工程量计算规则相同,均按设计图示尺寸以体积计算。

93. 什么是预制混凝土花架柱、梁？

预制混凝土花架柱、梁是指在施工现场安装之前,按照花架柱、梁各部件的有关尺寸,进行预先下料,加工成组合部件或在预制加工厂定购各种花架柱、梁构件。这种方法优点是可以提高机械化程度,加快施工现场安装速度、降低成本缩短工期。

94. 怎样进行花架的组装？

花架的组装方法有人工组装或机械吊装两种操作方法。

(1)人工组装：是指人在安装花架的过程中,完全脱离工具或者仅使用一些简单的工具进行施工的一种操作方式。

(2)机械吊装：运用起重机设备将花架构件安装起来。起重机有履带式起重机、轮胎式起重机、塔式起重机、汽车式起重机等。

95. 什么是木花架柱、梁？

木花架柱、梁是指用木材加工制作而成的花架柱、梁。木材种类可分为针叶树材和阔叶树材两大类。杉木及各种松木、云杉和冷杉等是针叶树材；柞木、水曲柳、香樟、檫木及各种桦木、楠木和杨木等是阔叶树材。中国树种很多,因此,各地区常用于工程的木材树种也各异。东北地区主要有红松、落叶松(黄花松)、鱼鳞云杉、红皮云杉、水曲柳；长江流域主要有杉木、马尾松；西南、西北地区主要有冷杉、云杉、铁杉。

(1)支柱。柞木、轴木等具有最长的使用年限,使用年限能达到100年或更长。

(2)主梁。用于柱的硬木有柞木、柚木等。可较好地用于主梁。虽然柞木的截面小一些,如不加约束也可两根一起使用。软材,如经浸渍的松木或纵木等,在其构造做法中应避免留有存水的凹槽,其顶部用金属或柞木做压顶的,可延长使用年限。

96. 木花架有哪些形式？

(1)廊式花架。最常见的形式,片版支承于左右梁柱上,游人可人内休息。

(2)片式花架。片版嵌固于单向梁柱上,两边或一面悬挑,形体轻盈活泼。

(3)独立式花架。以各种材料作空格,构成墙垣、花瓶、伞亭等形状,用藤本植物缠绕成形,供观赏用。

97. 木花架的用途有哪些?

竹木材朴实、自然、价廉、易于加工,所以木花架可应用于各种类型的园林绿地中,常设置在风景优美的地方供休息和点景,也可以和亭、廊、水榭等结合,组成外形美观的园林建筑群;在居住区绿地、儿童游戏场中木花架可供休息、遮阴、纳凉;用木花架代替廊子,可以联系空间;用格子垣攀缘藤本植物,可分隔景物;园林中的茶室、冷饮部、餐厅等,也可以用花架作凉棚,设置坐席;也可用木花架作园林的大门。

98. 什么是金属花架柱、梁?

金属花架柱、梁是由金属材料加工制作而成的花架柱梁。

99. 怎样计算园林小品工程定额工程量?

(1)堆塑装饰工程。分别按展开面积以平方米计算。

(2)小型设施工程量。预制或现制水磨石景窗、平板凳、花檐、角花、博古架、飞来椅、木纹板的工作内容包括:制作、安装及拆除模板、制作及绑扎钢筋、制作及浇捣混凝土、砂浆抹平、构件养护、面层磨光及现场安装。

1)预制或现制水磨石景窗、平板凳、花檐、角花、博古架的工程量均按不同水磨石断面面积预制或现制,以其长度计算,计量单位为10m。

2)水磨木纹板的工程量按不同水磨与否,以其面积计算,制作工程量计量单位为 m^2,安装工程量计量单位为 $10m^2$。

100. 怎样计算花架及园林小品工程定额工程量?

(1)木质花架的结构包括梁、檩、柱、座凳等。梁、檩、柱、座凳等的工程量按设计图示尺寸以立方米计算。

(2)混凝土花架定额中包括现场预制混凝土的制作、安装等项目,适用于梁檩断面在 220cm² 以内,高度在 6m 以下的轻型花架。

(3)花架安装是按人工操作、土法吊装编制的,如使用机械吊装时,不得换算,仍按定额安装子目执行。

(4)混凝土花架的梁、檩、柱定额中,均已综合了模板超高费用,凡柱高在 6m 以下的花架均不得计算超高费。

(5)木制花架刷漆按展开面积以平方米计算。

(6)砖砌和预制混凝土的花盆、花池、花坛工程量应分别按砖和预制混凝土小品定额执行,按设计尺寸以立方米计算。

(7)铁栅栏是按型钢制品编制的,如设计采用铸铁制品,其铁栅栏单价应予换算,其他各项不变。铁栅栏安装,按设计图示用量以吨计算。

(8)圆桌、圆凳安装项目是按工厂制成品、豆石混凝土基础、坐浆安装编制的,如采用其他做法安装时,应另行计算。圆桌、圆凳安装及其基础以件计算。

(9)天棚安装分不同材质按设计图示尺寸以平方米计算。

(10)庭园脚手架包括围墙及木栅栏安装脚手架、桥身双排脚手架、满堂红脚手架及假山脚手架等内容。

(11)须弥座按垂直投影面积以平方米计算。

(12)花架、花池、花坛、门窗框、灯座、栏杆、望柱、假山座、盘以及其他小品,均按设计图示尺寸以平方米计算。

101. 花架小品工程模板制作包括哪些工作?

(1)对预制模板进行刨光,所用的木材,大部分为松木与杉木,松木又分为红松、白松(包括鱼鳞云杉、红皮云杉及臭冷杉等)、落叶松、马尾松等。

(2)配制模板,要考虑木模板的尺寸大小,要满足模板拼装接合的需要,适当地加长或缩短一部分长度。

(3)拼制木模板,板边要找平,刨直,接缝严密,不漏浆。

木料上有节疤、缺口等疵病的部位,应放在模板反面或者截去。钉子长度一般宜为木板厚度的 2～2.5 倍。每块板在横挡处至少要钉两个钉子,第二块板的钉子要朝向第一块模板方向斜钉,使拼缝严密。

102.《北京市建筑工程预算定额》关于园林景观工程水池、花架制品的相关说明有哪些？

（1）《庭园工程》定额第四章"水池、花架及小品工程"包括：小池、花架及小品、顶棚安装等3节共35个子目。

（2）水池定额是按一般方形、圆形、多边形水池编制的，遇有异形水池时，应另行计算。

（3）混凝土水池，池内底面积在 $20m^2$ 以内者，其池底和池壁定额的人工费乘以系数1.25。

（4）花架定额中，现场预制混凝土的制作、安装等项目，适用于梁檩断面在 $220cm^2$ 以内，高度在6m以下的轻型花架。

（5）砖砌和预制混凝土的须弥座、灯座、假山座盘、花池、花坛、花盆及花架梁、柱、檩，应分别按砌砖和预制混凝土小品定额执行。

（6）花架为木材时，执行木材花架定额子目。木花架刷油执行《庭园工程》定额第八章相应定额子目。如设计要求刷饰面漆时，应另行计算。

（7）花架全部为钢材时，执行钢制花架定额子目，刷漆按《庭园工程》定额第八章相应定额子目执行。

103. 怎样依据《北京市建筑工程预算定额》计算园林景观工程水池、花架及小品工程量？

（1）水池池底、池壁、花架、梁、檩、柱、花池、花盆、花坛门窗框以及其他小品制作或砌筑，均按图示尺寸以立方米计算。

（2）预制混凝土构件、小品以立方米计算。

（3）木制花架、廊架、桁架按设计图示尺寸以立方米计算。

（4）钢制花架、柱、梁按设计质量以吨计算。

（5）顶棚安装分不同材质按设计图示尺寸以平方米计算。

104. 什么是木制飞来椅？其清单工程量怎样计算？

木制飞来椅是园林座椅的一种，其靠背、扶手、座凳楣子等由木材加工制作而成。木制飞来椅造型精美、轻巧，被广泛用于园林中。

靠背:椅子上供人背部依靠的部分。

靠背扶手截面:木制飞来椅的靠背扶手截面尺寸通常为25mm×35mm。

靠背截面:木制飞来椅的靠背截面尺寸通常为木条25mm×65mm;铁架15mm。

铁件厚度:木制飞来椅的铁件厚度为10~35mm。

座凳楣子:座凳楣子是由座凳和楣子组成,处在檐柱下部的地面之上,供游人休息并兼作围栏使用。座凳楣子常见的花纹图案有:步步紧、灯笼锦、金线如意、斜万字、龟背锦、冰裂纹等。

座凳面宽度一般以0.7~0.8m为宜,厚度一般在4~6cm间。

清单工程量计算规则:按设计图示尺寸以座凳面中心线长度计算。

【例6-5】 如图6-19所示为某园林景区有供游人休息的飞来椅。该景区木制座凳为双人座凳,长1.2m,宽40cm,高出地面400mm,座椅表面进行油漆涂抹防止木材腐烂,该椅座面有6°的水平倾角,试求其清单工程量。

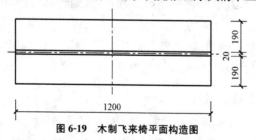

图6-19 木制飞来椅平面构造图

【解】 按清单工程量计算规则,具体见表6-10。

表6-10 清单工程量计算表

项目编码	项目名称	项目特征描述	计量单位	工程量
050304001001	木制飞来椅	木制飞来椅双人座凳长1.2m,宽40cm,座椅表面涂抹油漆,座面有6°水平倾角	m	1.2

105. 什么是钢筋混凝土飞来椅?其工程量怎样计算?

钢筋混凝土飞来椅是以钢筋为增强材料制成的混凝土飞来椅。混凝土抗压强度高,抗拉强度低,为满足工程结构的要求,可在混凝土中合理地配置抗拉性能优良的钢筋,可避免拉应力破坏,大大提高混凝土整体的抗拉、抗弯强度。

座凳面厚度、宽度:钢筋混凝土飞来椅的座凳面宽度通常为310mm,厚度通常为90mm。

靠背截面:钢筋混凝土飞来椅的靠背有做成用25mm厚混凝土中距120mm,配筋1ϕ4,用白水磨石做面层。其截面厚度做成60mm的。

清单工程量与定额工程量计算规则相同,均按设计图示尺寸以座凳面中心线长度计算。

106. 什么是竹制飞来椅?

竹制飞来椅是由竹材加工制作而成的座椅。

竹制飞来椅防护材料:

(1)在竹材表面涂刷生漆、铝质厚漆等可防水。

(2)用30号石油沥青或煤焦油,加热涂刷竹材表面,可起防虫蛀的功效。

(3)配制氟硅酸钠、氨水和水的混合剂,每隔1h涂刷竹材一次,共涂刷三次,或将竹材浸渍于此混合剂中,可起防腐之效。

107. 什么是桌凳?

桌凳在园林中指园桌和园凳,是园林中必备的供游人休息、赏景之用的设施,一般把它布置在有景可赏、可安静休息的地方,或游人需要停留休息的地方。

园桌与园凳属于休息性的小品设施。在园林中,设置形式优美的坐凳具有舒适诱人的效果,丛林中巧置一组树桩凳或一组景石凳可以使人顿觉林间生机盎然,同时园桌和园凳的艺术造型也能装点园林。在园林中,在大树浓荫下,置石凳三两,长短随意,往往能变无组织的自然空间为有意境的庭园景色。

108. 园椅园凳的造型有哪些?

园椅园凳的造型:园椅、园凳常见的形式有直线型、曲线型、组合型和仿生模拟型。

直线型的园椅园凳适合于园林环境中的园路旁、水岸边、规整的草坪和几何形状的休息、集散广场边缘等大多数环境之中;曲线型的园椅园凳适合于环境自由,如园路的弯曲处、水湾旁、环形或圆形广场等地段;组合型和仿生模拟型园椅园凳适合于活动内容集中、游人多和儿童游戏场等环境的空间之中,以满足游人休息、观赏、儿童游戏等功能的要求。

109. 钢筋混凝土桌凳的结构有哪些?

钢筋混凝土桌凳具体的分类结构如下:

(1)方形钢筋混凝土桌构造(图6-20)。

(2)圆形钢筋混凝土桌构造(图6-21)。

(3)钢筋混凝土圆凳构造(图6-22)。

(4)钢筋混凝土条凳构造(图6-23)。

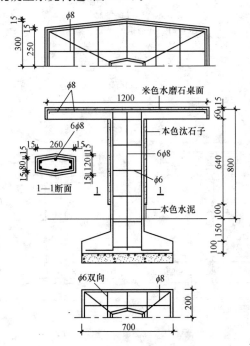

图6-20　方形钢筋混凝土桌结构

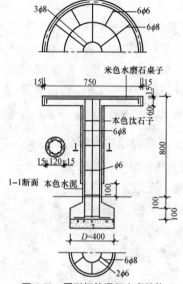

图 6-21 圆形钢筋混凝土桌结构

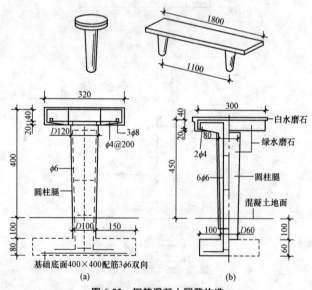

图 6-22 钢筋混凝土园凳构造
(a)混凝土面层圆凳;(b)水磨石面层圆凳

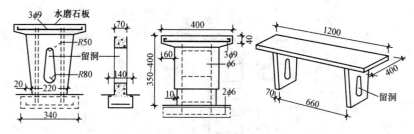

图 6-23 钢筋混凝土条凳构造

110. 怎样计算现浇混凝土凳工程量？

清单工程量计算规则：按设计图示数量计算。

定额工程量计算规则：按构件体积计算。

说明：1. 在计算桌凳所用混凝土工程量时，不用扣除其中钢筋的体积。

2. 基础是以支墩为准，其周边比支墩延长100mm。

3. 钢筋加工、制作按不同规格和不同的混凝土制作方法，分别按设计长度乘以理论质量以"t"计算。

【例 6-6】 如图 6-24 所示为公园里供游人休息的棋盘桌，设计要求规定桌子的面层材料为25mm厚白色水磨石面层，桌子面形状为正方形，桌子基础用80mm厚混合料，基础周边比支墩延长100mm，所用现浇钢筋的规格有 $\phi6$ 和 $\phi4$，试求桌子的工程量。

【解】 1. 清单工程量

现浇混凝土桌清单工程量见表 6-11。

表 6-11　　　　　　　　清单工程量计算表

序号	项目编码	项目名称	项目特征描述	计量单位	工程量
1	050304004002	现浇混凝土桌凳	桌子面层为25mm厚白色水磨石，基础用80mm厚混合料	个	1

2. 定额工程量

(1) 已知该桌子面层材料为白色水磨石，厚度为25mm。

工程量：桌面面积 $=0.8\times0.8=0.64\text{m}^2$

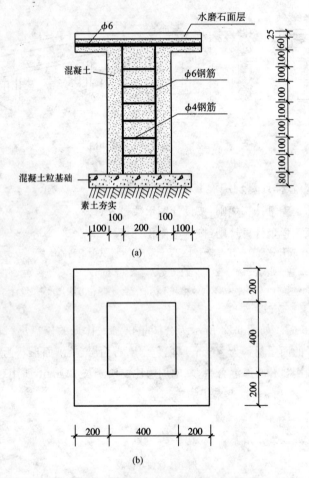

图 6-24 某公园现浇混凝土构造示意图
(a)剖面图；(b)平面图

(2)桌子的工程量：

1)桌面所用混凝土体积＋桌腿所用混凝土体积＝$0.8×0.8×0.06+0.4×0.4×0.7=0.15m^3$

2)该题中所用现浇钢筋规格有 $\phi6$ 和 $\phi4$，计算钢筋工程量就是求所用不同规格钢筋的质量之和。

已知 $r_{\phi4}=0.099kg/m$；$r_{\phi6}=0.222kg/m$

因此，$G_{\phi 6}=[(0.7+0.06-0.015)\times 2+0.8]\times 0.222/1000=2.29\times 0.222/1000=0.00051t$

$G_{\phi 4}=0.2\times 6\times 0.099/1000=0.00012t$

则该桌子共用钢筋工程量$=G_{\phi 6}+G_{\phi 4}=(0.00051+0.00012)=0.00063t$

3) 该题所给现浇混凝土桌凳用80mm厚混合料作基础垫层。

则桌子的混合料基础垫层体积$=0.6\times 0.6\times 0.08=0.029m^3$

111. 什么是预制混凝土桌凳？其工程量怎样计算？

预制混凝土桌凳指在施工现场安装之前，按照桌凳各部件相关尺寸，进行预先下料、加工和部件组合或在预制加工厂定购各种桌凳构件。

桌凳形状：可设计成方形、圆形、长方形等形状。

基础形状、尺寸、埋设深度：基础形状以支墩形状为准，基础的周边应比支墩延长100mm。基础埋设深度为180mm。

桌面形状、尺寸、支墩高度：方形桌面的边长设计成800mm，厚80mm，支墩高度为740mm，其中包括埋设深度120mm。

凳面尺寸、支墩高度：方形凳面边长为370mm，厚120mm，支墩高度为400mm，其中包括埋设深度120mm。

清单工程量计算规则：按设计图示数量计算。

定额工程量计算规则：按构件体积计算。

112. 石桌、石凳有哪些优点？怎样计算其工程量？

石桌、石凳与其他材料相比，石材质地硬，触感冰凉，且夏热、冬凉，不易加工。但耐久性非常好，可美化景观。另外，经过雕凿塑造的石凳也常被当做城市景观中的装点。

清单工程量计算规则：按设计图示数量计算。

定额工程量计算规则：按构件体积计算。

113. 庭院中石桌、石凳的布置应注意哪些问题？

(1) 整体布置要均匀、局部布置要集中。整体布置要疏密得当，避免有凳无人坐，有人无凳坐的情况出现，而在一些大的活动场所则应成组设置，便于人们活动和交流。

(2)石桌、石凳的布置要与植物栽植结合起来,理想的效果是夏季可遮阴,冬期可晒暖,因此,可考虑与落叶乔木搭配布置。

(3)石桌、石凳要避开楼房设置,防止阳台落物伤人。

(4)石桌、石凳可在庭院灯下布置,晚上人们可利用灯光读书看报。

(5)石桌、石凳要靠近园林甬道及活动场所的边角布置,不可阻碍行人。

(6)条凳布置应使人们坐上后,面向绿地而不是面向大路。

(7)石桌、石凳周围要布置果皮箱,因而草坪砖硬化区及不利于清洁的场所不宜布置石桌、石凳。

114. 什么是塑树根桌凳?怎样计算其工程量?

塑树根桌凳指在桌凳的主体构筑物外围,用钢筋、钢丝网作成树根的骨架,再仿照树根粉以水泥砂浆或麻刀灰的桌凳。

在公园、游园等的稀树草坪上,设一组仿树墩或自然石桌凳能透出一股自然、清新之气,桌凳与草地环境很好地融于一体,亲切而不别扭。

堆塑是指用带色水泥砂浆和金属铁杆等,依照树木花草的外形,制作出树皮、树根、树干、壁画、竹子等装饰品。

桌凳直径:塑树根桌凳的桌直径为 $R=350\sim400mm$,凳直径为 $R=150\sim200mm$。

清单工程量计算规则:按设计图示数量计算。

定额工程量计算规则:按构件体积计算。

115. 什么是塑树节椅?其工程量怎样计算?

塑树节椅指园林中的坐椅用水泥砂浆粉饰出树节外形,以配合园林景点的装饰的节椅。

清单工程量计算规则:按设计图示数量计算。

定额工程量计算规则:按构件体积计算。

116. 园林装饰工程工程量计算应注意哪些问题?

(1)抹灰厚度及砂浆种类,一般不得换算。

(2)抹灰不分等级,定额水平是根据园林建筑质量要求较高的情况综合考虑。

(3)阳台、雨篷抹灰定额内已包括底面抹灰及刷浆,不另行计算。

(4)凡室内净高超过 3.6m 以上的内檐装饰其所需脚手架,可另行计算。

(5)内檐墙面抹灰综合考虑了抹水泥窗台板,如设计要求做法与定额不同时可以换算。

(6)设计要求抹灰厚度与定额不同时,定额内砂浆体积应按比例调整,人工、机械不得调整。

117. 园林定额中,抹灰是否划分等级?是否可以换算?

园林定额中抹灰是不分等级的,定额水平已根据园林建筑质量要求较高的情况综合考虑编制预算时,均按定额执行,不得换算。

118. 园林定额中,是否可以对抹灰厚度及砂浆种类进行换算?

园林定额中抹灰厚度及砂浆种类,一般不得换算,如设计图纸对厚度与配合比有明确要求时,可以换算。

119. 计算水泥白石子浆工程量时应注意哪些问题?

园林定额中,计算水泥白石子浆时,如设计采用白水泥、色石子,可按定额配合比的数量换算。如用颜料时,颜料用量按石子浆水泥用量的8%计算。

120. 如何计算顶棚抹灰工程量?

(1)顶棚抹灰面积以主墙内的净空面积计算,不扣除间壁墙、垛、柱所占的面积,带有钢筋混凝土梁的顶棚,梁的两侧抹灰面积应并入顶棚抹灰工程量内计算。

(2)密肋梁和井字梁顶棚抹灰面积,以展开面积计算。

(3)檐口顶棚的抹灰并入相同的顶棚抹灰工程量内计算。

(4)有坡度及拱顶的顶棚抹灰面积。按展开面积以平方米计算。

121. 如何计算内墙抹灰工程量?

(1)内墙面抹灰面积。应扣除门、窗洞口和空圈所占的面积,不扣除踢脚线、挂镜线 $0.3m^2$ 以内的孔洞和墙与构件交接处的面积。洞口侧壁和顶面不增加,但垛的侧面抹灰应与内墙面抹灰工程量合并计算。

内墙面抹灰的长度以主墙间的图示净长尺寸计算,其高度确定如下:

1)无墙裙有踢脚板,其高度由地或楼面算至板或顶棚下皮。

2)有墙裙无踢脚板,其高度按墙裙顶点标至顶棚底面另增加 10cm 计算。

(2)内墙裙抹灰面积。以长度乘高度计算,应扣除门窗洞口和空圈所占面积,并增加窗洞口和空圈的侧壁和顶面的面积,垛的侧壁面积并入墙裙内计算。

(3)吊顶顶棚的内墙面抹灰。其高度自楼地面顶面至顶棚下另加 10cm 计算。

(4)墙中的梁、柱等的抹灰。按墙面抹灰定额计算,其突出墙面的梁、柱抹灰工程量按展开面积计算。

122. 如何计算外墙抹灰工程量?

(1)外墙抹灰。应扣除门、窗洞口和空圈所占的面积,不扣除 $0.3m^2$ 以内的孔洞面积。门窗洞口及空圈的侧壁、垛的侧面抹灰,并入相应的墙面抹灰中计算。

(2)外墙窗间墙抹灰。以展开面积按外墙抹灰相应定额计算。

(3)独立柱及单梁等抹灰。应另列项目,其工程量按结构设计尺寸断面计算。

(4)外墙裙抹灰。按展开面积计算,门口和空圈所占面积应予扣除,侧壁并入相应定额计算。

(5)阳台、雨篷抹灰。按水平投影面积计算,其中定额已包括底面、上面、侧面及牛腿的全部抹灰面积。但阳台的栏杆、栏板抹灰应另列项目,按相应定额计算。

(6)挑檐、天沟、腰线、栏杆扶手、门窗套、窗台线压顶等结构设计尺寸断面。以展开面积按相应定额以平方米计算。窗台线与腰线连接时,并入腰线内计算。

外窗台抹灰长度如设计图纸无规定时,可按窗外围宽度两边并加

20cm 计算,窗台展开宽度按 36cm 计算。

(7)水泥字。水泥字按个计算。

(8)栏板、遮阳板抹灰。以展开面积计算。

(9)水泥黑板,布告栏。按框外围面积计算,黑板边框抹灰及粉笔灰槽已考虑在定额内,不得另行计算。

(10)镶贴各种块料面层。均按设计图示尺寸以展开面积计算。

(11)池槽等。按图示尺寸展开面积以平方米计算。

123. 如何计算勾缝及墙面贴壁纸工程量?

(1)勾缝。按墙面垂直投影面积计算,应扣除墙面和墙裙抹灰面积,不扣除门窗套和腰线等零星抹灰及门窗洞口所占面积,但垛和门窗洞口侧壁和顶面的勾缝面积也不增加。独立柱,房上烟囱勾缝按图示外形尺寸以平方米计算。

(2)墙面贴壁纸。按图示尺寸的实铺面积计算。

124. 如何计算园林脚手架工程定额工程量?

(1)建筑物的檐高。应以设计室外地坪到檐口滴水的高度为准,如有女儿墙者,其高度算到女儿墙顶面,带挑檐者,其高度算到挑檐下皮,多跨建筑物如高度不同时,应分别不同高度计算。同一建筑物有不同结构时,应以建筑面积比重较大者为准,前后檐高度不同时,以较高的檐高为准。

(2)综合脚手架。按建筑面积以平方米计算。

(3)围墙脚手架。按里脚手架定额执行,其高度以自然地坪到围墙顶面,长度按围墙中心线计算,不扣除大门面积,也不另行增加独立门柱的脚手架。

(4)独立砖石柱的脚手架。按单排外脚手架定额执行,其工程量按柱截面的周长另加 3.6m,再乘柱高以平方米计算。

125. 不适合使用综合脚手架定额的建筑应如何计算脚手架工程量?

凡不适宜使用综合脚手架定额的建筑物,可按以下规定计算,执行单项脚手架定额。

(1)砌墙脚手架按墙面垂直投影面积计算。外墙脚手架长度按外墙外边线计算,内墙脚手架长度按内墙净长计算,高度按自然地坪到墙顶的总高计算。

(2)檐高 15m 以上的建筑物的外墙砌筑脚手架,一律按双排脚手架计算。

(3)檐高 15m 以内的建筑物,室内净高 4.5m 以内者,内外墙砌筑,均应按里脚手架计算。

126. 《北京市建筑工程预算定额》关于园林景观工程装饰及杂项工程的相关说明有哪些?

(1)《庭园工程》定额第八章"装饰及杂项工程"包括:装饰、杂项工程等 2 节共 49 个子目。

(2)定额中水刷石、干粘石、剁斧石等项目,分为普通水泥和白水泥两种作法,应根据设计要求执行相应定额子目。

(3)圆桌、圆凳安装项目是按工厂制成品、豆石混凝土基础、座浆安装编制的,如采用其他作法安装时,应另行计算。

(4)选洗石子,适用于建设单位指定采用外地卵石时,发生的人工选洗费用。

127. 怎样依据《北京市建筑工程预算定额》计算园林景观工程装饰及杂项工程工程量?

(1)水池、墙面和桥洞的各种抹灰,均按设计图示尺寸以平方米计算。

(2)各种建筑小品抹灰。

1)须弥座按垂直投影面积以平方米计算。

2)花架、花池、花坛、门窗框、灯座、栏杆、望柱、假山座、盘以及其他小品,均按设计图示尺寸以平方米计算。

(3)喷涂料,镶贴块料面层,按设计种类、图示尺寸以平方米计算。

(4)油漆。

1)绿地栏杆刷漆按栏杆的展开面积以平方米计算。钢花架及其他部件按其安装工程量以吨计算。木制花架按其设计图示尺寸以平方米计算。

2)抹灰面油漆及刷浆,按抹灰工程量以平方米计算。

(5)圆桌和圆凳安装及其基础以件计算。

(6)绿地栏杆,按设计图示高度以米计算;树池篦子,按设计图示尺寸以套计算。

(7)选洗石子以吨计算。

(8)找平层,分厚度按设计图示尺寸以平方米计算。

(9)豆石混凝土灌缝,按设计图示缝隙容积以立方米计算。

(10)卷材防水层,按设计图示面积乘以系数1.05,以平方米计算。

(11)油膏灌缝,按设计图示长度以米计算。

128.《北京市建筑工程预算定额》关于园林景观工程钢筋加工、脚手架等工程的相关说明有哪些?

(1)《庭园工程》定额第九章"构件运输、模板、钢筋加工及脚手架"包括:构件运输、模板、钢筋加工、脚手架等4节共43个子目。

(2)构件运输工程。

1)定额包括预制构件运输及金属结构运输。

2)定额适用于构件堆放场地或构件厂至施工现场的运输。

3)定额中混凝土构件适用于体积在 $0.1m^3$ 以内,长度在6m以内的小型构件运输;金属构件适用于钢柱、屋架、梁架、桁架的构件运输。

(3)模板。

1)模板包括:现浇混凝土模板、现场预制混凝土模板。

2)现浇混凝土模板是按园路模板、水池模板、花架模板、步桥模板编制的。步桥工程模板、桥基模板是按条形、杯形和独立基础综合编制的,若采用桩基础可另行计算。

3)现场预制混凝土模板综合了地模。

(4)钢筋加工、制作。

1)钢筋加工、制作包括现浇钢筋混凝土、现场预制钢筋混凝土构件的钢筋加工、制作。

2)钢筋加工、制作包括了2.5%的操作损耗。

3)钢筋连接:定额中 $\phi 10$ 以内的钢筋按手工绑扎编制;$\phi 10$ 以外的钢筋按焊接编制。

(5)脚手架工程。

1)脚手架包括围墙及木栅栏安装脚手架、桥身双排脚手架、满堂脚手架及假山脚手架等。

2)高度在 1.5m 以内的围墙和铁栅栏不得执行脚手架子目。

3)浇灌满堂基础垫层,宽度在 3m 以外或桥洞旋顶抹灰时执行满堂红脚手架子目。

4)假山脚手架只适用于假山工程所需脚手架,其人工费已包括在假山工程相应定额子目中。其余未列假山项目均不得计取脚手架费用。

129. 怎样依据《北京市建筑工程预算定额》计算园林景观工程钢筋加工、脚手架等工程工程量?

(1)构件运输。

1)预制混凝土构件按设计图示尺寸以立方米计算。

2)金属构件以吨计算。

(2)模板。模板工程量均按模板与混凝土的接触面积以平方米计算,不扣除柱与梁、梁与梁连接重叠部分的面积。

1)柱模板按柱周长乘以柱高以平方米计算。

2)梁檩按展开面积以平方米计算;当梁与柱连接时梁长算至柱侧面。

3)板的模板工程量按图示尺寸以平方米计算。

4)水池模板按其设计图示尺寸以平方米计算。

5)混凝土台阶(不包括梯带),按图示水平投影面积以平方米计算(台阶两端的挡土墙另行计算)。

(3)钢筋加工。钢筋加工、制作按不同规格和不同的混凝土制作方法分别按设计长度乘以理论质量以吨计算。

(4)脚手架工程。

1)围墙铁栅栏安装按设计长度以米计算。

2)桥身双排脚手架,根据桥身两侧河道宽度,乘以桥身平均高度(以河底海墁上皮算至桥面上皮)按垂直投影面积以平方米计算。

3)满堂红脚手架分高度按水平投影面积以平方米计算。

4)叠山、池山、盆景山、塑假山的脚手架,按外围水平投影最大矩形面积以平方米计算。

130. 怎样进行校正焊接?

构件在安装过程中可能会出现误差,如构件大小不合要求、构件结构松散等,必须通过焊接对其进行校正。

(1)焊接有氧乙炔焊和电弧焊,一般适用于不镀锌钢筋,很少用于镀锌钢管,因为焊接时镀锌层易破坏脱落加快锈蚀。

(2)气焊是利用氧气和乙炔气体混合燃烧所产生的高温火焰来熔接构件接头处。

(3)电弧焊是利用电弧把电能转化为热能,使焊条金属和母材熔化形成焊缝的一种焊接方法,电弧焊所用的电焊机分交流电焊机和直流电焊机两种,交流电焊机多用于碳素钢的焊接;直流电焊机多用于不锈耐酸钢和低合金钢的焊接。电弧焊所用的电焊机、电焊条品种规格很多,使用时要根据不同的情况进行适当的选择。

此外,还有氩弧焊,是用氩气作保护气体的一种焊接方法。在焊接过程中氩气在电弧周围形成气体保护层,使焊接部位、钨极端间和焊丝不与空气接触。由于氩气是惰性气体,它不与金属发生化学作用,因此,在焊接过程中焊件和焊丝中的合金元素不易损坏,又由于氩气不熔于金属,因此不产生气孔。由于它的这些特点,采用氩气焊接可以得到高质量的焊缝。

有些钢材焊接难度大,要求质量高,为了防止焊缝脊面产生氧化、穿瘤、气孔等缺陷,在氩弧焊打底焊接的同时,要求在管内充氩气保护。

131. 喷泉有哪些类型?

喷泉有很多种类,如图 6-25 所示,大体可以分为以下几种类型:

(1)普通装饰性喷泉:是由各种普通的水花图案组成的固定喷水型喷泉。其构造如图 6-25(a)所示。

(2)与雕塑结合的喷泉:喷泉的各种喷水花型与雕塑、水盘、观赏柱等共同组成景观。其构造如图6-25(b)所示。

(3)水雕塑:用人工或机械塑造出各种抽象的或具象的喷水水形,其水形呈某种艺术性"形体"的造型。其构造如图6-25(c)所示。

(4)自控喷泉:是利用各种电子技术,按设计程序来控制水、光、音、色的变化,从而形成变幻多姿的奇异水景。其构造如图6-25(d)所示。

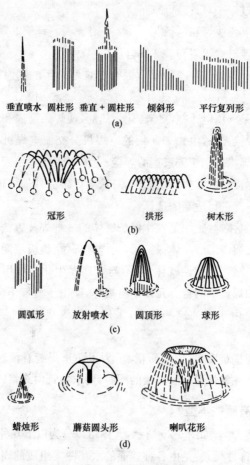

图6-25 常见喷泉类型

132. 如何确定喷泉的相关尺寸？

大型喷泉的合适视距为喷水高的 3.3 倍，小型喷泉的合适视距为喷水高的 3 倍；水平视域的合适视距为景宽的 1.2 倍。另外，也可用缩短视距，造成仰视的效果，强化喷水给人以高耸的感觉。

133. 如何选择喷头的类型？

喷头类型的选择要综合考虑喷泉造型要求、组合形式、控制方式、环境条件、水质状况及经济现状等因素。

134. 什么是雪松喷头？

雪松喷头是吸力喷头的一种，是利用喷嘴附近的水压差将空气和水吸入，待喷水与其混合喷出时，水柱膨大且含有大量小气泡，形成不同的白色带泡沫的不透明水柱。

135. 什么是喇叭花喷头？

喇叭花喷头是变形喷头的一种。在出水口的前面有一个可以调节的形状各异的反射器，当水流经过反射器时，迫使水流按预定角度喷出，起到造型作用。

136. 什么是三层水花喷头？

三层水花喷头是多孔喷头的一种，它由多个单射流喷嘴组成，也可在平面、曲面或半球形壳体上做成多个小孔眼作为喷头。

137. 什么是蒲公英喷头？

蒲公英喷头是通过一个圆球形外壳安装多个同心放射状短喷管，并在每个管端安置半球形喷头，喷水时能形成球状水花，如同蒲公英一样，美丽动人。

138. 什么是旋转喷头？

旋转喷头是利用压力将水送至喷头后，借助驱动孔的喷水，靠水的反推力带动回转器转动，使喷头不断地转动而形成欢乐愉快的水姿，并形成各种纽曲线型，飘逸荡漾，婀娜多姿。

139. 什么是扇形喷头？

扇形喷头的入水口与旋转联结轴连接，它能喷出扇形水膜，且常呈孔雀状造型。

140. 什么是直流式喷头？

直流式喷头使水流沿圆筒形或渐缩形喷嘴直接喷出，形成较长的水柱，是形成喷泉射流的喷头之一。这种喷头内腔类似于消防水枪形式，构造简单，造价低廉，应用广泛。如果制成球铰接合，还可调节喷射角度，称为"可转动喷头"。

141. 什么是旋流式喷头？

旋流式喷头由于离心作用使喷出的水流散射成蘑菇圆头形或喇叭花形。这种喷头有时也用于工业冷却水池中。旋流式喷头，也称"水雾喷头"，其构造复杂，加工较为困难，有时还可采用消防使用的水雾喷头代替。

142. 什么是环隙式喷头？

环隙式喷头的喷水口是环形缝隙，是形成水膜的一种喷头，可使水流喷成空心圆柱，使用较小水量获得较大的观赏效果。

143. 什么是散射式喷头？

散射式喷头使水流在喷嘴外经散射形成水膜，根据喷头散射体形状的不同可喷成各种形状的水膜，如牵牛花形、马蹄莲形、灯笼形、伞形等。

144. 什么是吸气（水）式喷头？

吸气（水）式喷头是可喷成冰塔形态的喷头。它利用喷嘴射流形成的负压，吸入大量空气或水，使喷出的水中掺气，增大水的表观流量和反光效果，形成白色粗大水柱，形似冰塔，非常壮观，景观效果很好。

145. 什么是组合喷头？

组合喷头也称复合型喷头，是由两种或两种以上喷水型各异的喷嘴，按造型需要组合成一个大喷头。

146. 如何确定喷头的实际扬程？

实际扬程＝工作压力＋吸水高度

147. 什么是水头损失？

水头损失指管道系统中损失的扬程。

148. 泵房的形式有哪些？

(1)地上式泵房。地上式泵房是指泵房主体建在地面之上，同一般房屋建筑，多为砖混结构。

(2)地下式泵房。地下式泵房是指泵房主体建在地面之下，同地下室建筑，多为砖混结构或钢筋混凝土结构，需做防水处理，避免地下水侵入。

(3)半地下式泵房。半地下式泵房是指泵房主体建在地下与地上之间，兼具地上式和地下式二者的特点。

149. 怎样对泵房内的管线进行安置？

泵房内，与水泵相连的管道有吸水管和出水管。出水管即喷水池与水泵间的管道，其作用是连接水泵至分水器之间的管道，设置闸阀。为了防止喷水池中的水倒流，需在出水管安装单向阀。分水器的作用是将出水管的压力水分成多个支路再由供水管送到喷水池中供喷水用。为了调节供水的水量和水压，应在每条供水管上安装闸阀。北方地区，为了防止管道受冻坏，当喷泉停止运行时，必须将供水管内存的水排空。方法是在泵房内供水管最低处设置回水管，接入房内下水池中排除，以截止阀控制。

150. 在进行泵房管线布置时应注意哪些问题？

(1)动力机械选择：目前最常用的动力机械是电动机。

(2)管线布置:为了保证喷泉安全可靠地运行,泵房内的各种管线应布置合理、调控有效、操作方便、易于管理。

(3)此外泵房内还应设置供电及电气控制系统,保证水泵、灯具和音响的正常工作。

151. 怎样进行喷泉管道布置?

(1)喷泉管道要根据实际情况布置。装饰性小型喷泉,其管道可直接埋入土中,或用山石、矮灌木遮盖。大型喷泉,分主管和次管,主管要敷设在可通行人的地沟中,为了便于维修应设检查井;次管直接置于水池内。管网布置应排列有序,整齐美观。

(2)环形管道最好采用十字形供水,组合式配水管宜用分水箱供水,其目的是要获得稳定等高的喷流。

(3)为了保持喷水池正常水位,水池要设溢水口。溢水口面积应是进水口面积的2倍,要在其外侧配备拦污栅,但不得安装阀门。溢水管要有3‰的顺坡,直接与泄水管连接。

(4)补给水管的作用是启动前的注水及弥补池水蒸发和喷射的损耗,以保证水池正常水位。补给水管与城市供水管相连,并安装阀门控制。

(5)泄水口要设于池底最低处,用于检修和定期换水时的排水。管径100mm或150mm,也可按计算确定,安装单向阀门,和公园水体和城市排水管网连接。

(6)连接喷头的水管不能有急剧变化,要求连接管至少有20倍其管径的长度。如果不能满足时,需安装整流器。

(7)喷泉所有的管线都要具有不小于2‰的坡度,便于停止使用时将水排空;所有管道均要进行防腐处理;管道接头要严密,安装必须牢固。

(8)管道安装完毕后,应认真检查并进行水压试验,保证管道安全,一切正常后再安装喷头。为了便于水型的调整,每个喷头都应安装阀门控制。

152. 怎样进行喷泉的日常管理？

(1) 喷水池清污。

(2) 喷头检测。

(3) 动力系统维护。

(4) 冬季温度过低,应及时将管网系统的水排空,避免积水结冰,冻裂水管。

(5) 喷泉管理应有专人负责,非管理人员不得随意开启喷泉。要制定喷泉管理制度和运行操作规程。

(6) 维护和检测过程中的各种原始资料要认真记录,并备案保存,为日后喷泉的管理提供经验材料。

153. 喷泉管道的固定方式有哪几种？

钢管的连接方式有螺纹连接、焊接和法兰连接三种。镀锌管必须用螺纹连接,多用于明装管道。焊接一般用于非镀锌钢管,多用于暗装管道。法兰连接一般用在连接阀门、止回阀、水泵、水表等处,以及需要经常拆卸检修的管段上。就管径而言,$DN < 100mm$ 时管道用螺纹连接;$DN > 100mm$ 时用法兰连接。

154. 喷泉常用的灯具有哪些形式？

喷泉常用的灯具,从外观和构造来分类,可以分为灯在水中露明的简易型灯具和密闭型灯具两种。

(1) 简易型灯具如图 6-26 所示。灯的颈部电线进口部分备有防水机构,使用的灯泡限定为反射型灯泡,而且设置地点也只限于人们不能进入的场所。其特点是采用小型灯具,容易安装。

(2) 密闭型灯具有多种光源的类型,而且每种灯具限定了所使用的灯。例如,有防护式柱形灯、反射型灯、汞灯、金属卤化物灯等光源的照明灯具等。一般密封型灯具如图 6-27 所示。

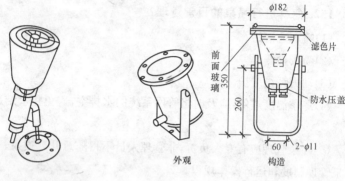

图 6-26 简易型照明器　　图 6-27 密封型照明器

155. 色彩照明灯具、滤色片有哪几种？

滤色片有固定式和变换式两种。

(1)固定式。固定式调光型照明器是将滤色片固定在前面的玻璃处；

(2)变换式。变换式调光型照明器的滤色片可以旋转，由一盏灯而使光色自动依次变化。水景照明中一般使用固定式滤色片的方式。

国产的封闭式灯具用无色的灯泡装入金属外壳，外罩采用不同颜色的耐热玻璃，而耐热玻璃与灯具间用密封橡胶圈密封，调换滤色玻璃片，可以得到红、黄、绿、蓝、无色透明五种色彩效果。

156. 对瀑布进行投光照明的方法有哪些？

(1)对于水流和瀑布，灯具应装在水流下落处的底部。

(2)输出光通应取决于瀑布的落差和与流量成正比的下落水层的厚度，还取决于流出口的形状所造成水流的散开程度。

(3)对于流速比较缓慢，落差比较小的阶梯式水流，每一阶梯底部必须装有照明。线状光源(荧光灯、线状的卤素白炽灯等)最适合于这类情形。

(4)由于下落水的重量与冲击力，可能冲坏投光灯具的调节角度和排列，所以必须牢固地将灯具固定在水槽的墙壁上或加重灯具。

(5)具有变色程序的动感照明,可以产生一种固定的水流效果,也可以产生变化的水流效果。

157. 怎样计算水下艺术装饰灯具工程量？

清单工程量与定额工程量计算规则相同,均按设计图示数量计算。

158. 常用的电力电缆有哪几类？

在电力系统中,电缆的种类很多,常用的有电力电缆和控制电缆两大类。

(1)电力电缆。

1)135℃辐照交联低烟无卤阻燃聚乙烯绝缘电缆。该电缆导体允许长期最高工作温度不大于135℃,当电源发生短路时,电缆温度升至280℃时,可持续时间达5min。电缆敷设时环境温度最低不能低于-40℃,施工时应注意电缆弯曲半径,一般不应小于电缆直径的15倍。

2)辐照交联低烟无卤阻燃聚乙烯电力电缆。该电缆导体允许长期最高工作温度不大于135℃,当电源发生短路时,电缆温度升至280℃时,可持续时间达5min。电缆敷设时环境温度最低不能低于-40℃。施工时要注意单芯电缆弯曲应大于等于20倍电缆外径,多芯电缆应大于等于15倍电缆外径。

(2)控制电缆。辐照交联低烟无卤阻燃聚乙烯控制电缆,该电缆导体允许长期工作温度不大于135℃,当电源发生短路时,电缆温度升至280℃时可持续时间达5min。电缆敷设时,环境温度最低不能低于-40℃。其弯曲最小半径为电缆直径10倍。

159. 什么是喷泉电缆？其工程量怎样计算？

喷泉电缆指在喷泉正常使用时,用来传导电流,提供电能的设备,清单工程量与定额工程量计算规则相同,均按设计图示尺寸的长度计算。

160. 喷泉电缆的品种及规格有哪些？

钢管电缆管的内径应不小于电缆外径的1.5倍,其他材料的保护管内径应不小于1.5倍再加100mm。保护钢管的管口应无毛刺和尖锐棱角,管口宜作成喇叭形;外表涂防腐漆或沥青,镀锌钢管锌层剥落处也应涂防腐漆。

161. 配电箱有哪些形式?

配电箱有照明用配电箱和动力配电箱之分。进户线至室内后先经总闸刀开关,然后再分支分路负荷。总刀开关、分支刀开关和熔断器等装在一起就称为配电箱。

电力配电箱型号很多,XL-3型、XL-4型、XL-10型、XL-11型、XL-12型、XL-14型和XL-15型均属于老产品,但目前仍在继续生产和使用,其型号含义如下:

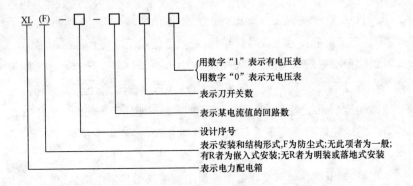

XL(R)-20型、XL-21型是新产品电力配电箱。

XL(R)-20型电力配电箱,有嵌入式和挂墙式两种。箱体用薄钢板弯制焊接成封闭型,配电箱的主要部分有箱、面板、自动开关、母线及台架等。面板可自由拆下,面板上开有小门。自动开关装在台架上,进出线在箱的上下部。配电箱对所控制的线路有过载及短路保护作用。

XL-21型电力配电箱用钢板弯制焊接而成。配电箱为单扇左手门,刀开关操作手柄装在箱前右柱上部,门上装有测量仪表,操作和信号电器。门打开后,全部电器敞露,便于检修维护。

162. 电气控制柜基础型钢安装有哪些要求？

(1)预制加工基础型钢架。型钢的型号、规格应符合设计要求。按施工图纸要求进行下料和调查后，组装加工成基础型钢架，并应刷好防锈涂料。

(2)基础型钢架安装。按测量放线确定的位置，将已预制好的基础型钢架稳放在预埋铁件上，用水准仪或水平尺找平、找正。找平过程中，需用垫铁垫平，但每组垫铁不得超过3块。然后，将基础型钢架、预埋件、垫铁用电焊焊牢。基础型钢架的顶部应高出地面10mm。

(3)基础型钢架与地线连接。将引进室内的地线扁钢，与型钢结构基架的两端焊牢，焊接面为扁钢宽度的两倍。然后，将基础型钢架涂刷两道灰色油性涂料。

163. 柜盘就位的操作步骤是怎样的？

(1)运输。通常应清理干净，保证平整畅通。水平运输应由起重工作业、电工配合。应根据设备实体采用合适的运输方法，确保设备安全到位。

(2)就位。首先，应严格控制设备的吊点，柜(盘)顶部有吊环者，应充分利用吊环将吊索穿入吊环内。无吊环者，应将吊索挂在四角的主要承重结构处。然后，试吊检查受力吊索力的分布是否均匀一致，以防柜体受力不均产生变形或损坏部件。起吊后必须保证柜体平稳、安全、准确就位。

(3)应按施工图纸的布局，按顺序将柜坐落在基础型钢架上。

(4)柜(盘)就位，找正、找平后，应将柜体与柜体、柜体与侧挡板均用镀锌螺丝连接。

164. 怎样计算喷泉管道安装工程量？

清单工程量与定额工程量计算规则相同，均按设计图示管道中心长度以米计算，不扣除阀门、管件及附件所占的长度。

165. 喷泉工程定额工程量计算应注意哪些问题?

(1)管道项目适用于单件重量为 100kg 以内的制作与安装,并包括所需的螺栓、螺母本身价格。木垫式管架,不包括木垫重量,但木垫的安装工料已包括在定额内。弹簧式管架,不包括弹簧本身,其本身价格另行计算。管道支架按管架形式以吨计算。

(2)管道煨弯,公称直径在 50mm 以下的已包括在管道安装相应定额子目内,公称直径在 50mm 以上管道煨弯按相应定额子目执行。管道煨弯以个计算。

(3)喷泉给水管道安装、阀门安装、水泵安装等给水工程,按设计要求,执行《庭园工程定额》第五册"给排水、采暖、燃气工程"定额。

(4)雾喷喷头安装套用庭园工程喷泉喷头安装子目,以套为单位计算。

(5)绿化中喷灌喷头的类型:按工作压力分,有微压、低压、中压、高压喷头;按结构形式和喷洒特性分,有旋转式、固定式和喷洒孔管。工程量以个为单位进行计算。

(6)铁件刷油工程量以公斤计算。

(7)UPVC 给水管固筑包括现场清理、混凝土搅拌、巩固保护等。管道加固后可减少喷灌系统在启动、关闭或运行时产生的水锤和振动作用,增加管网系统的安全性。其工程量按照 UPVC 不同管径以处为单位计算。

(8)铰接头作用是当管径较大,可将锁死螺母改为尘兰盘,采用金属加工制成。其工程量按不同管径以个为单位计算。

166.《北京市建筑工程预算定额》关于园林景观工程喷泉安装的相关说明有哪些?

(1)《庭园工程》定额第五章"喷泉安装"包括:管道煨弯、管架制作与安装、喷泉喷头安装、水泵保护罩制作安装等 4 节共 28 个子目。

(2)喷泉工程是指在庭园、广场、景点的喷泉安装,不包括水型的调试费和程序控制费用。

(3)管道煨弯,公称直径在 50mm 以下的已包括在管道安装相应定额子目内,公称直径在 50mm 以上管道煨弯按《庭园工程》定额第五章喷泉安装相应定额子目执行。

(4)管架项目适用于单件质量为 100kg 以内的制作与安装,并包括所需的螺栓、螺母本身价格。木垫式管架,不包括木垫重量,但木垫的安装工料已包括在定额内。弹簧式管架,不包括弹簧本身,其本身价格另行计算。

(5)喷头安装是按一般常用品种规格编制的,如与定额项目不同时,可另行计算。

(6)喷泉给水管道安装、阀门安装、水泵安装等给水工程,按设计要求,执行《北京市建设工程预算定额》第五册《采暖、组排水、燃气工程》定额;电缆敷设、电气控制系统、灯具安装等电气安装,执行《北京市建设工程预算定额》第四册《电气工程》定额。

167. 怎样依据《北京市建筑工程预算定额》计算园林景观工程喷泉安装工程量?

(1)管道煨弯以个计算。

(2)管道支架按管架型式以吨计算。

(3)喷头安装按不同种类、型号以个计算。

(4)水泵网安装按不同规格以个计算。

168. 什么是路灯?

路灯是城市环境中反映道路特征的照明装置,它排列于城市广场、街道、高速公路、住宅区以及园林绿地中的主干园路旁,为夜晚交通提供照明之便。路灯在园林照明中设置最广、数量最多,在园林环境空间中作为重要的分划和引导因素,是景观设计中应该特别关注的内容。

路灯主要由光源、灯具、灯柱、基座、基础五部分组成。由于路灯所处的环境不同,对照明方式以及灯具、灯柱和基座的造型、布置等也应提出不同的综合要求。

169. 什么是草坪灯？

草坪灯是专门为草坪、花丛、小径旁而设计的灯具，造型不拘一格、独特新颖、丰富多彩，是理想的草坪点缀装饰精品。

170. 地灯具有哪些特点？适用于哪些部位？

在现代园林中经常采用一种地灯，一般很隐蔽，只能看到所照之景物。此类灯多设在蹬道石阶旁和盛开的鲜花旁和草地中，也可设在公园小径、居民区散步小路、梯级照明、矮树下、喷泉内等地方，安排十分巧妙。地灯属加压水密型灯具，具有良好的引导性及照明特性，可安装于车辆通道、步行街。灯具以密封式设计，除了有防水、防尘功能外，也能避免水分凝结于内部，确保产品可靠和耐用。

171. 庭园灯具有哪些特点？

庭园灯灯具外形优美，气质典雅，加之维修简便，容易更换光源，既实用又美观。特别适合于庭院、休息走廊、公园等地方使用。

172. 广场灯应怎样设置？

广场往往是人们聚集的地方，也是人们休息、游赏城市风景的地方，为使广场有效利用，最好采用高杆灯照明，灯的位置躲避开中央，以免影响集会。为了视觉效果清晰，除了保证良好的照明度和照明分布外，最好选用显色性良好的光源。以休息为主的广场，用暖色调的灯具为宜，另外，为方便维修和节能，可选用荧光灯或汞灯。

173. 旗帜的照明灯具安装应注意哪些问题？

(1)由于旗帜会随风飘动，应该始终采用直接向上的照明，以避免眩光。

(2)对于装在大楼顶上的一面独立的旗帜，在屋顶上布置一圈投光灯具，圈的大小是旗帜能达到的极限位置。将灯具向上瞄准，并略微向旗帜倾斜。根据旗帜的大小及旗杆的高度，可以用3～8只宽光束投光灯照明。

(3)当旗帜插在一个斜的旗杆上时,从旗杆两边低于旗帜最低点的平面上分别安装两只投光灯具,这个最低点是在无风情况下来确定的。

(4)当只有一面旗帜装在旗杆上,也可以在旗杆上装一圈 PAR 密封型光束灯具。为了减少眩光,这种灯组成的圆环离地至少 2.5m 高,并为了避免烧坏旗帜布料,在无风时,圆环离垂挂的旗帜下面至少有 40cm。

(5)对于多面旗帜分别升在旗杆顶上的情况,可以用密封光束灯分别装在地面上进行照明。为了照亮所有的旗帜,不论旗帜飘向哪一方向,灯具的数量和安装位置取决于所有旗帜覆盖的空间。

174. 什么是塑仿石音箱?其清单工程内容包括哪些?

塑仿石音箱指用带色水泥砂浆和金属铁件等,仿照石料外形,制作出音箱。其既具有使用功能,又具有装饰作用。

工程内容包括:①胎模制作、安装;②铁丝网制作、安装;③砂浆制作、运输、养护;④喷水泥漆;⑤埋置仿石音箱。

175. 什么是塑树皮梁、柱?其工程量怎样计算?

塑树皮梁、柱是指梁、柱用水泥砂浆粉饰出树皮外形,以配合园林景点的装饰工艺。

塑树的种类:园林中,一般梁、柱的塑树种类通常是松树类和杉树类。

塑树皮梁、柱工程量计算按以下规定进行:

清单工程量计算规则:按设计图示尺寸以梁柱外表面积计算或以构件长度计算。

定额工程量计算规则:砌筑花架按体积计算。

176. 什么是塑竹梁、柱?其工程量怎样计算?

塑竹是围墙、竹篱上所常用的装饰物,用角铁做心,水泥砂浆塑面,做出竹节,然后与主体构筑物固定。塑竹梁、柱即为梁、柱的主体构筑物以塑竹装饰的构件。

塑竹梁、柱的塑竹种类有毛竹、黄金间碧竹等。

塑树梁、柱工程量计算规则同塑树皮梁、柱计算规则。

177. 什么是花坛铁艺栏杆？其工程量怎样计算？

花坛实际上是用来种花的种植床，不过它不同于苗圃的种植床，它具有一定的几何形状，一般有方形、长方形、圆形、梅花形等，具有较高的装饰性和观赏价值。花坛一般宜设在空间开阔的视轴上或视线焦点处，高度要在人的视平线以下，可布置成花丛状或模纹状，全部种花或花与草、地被、灌木等结合。要注意层次分明，色彩对比或调和，并与周围的环境、色彩相协调。建成后还需长期养护管理。

清单工程量与定额工程量计算规则相同，均按设计图示尺寸以长度计算。

178. 如何确定栏杆的高度？

栏杆不能简单地以高度来适应管理上的要求，要因地制宜，考虑功能的要求。

(1)悬岩峭壁、洞口、陡坡、险滩等处的防护栏杆的高度一般为1.1～1.2m，栏杆格栅的间距要小于12cm，其构造应粗壮、坚实。

(2)设在花坛、小水池、草坪边以及道路绿化带边缘的装饰性镶边栏杆的高度为15～30cm，其造型应纤细、轻巧、简洁、大方。

(3)台阶、坡地的一般防护栏杆、扶手栏杆的高度常在90cm左右。

(4)坐凳式栏杆、靠背式栏杆，常与建筑物相结合设于墙柱之间或桥边、池畔等处。既可起围护作用，又可供游人休息使用。

(5)用于分隔空间的栏杆要求轻巧空透、装饰性强，其高度视不同环境的需要而定。

179. 标志牌有哪些作用？

标志牌具有接近群众、占地少、变化多、造价低等特点。除其本身的功能外，它还以其优美的造型、灵活的布局装点美化园林环境。标志牌宜选在人流量大的地段以及游人聚集、停留、休息的处所。如园林绿地及各种小广场的周边及道路的两侧等地。也可结合建筑、游廊、园墙等设置，若在人流量大的地段设置，为避免互相干扰，其位置应尽可能避开人流路线。

180. 标志牌的制作材料有哪些？

标志牌的制作材料，为了耐久常选用花岗岩类天然石、不锈钢、铝、红杉类坚固耐用木材、瓷砖、丙烯板等。

181. 标志的色彩及造型设计有哪些？

标志的色彩、造型设计应充分考虑其所在地区、建筑和环境景观的需要。同时，选择符合其功能并醒目的尺寸、形式、色彩。而色彩的选择，只要确定了主题色调和图形，将背景颜色统一，通过主题色和背景颜色的变化搭配，突出其功能即可。

182. 怎样进行雕刻？

雕刻要根据不同的部位选择不同的工具。雕刻前，首先应把需用的工具准备好，并放在手边专用箱内。再检查砖的干燥程度，使用的砖必须干燥充分，如果比较潮湿，不易雕刻，而且雕刻时易松酥掉块。刻字及浮雕比较简单容易。浅雕及深雕必须认真细致，应先凿后刻，先直后斜，再铲、剐、刮平，用刀之手要放低，并以无名指接触砖面掌握力度。锤子下敲时要轻，用力要均匀，先画线凿出一条刀路之后，刀子方可放斜再边凿边铲。雕凿工作是细致的工作，切忌操之过急，应一层层一片片地由浅入深进行，不能急于求成。

183. 什么是石浮雕？

石浮雕是雕塑的一种，浮雕是在石头上进行雕刻，在平面石料上雕出凹凸起伏的形象的雕塑，可以表现出物体的立体感，只有石头本身的颜色。

184. 石浮雕的种类有哪些？

石浮雕一般分为四类，《营造法式》称为素平、减地平级、压地起隐、剔地起突。

(1)素平是指对石面不做任何雕饰，只按使用位置和要求做适当处理的一种类型。

(2)减地平级:"减地"是指将花纹以外的部分减去一层;"平级"是指在平面上雕刻花纹。减地平级是指在石面上雕刻花纹,并将花纹以外的石面浅浅剔去一层,让花纹部分有所突现,即"平浮雕"。

(3)压地起隐:"压地"即指降低,将图案以外的部分凿去,让图案部分凸起。"起隐"指将图案中雕刻的花纹隐隐突现出来,即"浅浮雕"。

(4)剔地起突:剔地起突是指将图案以外的部分剔凿得更深,让图案部分很明显地突出,并使图案部分的花纹通过深浅雕刻突现立体感,即"高浮雕"。

185. 浮雕的形式有哪些?

依照表面凸出厚度的不同,分为高浮雕、浅浮雕、线刻、镂空雕等几种形式。

(1)高浮雕是指压缩小,起伏大,接近圆雕,甚至半圆雕的一种形式,这种浮雕明暗对比强烈,视觉效果突出。

(2)浅浮雕压缩大,起伏小,它既保持了一种建筑式的平面性,又具有一定的体量感和起伏感。

(3)线刻是绘画与雕塑的结合,它靠光影产生,以光代笔,甚至还有一些微妙的起伏,给人一种淡雅含蓄的感觉。

(4)镂空雕是把所谓的浮雕的底板去掉,从而产生一种变化多端的负空间,并使负空间与正空间的轮廓线有一种相互转换的节奏。这种手法过去常用于门窗栏杆家具上,有的可供两面观赏。

186. 雕塑石料的种类有哪些?

雕塑中常用的石料为大理石、青石、花岗石、砂石等。石料质感自然,且能长期保存,是雕塑的主要用材。因石雕品种繁多,色泽纹理绚丽多彩,与天空地貌融为一体,材料质感和景物协调一致,能给人以崇高和美的自然享受。

(1)花岗岩是最常用的材料,也是最坚固的材料之一,密度为 $2500\sim2700 kg/m^3$,抗压强度为 $1200\sim2500 kgf/cm^2$,耐候性好,使用年限长。花岗岩是由石英、长石和云母三种造岩矿物组成的,因而它具有很好的色泽。而且造价相对便宜,切割方便。

(2)大理石质地华美,颜色丰富多样,是营建雕塑的重要材料,但有些大理石不能用于室外,因为极易受雨侵蚀、风化剥落。

(3)砂石也是可以用于室外雕塑的一种天然石料,但这种材料耐风化能力差别较大,含硅质砂岩耐久性强。

187. 什么是石镌字?

石镌字即指在方形或矩形的石构件上面刻字称。镌字分阴文凹字和阳文凸字。阴文凹字是在石面上剔凿出凹字体;阳文凸字是剔去字体以外部分,让字体突现出来。

镌字的种类、规格:碑镌字分阴文(凹字)和阳文(凸字)两种,阴文(凹字)按字体大小分为 $50cm \times 50cm$、$30cm \times 30cm$、$15cm \times 15cm$、$10cm \times 10cm$、$5cm \times 5cm$ 五个规格。阳文(凸字)按字体大小分为:$50cm \times 50cm$、$30cm \times 30cm$、$15cm \times 15cm$、$10cm \times 10cm$ 四个规格。

188. 什么是砖石砌小摆设?其工程量怎样计算?

砖石砌小摆设是指用砖石材料砌筑各种仿匾额、花瓶、花盆、石鼓、坐凳及小型水盆、花坛池、花架的制作。

清单工程量计算规则:按设计图示尺寸以体积计算或以数量计算。

定额工程量计算规则:按设计图示尺寸以体积计算。

189. 花架在园林工程中与亭、廊有何异同?

花架在造园设计中往往具有亭、廊的作用,作长线布置时,就像游廊一样能发挥建筑空间的脉络作用,形成导游路线;也可以用来划分空间增加风景的深度。作点状布置时,就像亭子一般,形成观赏点,并可以在此组织对环境景色的观赏。

花架又不同于亭、廊,空间更为通透,特别由于绿色植物及花果自由地攀绕和悬挂,更添一番生气。花架在现代园林中除供植物攀缘外,有时也取其形式轻盈以点缀园林建筑的某些墙段或檐头,使之更加活泼和具有园林的性格。

190. 园林满堂脚手架及悬空脚手架工程量计算应注意哪些问题？

(1)满堂脚手架及悬空脚手架，其面积按需搭设脚手架的水平投影面积计算，不扣除垛、柱等所占的面积。满堂脚手架的高度以室内地坪至天棚面或屋面的底层为准，斜天棚或坡屋面的底部按平均高度计算。

(2)檐口超过3.6m时，安装古建筑的立柱、梁架、木基层、挑檐，按屋面投影面积计算满堂脚手架一次；檐口在3.6m以内时，不计算脚手架。但檐高在3.6m以内的戗(翼)角安装，戗(翼)角部分的投影面积计算一次满堂脚手架。

191. 油漆脚手架费用计算应注意哪些问题？

园林定额中，油漆工程室内净高3.6m以内的屋面板下、楼梯板下的油漆、刷浆的脚手架费已包括在定额内；超过3.6m时，计算一次悬空脚手架费用；墙面油漆、刷浆无脚手架利用时，每10m^2 油漆、刷浆面积计算2.38元脚手架费用。

192. 花坛有哪些基本类型？

花坛主要有盛花花坛(或叫花丛式花坛)、模纹花坛(包括毛毡花坛、浮雕式花坛等)、标题式花坛(包括文字标语花坛、图徽花坛、肖像花坛等)、立体模型式花坛(包括日晷花坛、时钟花坛及模拟多种立体物象的花坛)等四种基本类型。

193. 怎样进行果皮箱设置？

果皮箱安放的位置和数量，要与游客分布的密度对应。安放的距离一般不宜超过50～70m。即每公顷不少于2～3个。距建筑物的门、窗应不小于10m，并与园椅保持适当的距离。

194. 果皮箱的设置应注意哪些问题？

(1)果皮箱应设在路边、休憩区、小卖店附近等处，设在游客恰好有垃圾可投入的地方。果皮箱的位置应明显而又不过于突出。同时要考虑清洗时交通方便。

(2)果皮箱可以用金属、塑料、陶瓷等材料制成,其造型要简朴、美观、要坚固结实,要与环境相协调。

(3)果皮箱的设计应不灌水、不渗水,应便于移动、倒空与清洗,为此果皮箱多做成圆形,其上部可略为扩大,果皮箱的投物口不可太小,以使投物方便。

195. 如何确定果皮箱的容量?

果皮箱的容量,应根据垃圾量、果皮箱的数量和每天清洗的次数来决定。目前,我国市级公园的垃圾量可以以每位游客日垃圾积存量为 0.1~0.2kg 计算。每个果皮箱的容量多为 40~80L(0.04~0.08m^3,每升垃圾重量约为 0.5kg),垃圾箱的充满度为 0.85~0.9。一般垃圾积存量不均衡系数为 1.25,或按照大公园每 150 位游客设一个垃圾箱,小公园每 300 位游客设一个垃圾箱。

第七章
·园林绿化工程招投标·

1. 什么是招标？

工程招标是指招标人在发包项目之前，按照法定程序，以公开招标或邀请招标的方式，鼓励投标人按照招标文件参与竞争，通过评定，从中择优选定中标人的一种经济活动。

2. 园林绿化工程招标按工程承包范围可分为哪几类？

(1)园林项目总承包招标。

1)园林绿化工程项目实施阶段全过程招标。其是在设计任务书已经审完，从项目勘察、设计到交付使用进行一次性招标。

2)园林绿化工程项目全过程招标。其是从项目的可行性研究到交付使用进行一次性招标，业主提供项目投资和使用要求及竣工、交付使用期限。

(2)园林专项工程承包招标。园林专项工程承包招标是指在园林绿化工程承包招标中，对其中某项比较复杂或专业性强，施工和制作要求特殊的单项工程，可以单独进行招标。

3. 园林绿化工程招标按工程项目建设可分为哪几类？

(1)园林绿化工程项目开发招标。园林绿化工程项目开发招标是建设单位(业主)邀请工程咨询单位对建设项目进行可行性研究，其"标的物"是可行性研究报告。中标的工程咨询单位必须对自己提供的研究成果认真负责，可行性研究报告应得到建设单位认可。

(2)园林绿化工程勘察设计招标。园林绿化工程勘察设计招标是指招标单位就拟建园林绿化工程勘察和设计任务发布通告，以法定方式吸引勘察单位或设计单位参加竞争,经招标单位审查获得投标资格的勘察、设计单位,按照招标文件的要求,在规定的时间内向招标单位填报投标书,招标单位从中择优确定中标单位完成工程勘察或设计任务。

(3)园林绿化工程施工招标。园林绿化工程施工招标是针对园林绿化工程施工阶段的全部工作开展的招标,根据园林绿化工程施工范围大小及专业的不同,可分为全部工程招标、单项工程招标和专业工程招标等。

4. 园林绿化工程招标按建设项目的构成可分成哪几类?

(1)全部园林绿化工程招标。全部园林绿化工程招标,是指对园林绿化工程建设项目的全部工程进行的招标。

(2)单项工程招标。单项工程招标,是指对园林绿化工程建设项目中所包含的若干单项工程进行的招标。

(3)单位工程招标。单位工程招标,是指对一个园林单项工程所包含的若干单位工程进行的招标。

(4)分部工程招标。分部工程招标,是指对一个园林单位工程所包含的若干分部工程进行的招标。

(5)分项工程招标。分项工程招标,是指对一个园林分部工程所包含的若干分项工程进行的招标。

5. 园林绿化工程招标建设单位应具备的条件有哪些?

(1)招标单位是法人或依法成立的其他组织;有与招标工程相适应的经济、技术、管理人员,其是对招标单位资格的规定。

(2)有组织招标文件的能力。

(3)有审查投标单位资质的能力。

(4)有组织开标、评标、定标的能力。

6. 园林绿化工程招标工程项目单位应具备的条件有哪些?

(1)概算已获批准。

(2)建设项目已经正式列入国家、部门或地方的年度固定资产投资计划。

(3) 建设用地的征用工作已经完成。

(4) 有能够满足施工需要的施工图纸及技术资料。

(5) 建设资金和主要建筑材料、设备的来源已经落实。

(6) 已经建设项目所在地规划部门批准,施工现场"三通一平"已经完成或一并列入施工招标范围。

7. 什么是公开招标?

公开招标是指招标人在指定的报刊、电子网络或其他媒体上发布招标公告,吸引众多的投标人参加投标竞争,招标人从中择优选择中标单位的招标方式。公开招标是一种无限制的竞争方式,按竞争程度又可以分为国际竞争性招标和国内竞争性招标。

公开招标的特点是可为所有的承包商提供一个平等竞争的机会,而发包方有较大的选择余地,有利于降低工程造价、提高工程质量和缩短工期。但由于参与竞争的承包商可能很多,增加资格预审和评标的工作量,也有可能出现故意压低投标报价的投机承包商以低价挤掉对报价严肃认真而报价较高的承包商。由此发包方要加强资格预审,认真评标。

8. 什么是邀请招标?

邀请招标是指招标人以投标邀请书的方式邀请特定的法人或者其他组织投标,选择一定数目的法人或其他组织(不少于三家)。

邀请招标的特点是经过选择的投标单位在施工经验、技术力量、经济和信誉上都比较可靠,能保证进度和质量要求。此外,由于参加投标的承包商数量少,因而招标时间相对缩短,招标费用也较少。

由于邀请招标在价格、竞争的公平性方面仍存在一些不足之处,因此《招标投标法》规定,国家重点项目和省、自治区、直辖市的地方重点项目不宜进行公开招标的,经过批准后可以进行邀请招标。

9. 邀请招标与公开招标有何区别？

公开招标与邀请招标在招标程序上的主要区别见表7-1。

表7-1　　公开招标与邀请招标在程序上的主要区别

序号	名称	公开招标	邀请招标
1	招标信息的发布方式	公开招标是利用招标公告发布招标信息	邀请招标是采用向三家以上具备实施能力的投标人发出投标邀请书，请他们参与投标竞争
2	资格预审的时间	公开招标时，由于投标响应者较多，为保证投标人具备相应的实施能力，以及缩短评标的时间，突出投标的竞争性，通常设置资格预审程序	邀请招标由于竞争范围小，且招标人对邀请对象的能力有所了解，不需进行资格预审，但评标阶段还要对各投标人的资格和能力进行审查和比较，通常称为"资格后审"
3	邀请的对象	公开招标向不特定的法人或其他组织邀请投标	邀请招标邀请的是特定的法人或者其他组织

10. 园林绿化工程的招标程序是怎样的？

园林绿化工程招标，一般应遵循以下程序：

(1) 招标单位自行办理招标事宜的，应当建立专门的招标工作机构。

(2) 招标单位在发布招标公告或发出投标邀请书的5天前，向工程所在地县级以上地方人民政府建设行政主管部门备案。

(3) 准备招标文件和标底，报建设行政主管部门审核或备案。

(4) 发布招标公告或发出投标邀请书。

(5) 投标单位申请投标。

(6) 招标单位审查申请投标单位的资格，并将审查结果通知申请投标单位。

(7) 向合格的投标单位分发招标文件。

(8) 组织投标单位踏勘现场,召开答疑会,解答投标单位就招标文件提出的问题。

(9) 建立评标组织,制定评标、定标办法。

(10) 召开开标会,当场开标。

(11) 组织评标,决定中标单位。

(12) 发出中标和未中标通知书,收回发给未中标单位的图纸和技术资料,退还投标保证金或保函。

(13) 招标单位与中标单位签订施工承包合同。

11. 我国招标工作机构的形式有哪些?

(1) 由招标人的基本建设主管部门(处、科、室、组)或实行建设项目业主责任制的业主单位负责有关招标的全部工作。

这些机构的工作人员一般是从各有关部门临时抽调的,项目建设成后往往转入生产或其他部门工作。

(2) 由政府主管部门设立"招标领导小组"或"招标办公室"之类的机构,统一处理招标工作。

(3) 招标代理机构,受招标人委托,组织招标活动。

招标代理机构与行政机关和其他国家机关不得存在隶属关系或其他利益关系。这种做法有利于保证招标质量,提高招标效益。

12. 工程量清单计价招标的工作程序是怎样的?

(1) 在招标准备阶段,招标人首先要编制或委托有资质的工程造价咨询单位(或招标代理机构)编制招标文件,包括工程量清单。在编制工程量清单时,若该工程为"全部使用国有资金投资或国有资金投资为主的大中型建设工程"应严格执行原建设部颁发的《计价规范》。

(2) 工程量清单编制完成后,应将其作为招标文件的一部分,发给各投标单位。投标单位在接到招标文件后,可对工程量清单进行简单复核,如果没有大的错误,即可考虑各种因素进行工程报价;如果投标单位发现工程量清单中的工程量与有关图纸的差异较大,可要求招标单位进行澄清,但投标单位不得擅自变动工程量。

(3)投标报价完成后,投标单位在约定的时间内提交投标文件。

(4)评标委员会根据招标文件确定的评标标准和方法进行评定标。由于采用了工程量清单计价方法,所有投标单位都站在同一起跑线上,因而竞争更为公平、合理。

13. 工程量清单计价招标的优点有哪些?

(1)为投标单位提供了公平竞争的基础。由于工程量清单作为招标文件的组成部分,包括了拟建工程的分部分项工程项目、措施项目、其他项目名称和相应数量的明细清单,由招标人负责统一提供,从而有效保证了投标单位竞争基础的一致性,减少了由于投标单位编制投标文件时出现的偶然性技术误差而导致投标失败的可能,充分体现了招投标公平竞争的原则。同时,由于工程量清单的统一提供,简化了投标报价的计算过程,节省了时间,减少不必要的重复劳动。

(2)体现企业自主性。采用工程量清单招标有利于"质"与"量"的结合,质量、造价、工期之间存在着必然的联系。投标企业报价时必须综合考虑招标文件规定完成工程量清单所需的全部费用,不仅要考虑工程本身的实际情况,还要求企业将进度、质量、工艺及管理技术等方案落实到清单项目报价中,在竞争中真正体现企业的综合实力。

(3)有利于风险合理分担。由于建设工程本身的特性,工程的不确定和变更因素多,工程建设的风险较大。采用工程量清单计价模式后,投标单位只对自己所报的成本、单价等负责,而对工程量的变更或计算错误等不负责任,因此由这部分引起的风险也由业主承担,这种格局符合风险合理分担与责权关系对等的原则。

(4)有利于企业精心控制成本,促进企业建立自己的定额库。中标后,中标企业可以根据中标价以及投标文件中的承诺,通过对单位工程成本、利润进行分析,统筹考虑,精心选择施工方案,逐步建立企业自己的定额库,通过在施工过程中不断调整、优化组合,合理控制现场费用和施工技术措施费用等,不断促进企业自身的发展和进步。

(5)有利于控制工程索赔。在传统的招标方式中,低价中标,高价索赔的现象屡见不鲜,其中,设计变更、现场签证、技术措施费用及价格是索赔的主要内容。工程量清单计价招标中,由于单项工程的综合单价不因施工数量变化、施工难易程度、施工技术措施差异、取费等变化而调整,大大减少了施工单位不合理索赔的可能。

14. 园林绿化工程的招标内容有哪些?

园林绿化工程招标一般包括招标准备、招标邀请、发售招标文件、现场勘察、标前会议、投标、开标、评标、定标、签约等内容。

15. 园林绿化工程招标公告的内容有哪些?

我国规定,依法应当公开招标的园林绿化工程,必须在主管部门指定的媒介上发布招标公告。招标公告的发布应当充分公开,任何单位和个人不得非法限制招标公告的发布地点和发布范围。指定媒介发布依法必须发布的招标公告,不得收取费用。

园林绿化工程招标公告的内容见表 7-2。

表 7-2　　　　　　　　园林绿化工程招标公告的内容

序号	内容
1	招标人名称、地址、联系人姓名、电话,委托代理机构进行招标的,应注明该机构的名称和地址
2	园林绿化工程情况简介,包括项目名称、建设规模、工程地点、质量要求、工期要求
3	承包方式,材料、设备供应方式
4	对投标人资质的要求及应提供的有关文件
5	招标日期安排

续表

序号	内 容
6	招标文件的获取办法,包括发售招标文件的地点、文件的售价及开始和截止出售的时间
7	其他要说明的问题。依法实行邀请招标的工程项目,应由招标人或其委托的招标代理机构向拟邀请的投标人发送邀请书。邀请书的内容与招标公告大同小异

16. 什么是资格预审?资格预审的程序是怎样的?

资格预审指对大型或复杂的土建工程或成套设备,在正式组织招标以前,对供应商的资格和能力进行的预先审查。

资格预审的程序为:发出资格预审公告——→发出资格预审文件——→评审资格预审文件。

17. 资格预审文件由哪些部分组成?

资格预审文件通常由资格预审须知和资格预审表两部分组成。

(1)资格预审须知。资格预审须知的内容一般为:比招标广告更详细的工程概况说明,资格预审的强制性条件,发包的工作范围,申请人应提供的有关证明和材料。

(2)资格预审表。资格预审表是招标单位根据发包工作内容特点,对投标单位资质条件、实施能力、技术水平、商业信誉等方面的情况进行全面了解,以应答式表格形式给出的调查文件。资格预审表中开列的内容应能反映投标单位的综合素质。

18. 评审资格预审文件的方法有哪些?

对各申请投标人填报的资格预审文件评定时,大多采用加权打分法,其方法步骤如下:

(1)依据工程项目特点和发包工作的性质,划分出评审的几大方面,如资质条件、人员能力、设备和技术能力、财务状况、工程经验、企业信誉等,并分别给予不同的权重。

(2)针对各方面再细划分评定内容和分项打分标准。

(3)按照规定的原则和方法逐个对资格预审文件进行评定和打分,确定各投标人的综合素质得分。为了避免出现投标人在资格预审表中出现夸大事实的情况,有必要时还可以对其已实施过的园林绿化工程进行现场调查。

(4)确定投标人短名单。依据投标申请人的得分排序,以及预定的邀请投标人数目,从高分向低分录取。

19. 资格预审的要求有哪些?

(1)具有独立订立合同与履行合同的权利及能力。

(2)状态不是处于责令停业、资格取消、破产冻结、财产接管等。

(3)在最近三年中无骗取中标等严重违约问题。

20. 什么是资格后审?

园林绿化工程招标资格后审也称复审,是指在确定中标后,对中标人是否有能力履行合同义务进行最终审查。

一般要求投标人应向招标人提供营业执照、资质证书和法人代表资格证;近3年完成工程的业绩、正实施的项目、受到过奖励的资料等证明文件和相关资料。

21. 公开招标的投标邀请书与邀请招标的投标邀请书有何区别?

(1)公开招标的投标邀请书是在投标资格预审合格后发出的,也可以投标资格预审合格通知书的形式代替。但投标邀请书及投标资格预审通知书都须简单复述招标公告的内容,并突出关于获取招标文件的办法。

(2)邀请招标的投标邀请书对项目的描述要详细、准确,保证有必要的信息量,以利于被邀请人决定是否购买招标文件,参加竞争。

22. 招标文件的发售有哪些要求?

(1)在需要资格预审的招标中,招标文件只发售给资格合格的承包商。在不拟进行资格预审的招标中,招标文件可发给对招标通告作出反应并有兴趣参加投标的所有承包商。

(2)在招标通告上要清楚地规定发售招标文件的地点、起止时间以及发售招标文件的费用。对发售招标文件的时间,要相应规定得长一些,以使投标者有足够的时间获得招标文件。根据世界银行的要求,发售招标文件的时间可延长到投标截止时间。

(3)在招标文件收费的情况下,招标文件的价格应定得合理,一般只收成本费,以免投标者因价格过高失去购买招标文件的兴趣。

(4)要做好购买记录,内容包括购买招标文件承包商的详细名称、地址、电话、招标文件编号、招标号等,目的是为了便于掌握购买招标文件的承包商的情况,便于将购买招标文件的承包商与日后投标承包商进行对照。对于未购买招标文件的投标者,将取消其投标。同时,便于在需要时与投标者进行联系,如在对招标文件进行修改时,能够将修改文件准确、及时地发给购买招标文件的承包商。

投标人收到招标文件,核对无误后需以书面形式确认。若遇到有疑问的地方,应在规定的时间里以书面形式要求招标人作澄清解释。对已发出的招标文件进行澄清或修改的,招标人应当在招标文件要求提交投标文件截止时间至少15日前以书面形式通知所有招标文件收受人。

23. 园林绿化工程招标文件由哪些内容组成?

(1)招标公告(或投标邀请书)。

(2)投标人须知及须知前附表。

(3)评标办法。

(4)合同条款及格式。

(5)工程量清单。

(6)图纸。

(7)技术标准和要求。

(8)投标文件格式。

(9)投标人须知前附表规定的其他材料。

24. 招标文件的澄清应注意哪些问题？

(1)投标人应仔细阅读和检查招标文件的全部内容。如发现缺页或附件不全，应及时向招标人提出，以便补齐。如有疑问，应在投标人须知前附表规定的时间前以书面形式（包括信函、电报、传真等可以有形地表现所载内容的形式），要求招标人对招标文件予以澄清。

(2)招标文件的澄清将在投标人须知前附表规定的投标截止时间15天前以书面形式发给所有购买招标文件的投标人，但不能说明澄清问题的来源。如果澄清发出的时间距投标截止时间不足规定时间，应相应延迟投标截止时间。

(3)投标人在收到澄清后，应在投标人须知前附表规定的时间内以书面形式通知招标人，确认已收到该澄清。

25. 如何进行招标文件的修改？

(1)在投标截止时间前，招标人可以书面形式修改招标文件，并通知所有已购买招标文件的投标人。如果修改招标文件的时间距投标截止时间不足时，相应延长投标截止时间。

(2)投标人收到修改内容后，应在投标人须知前附表规定的时间内以书面形式通知招标人，确认已收到该修改。

(3)招标文件的澄清、修改、补充等内容均以书面形式明确的内容为准。当招标文件、招标文件的澄清、修改、补充等在同一内容的表述上不一致时，以最后发出的书面文件为准。

(4)为使投标人在编制投标文件时有充分的时间对招标文件的澄清、修改、补充等内容进行研究，招标人将酌情延长提交投标文件的截止时间，具体时间将在招标文件的修改、补充通知中予以明确。

26. 园林绿化工程招标文件的编制原则是什么？

(1)遵守法律、法规、规章和有关方针、政策的规定，符合有关贷款组织的合法要求。保证招标文件的合法性。

(2)建设单位和建设项目必须具备招标条件。

(3)应公正、合理地处理业主和承包商之间的关系,保护双方的利益。
(4)正确、详尽地反映项目的客观、真实情况。
(5)招标文件各部分的内容要力求统一,避免各份文件之间有矛盾。

27. 园林绿化工程招标文件的作用是什么?

园林绿化工程招标文件是投标人准备投标文件和参加投标的依据;是招标投标活动当事人的行为准则和评标的重要依据;是招标人和投标人签订合同的基础。

28. 什么是园林建设全过程发包承包?

园林绿化工程建设全过程发包承包也叫统包、一揽子承包、交钥匙合同。发包人(建设单位)一般只要提出使用要求、竣工期限或对其他重大决策性问题作出决定,承包人就可对项目筹划、可行性研究、勘察、设计、材料订货、设备询价与选购、建造安装、装饰装修、职工培训、竣工验收,直到投产使用和建设后评估等全过程,实行全面总承包,并负责对各项分包任务和必要时被吸收参与园林绿化工程建设有关工作的发包人的部分力量,进行统一的组织、协调和管理。园林绿化建设全过程承包主要适用于各种大中型建设项目。

29. 什么是园林绿化阶段发包承包?

园林绿化工程阶段发包承包是指发包人、承包人就园林绿化工程建设过程中某一阶段或某些阶段的工作,如勘察、设计或施工、材料设备供应等进行发包承包。必须注意,阶段发包承包不是就建设全过程的全部工作进行发包承包,而是就其中的一个或几个阶段的全部或部分工程任务进行发包承包。

30. 什么是园林绿化工程专项发包承包?

园林绿化工程专项发包承包是指发包人、承包人就园林绿化工程建设阶段中的一个或几个专门项目进行发包承包。

31. 什么是园林绿化工程总承包？

总承包简称总包，是指发包人将一个园林绿化工程项目建设全过程或其中某个或某几个阶段的全部工作，发包给一个承包人承包，该承包人可以将自己承包范围内的若干专业性工作，再分包给不同的专业承包人去完成，并统一协调和监督他们的工作，各专业承包人只同这个承包人发生直接关系，不与发包人（建设单位）发生直接关系。

32. 什么是园林绿化工程分承包？

分承包简称分包，是相对于总承包而言的，指从总承包人承包范围内分包某一分项园林绿化工程。如土方、绿化、水电等工程，或某种专业工程，分承包人不与发包人（建设单位）发生直接关系，而只对总承包人负责，在现场上由承包人统筹安排其活动。分承包主要有以下两种情形：

（1）总承包合同约定的分包，总承包人可以直接选择分包人，并与其订立分包合同。

（2）总承包合同未约定的分包，需经发包人认可后总承包人方可选择分包人，并与其订立分包合同。

33. 什么是园林绿化工程直接承包？

直接承包是指不同的承包人在同一园林绿化工程项目上，分别与发包人（建设单位）签订承包合同，各自直接对发包人负责。各承包商之间不存在总承包、分承包的关系，现场上的协调工作由发包人自己去做，或由发包人委托一个承包商牵头去做，也可聘请专门的项目经理去做。

34. 园林绿化工程分标的原则是什么？

园林绿化工程可以分标，但又不能随意分标。在目前的园林绿化工程招标发包实践中，任意分解工程发包的现象比较突出。因此，分标时必须坚持不分解工程的原则，注意保持工程的整体性和专业性。

35. 园林绿化工程分标考虑的因素有哪些？

招标项目需要划分标段的，招标人应当合理划分标段。通常在分标时应综合考虑以下几个主要因素：

(1)园林绿化工程的特点。如工程建设场地面积大、工程量大、有特殊技术要求、管理不善的,可以考虑对工程进行分标。

(2)对园林绿化工程造价的影响。大型、复杂的园林绿化工程项目,一般工期长、投资大、技术难题多,因而对承包商在能力、经验等方面的要求很高。

(3)园林绿化工程资金的安排情况。建设资金的安排,对园林绿化工程进度有重要影响。

(4)对工程管理上的要求。现场管理和园林绿化工程各部分的衔接,也是分标时应考虑的一个因素。

36. 什么是招标控制价?

招标控制价是招标人根据国家或省级、行业建设主管部门颁发的有关计价依据和办法,按设计施工图纸计算的,对招标工程限定的最高工程造价。国有资金投资的工程建设项目应实行工程量清单招标,并应编制招标控制价。

招标控制价的作用体现在以下几方面:

(1)我国对国有资金投资项目投资控制实行的是投资概算审批制度,国有资金投资的工程原则上不能超过批准的投资概算。因此,在工程招标发包时,当编制的招标控制价超过批准的概算,招标人应当将其报原概算审批部门重新审核。

(2)国有资金投资的工程进行招标,根据《中华人民共和国招标投标法》的规定,招标人可以设标底。当招标人不设标底时,为有利于客观、合理的评审投标报价和避免哄抬标价,造成国有资产流失,招标人应编制招标控制价。

(3)国有资金投资的工程,招标人编制并公布的招标控制价相当于招标人的采购预算,同时要求其不能超过批准的概算,因此,招标控制价是招标人在工程招标时能接受投标人报价的最高限价。国有资金中的财政性资金投资的工程在招标时还应符合《中华人民共和国政府采购法》相关条款的规定。如该法第三十六条规定:"在招标采购中,出现下列情形之一的,应予废标……(三)投标人的报价均超过了采购预算,采购人不能支付的。"所以国有资金投资的工程,投标人的投标报价不能高于招标控制价,否则,其投标将被拒绝。

37. 招标控制价的编制依据有哪些?

(1)《建设工程工程量清单计价规范》(GB 50500—2008)。
(2)国家或省级、行业建设主管部门颁发的计价定额和计价办法。
(3)建设工程设计文件及相关资料。
(4)招标文件中的工程量清单及有关要求。
(5)与建设项目相关的标准、规范、技术资料。
(6)工程造价管理机构发布的工程造价信息;工程造价信息没有发布的参照市场价。
(7)其他的相关资料。

38. 编制招标控制价应注意哪些问题?

(1)招标控制价的作用决定了招标控制价不同于标底,无需保密。为体现招标的公平、公正,防止招标人有意抬高或压低工程造价,招标人应在招标文件中如实公布招标控制价,不得对所编制的招标控制价进行上浮或下调。招标人在招标文件中公布招标控制价时,应公布招标控制价各组成部分的详细内容,不得只公布招标控制价总价。同时,招标人应将招标控制价报工程所在地的工程造价管理机构备查。

(2)投标人经复核认为招标人公布的招标控制价未按照《建设工程工程量清单计价规范》(GB 50500—2008)的规定进行编制的,应在开标前5天向招投标监督机构或(和)工程造价管理机构投诉。

招投标监督机构应会同工程造价管理机构对投诉进行处理,发现确有错误的,应责成招标人修改。

39. 编制招标控制价的原则是什么?

(1)招标控制价超过批准的概算时,招标人应将其报原概算审批部门审核。因为我国对国有资金投资项目的投资控制实行的是投资概算控制制度,项目投资原则上不能超过批准的投资概算。因此,在工程招标发包时,当编制的招标控制价超过批准的概算,招标人应当将其报原概算审批

第七章　园林绿化工程招投标

部门重新审核。

(2)投标人的投标报价高于招标控制价的,其投标应予以拒绝。

40. 招标控制价的编制人员具有哪些要求?

招标控制价应由具有编制能力的招标人编制,当招标人不具有编制招标控制价的能力时,可委托具有相应资质的工程造价咨询人编制。工程造价咨询人不得同时接受招标人和投标人对同一工程的招标控制价和投标报价进行编制。

所谓具有相应工程造价咨询资质的工程造价咨询人是指根据《工程造价咨询企业管理办法》(原建设部令第149号)的规定,依法取得工程造价咨询企业资质,并在其资质许可的范围内接受招标人的委托,编制招标控制价的工程造价咨询企业。即取得甲级工程造价咨询资质的咨询人可承担各类建设项目的招标控制价编制,取得乙级(包括乙级暂定)工程造价咨询资质的咨询人,则只能承担5000万元以下的招标控制价的编制。

41. 什么是投标?

投标,是指承建单位依据有关规定和招标单位拟定的招标文件参与竞争,并按照招标文件的要求,在规定的时间内向招标人填报投标书并争取中标,力求与建设工程项目法人单位达成协议的经济法律活动。

42. 投标的作用有哪些?

(1)投标是企业取得工程施工合同的主要途径,投标文件就是对业主发出的要约的承诺。投标人一旦提交了投标文件,就必须在招标文件规定的期限内信守其承诺,不得随意退出投标竞争。

(2)投标是一种法律行为,具有约束作用,投标人必须承担中途反悔撤出的经济和法律责任。

(3)投标是建筑企业经营决策的重要组成部分,是针对招标的工程项目,力求实现投标活动最优化的活动。

43. 投标过程中承包商和投标团队需要哪些人才?

施工企业应设置投标工作机构,以在投标中取胜,方便掌握市场动态信息,积累有关资料;遇招标工程项目,则办理参加投标手续,研究投标报价策略,编制和递交投标文件,参加定标前后的谈判,直至下标后签订合同协议。

为迎接技术和管理方面的挑战,在竞争中取胜,承包商的投标团队的人才类型如下:

(1)专业技术类人才。专业技术类人才是指建筑师、结构工程师、设备工程师等各类专业技术人员,他们应具备熟练的专业技能,丰富的专业知识,能从本公司的实际技术水平出发,制定投标用的专业实施方案。

(2)商务金融类人才。商务金融类人才是指概预算、财务、合同、金融、保函、保险等方面的人才,在国际工程投标竞争中这类人才的作用尤其重要。

(3)经营管理人才。经营管理人才是指制定和贯彻经营方针与规划,负责工作的全面筹划和安排、具有决策能力的人,它包括经理、副经理和总工程师、总经济师等具有决策权的人,以及其他经营管理人才。

44. 投标按其性质可分为哪几类?

(1)风险标。风险标是指明知工程承包难度大、风险大,且技术、设备、资金上都有未解决的问题,但由于队伍窝工,或因为工程盈利丰厚,或为了开拓新技术领域而决定参加投标,同时设法解决存在的问题,即为风险标。投标后,如果问题解决得好,可取得较好的经济效益;可锻炼出一支好的施工队伍,使企业更上一层楼。否则,企业的信誉、利益就会因此受到损害,严重者将导致企业严重亏损甚至破产。

(2)保险标。保险标是指对可以预见的情况从技术、设备、资金等重大问题都有了解决的对策之后再投标,谓之保险标。企业经济实力较弱,经不起失误的打击,则往往投保险标。当前,我国施工企业多数都愿意投保险标,特别是在国际工程承包市场上去投保险标。

45. 投标按其效益可分为哪几类?

(1)盈利标。如果招标工程既是本企业的强项,又是竞争对手的弱项;或建设单位意向明确;或本企业任务饱满,利润丰厚,才考虑让企业超负荷运转,此种情况下的投标,称投盈利标。

(2)保本标。当企业无后继工程,或已出现部分窝工,必须争取投标中标。但招标的工程项目对于本企业又无优势可言,竞争对手又是"强手如林"的局面,此时,宜投保本标,至多投薄利标。

(3)亏损标。亏损标是一种非常手段,一般是在下列情况下采用,即:本企业已大量窝工,严重亏损,若中标后至少可以使部分人工、机械运转、减少亏损;或者为在对手林立的竞争中夺得头标,不惜血本压低标价;或是为了在本企业一统天下的地盘里,挤垮企图插足的竞争对手;或为打入新市场,取得拓宽市场的立足点而压低标价。以上这些,虽然是不正常的,但在激烈的投标竞争中有时也这样做。

46. 投标决策包括哪些内容?

投标决策即是寻找满意的投标方案的过程。其内容主要包括如下三个方面:

(1)针对项目招标决定是投标或是不投标。一定时期内,企业可能同时面临多个项目的投标机会,受施工能力所限,企业不可能实践所有的投标机会,而应在多个项目中进行选择;就某一具体项目而言,从效益的角度看有盈利标、保本标和亏损标,企业需根据项目特点和企业现实状况决定采取何种投标方式,以实现企业的既定目标,诸如:获取盈利,占领市场,树立企业新形象等。

(2)倘若去投标,决定投什么性质的标。按性质划分,投标有风险标和保险标。从经济学的角度看,某项事业的收益水平与其风险程度成正比,企业需在高风险的、可能的高收益与低风险的低收益之间进行抉择。

(3)投标中企业需制定如何采取扬长避短的策略与技巧,达到战胜竞争对手的目的。投标决策是投标活动的首要环节,科学的投标决策是承包商战胜竞争对手,并取得较好的经济效益与社会效益的前提。

47. 投标决策前期阶段指什么?

投标决策的前期阶段必须在购买投标人资格预审资料前后完成。决策的主要依据是招标广告,以及公司对招标工程、业主的情况的调研和了解的程度,如果是国际工程,还包括对工程所在国和工程所在地的调研和了解的程度。前期阶段必须对投标与否做出论证。通常情况下,下列招标项目应放弃投标:

(1) 本施工企业主管和兼营能力之外的项目。

(2) 工程规模、技术要求超过本施工企业技术等级的项目。

(3) 本施工企业生产任务饱满,而招标工程的盈利水平较低或风险较大的项目。

(4) 本施工企业技术等级、信誉、施工水平明显不如竞争对手的项目。

48. 投标决策后期阶段指什么?

投标决策的后期阶段是指从申报资格预审至投标报价(封送投标书)前完成的决策研究阶段。主要研究倘若去投标,是投什么性质的标,以及在投标中采取的策略问题。

49. 常见的投标策略有哪几种?

(1) 靠经营管理水平高取胜。其主要靠做好施工组织设计,采取合理的施工技术和施工机械,精心采购材料、设备、选择可靠的分包单位,安排紧凑的施工进度,力求节省管理费用等,从而有效地降低工程成本而获得较高的利润。

(2) 靠改进设计取胜。仔细研究原设计图纸,发现有不够合理之处,采取能降低造价的措施。

(3) 靠缩短建设工期取胜。采取有效措施,在招标文件要求的工期基础上,再提前若干个月或若干天完工,从而使工程早投产,早收益。这也是吸引业主的一种策略。

(4) 低利政策。其主要适用于承包商任务不足时,与其坐吃山空,不如以低利承包到一些工程,还是有利的。此外,承包商初到一个新的地区,为了打入这个地区承包市场,建立信誉,也往往采用这种策略。

(5) 虽报低价,却着眼于施工索赔,从而得到高额利润。即利用图纸、技术说明书与合同条款中不明确之处寻找索赔机会。一般索赔金额可达标价的 10%~20%。

(6)着眼于发展,为争取将来的优势,而宁愿目前少赚钱。承包商为了掌握某种有发展前途的工程施工技术(如建造核电站的反应堆或海洋工程等),就可能采用这种有远见的策略。

50. 什么是不平衡报价?

不平衡报价指在总价基本确定的前提下,如何调整内部各个子项的报价,使其既不影响总报价,又可以使投标人在中标后可尽早收回垫支于园林绿化工程中的资金并获取较好的经济效益。

51. 哪些情况适合不平衡报价?

(1)对能早期结账收回工程款的项目(如土方、基础等)的单价可报以较高价,以利于资金周转;对后期项目(如装饰、电气设备安装等)单价可适当降低。

(2)估计今后工程量可能增加的项目,其单价可提高,而工程量可能减少的项目,其单价可降低。

对于工程量数量有错误的早期园林绿化工程,如不可能完成工程量表中的数量,则不能盲目抬高单价,需要具体分析后再确定。

(3)园林图纸内容不明确或有错误,估计修改后工程量要增加的,其单价可提高;而工程内容不明确的,其单价可降低。

(4)暂定项目又叫任意项目或选择项目,对这类项目要作具体分析。因为这一类项目要开工后由发包人研究决定是否实施,由哪一家承包人实施。如果工程不分标,只由一家承包人施工,则其中肯定要做的单价可高些,不一定要做的则应低些。如果工程分标,该暂定项目也可能由其他承包人施工时,则不宜报高价,以免抬高总报价。

(5)单价包干混合制合同中,发包人要求有些项目采用包干报价时,宜报高价。一则这类项目多半有风险,二则这类项目在完成后可全部按报价结账,即可以全部结算回来。而其余单价项目则可适当降低。

(6)有的招标文件要求投标者对工程量大的项目报"单价分析表",投标时可将单价分析表中的人工费及机械设备费报得较高,而将材料费报得较低。这主要是为了在今后补充项目报价时可以参考选用"单价分析表"中的较高的人工费和机械设备费,而材料则往往采用市场价,因而可获得较高的收益。

(7)在议标时,承包人一般都要压低标价。这时应该首先压低那些园林绿化工程量小的单价,这样即使压低了很多个单价,总的标价也不会降低很多,而给发包人的感觉却是工程量清单上的单价大幅度下降,承包人很有让利的诚意。

(8)如果是单纯报计日工或计台班机械单价,则可以高些,以便在日后发包人用工或使用机械时可多盈利。但如果计日工表中有一个假定的"名义工程量"时,则需要具体分析是否报高价,以免抬高总报价。总之,要分析发包人在开工后可能使用的计日工数量,然后确定报价技巧。

52. 怎样进行计日工报价?

分析业主在开工后可能使用的计日工数量确定报价方针。较多时则可适当提高,可能很少时,则下降。另外,如果是单纯报计日工的报价,可适当报高,如果关系到总价水平则不宜提高。

53. 什么是多方案报价法?

有时招标文件中规定,可以提一个建议方案;或对于一些招标文件,如果发现园林绿化工程范围不很明确,条款不清楚或很不公正,或技术规范要求过于苛刻时,则要在充分估计风险的基础上,按多方案报价法处理。即先按原招标文件报一个价,然后再提出如果某条款作某些变动,报价可降低的额度。这样可以降低总价,吸引发包人。

投标者这时应组织一批有经验的设计和园林施工工程师,对原招标文件的设计和园林施工方案仔细研究,提出更理想的方案以吸引发包人,促成自己的方案中标。这种新的建议可以降低总造价或提前竣工或使工程运用更合理,但要注意的是对原招标方案一定也要报价,以供发包人比较。

增加建议方案时,不要将方案写得太具体,保留方案的技术关键,防止发包人将此方案交给其他承包人。同时要强调的是,建议方案一定要比较成熟,或过去有这方面的实践经验。因为投标时间往往较短,如果仅为中标而提出一些没有把握的建议方案,可能引起很多后患。

54. 什么是突然袭击法报价?

由于投标竞争激烈,为迷惑对方,有意泄露一些假情报。如不打算参加投标,或准备投高标,表现出无利可图不干等假象,到投标截止之前几个小时,突然前往投标,并压低投标价,从而使对手措手不及而失败。

55. 什么是低投标价夺标法?

此种方法是非常情况下采用的非常手段。比如企业大量窝工,为减少亏损;或为打入某一建筑市场;或为挤走竞争对手,保住自己的地盘,于是制定了严重亏损标,力争夺标。若企业无经济实力,信誉不佳,此法也不一定会奏效。

56. 什么是先亏后盈法?

对大型分期建设工程,在第一期工程投标时,可以将部分间接费分摊到第二期工程中去,少计算利润以争取中标。这样在第二期工程投标时,凭借第一期工程的经验、临时设施以及创立的信誉,比较容易拿到第二期工程。但第二期工程遥遥无期时,则不宜这样考虑,以免承担过高的风险。

57. 什么是开口升级法?

把报价视为协商过程,把园林绿化工程中某项造价高的特殊工作内容从报价中减掉,使报价成为竞争对手无法相比的"低价"。利用这种"低价"来吸引发包人,从而取得了与发包人进一步商谈的机会,在商谈过程中逐步提高价格。当发包人明白过来当初的"低价"实际上是个钓饵时,往往已经在时间上处于谈判弱势,丧失了与其他承包人谈判的机会。利用这种方法时,要特别注意在最初的报价中说明某项工作的缺项,否则可能会弄巧成拙,真的以"低价"中标。

58. 什么是联合保标法?

在竞争对手众多的情况下,可以采取几家实力雄厚的承包商联合起来的方法来控制标价，一家出面争取中标，再将其中部分项目转让给其他承包商二包，或轮流相互保标。但此种报价方法实行起来难度较大，一方面要注意到联合保标几家公司间的利益均衡，又要保密；否则一旦被业主发现，有取消投标资格的可能。

59. 什么是投标有效期？

投标有效期是指从投标截止之日起到公布中标之日为止的一段时间。有效期的长短根据工程的大小、繁简而定。按照国际惯例，一般为90～120天，我国在施工招标管理办法中规定10～30天，投标有效期是要保证招标单位有足够的时间对全部投标进行比较和评价。如世界银行贷款项目需考虑报世界银行审查和报送上级部门批准的时间。

60. 投标文件编制的一般要求是什么？

(1)投标人编制投标文件时必须使用招标文件提供的投标文件表格格式，但表格可以按同样格式扩展。投标保证金、履约保证金的方式，按招标文件有关条款的规定可以选择。投标人根据招标文件的要求和条件填写投标文件的空格时，凡要求填写的空格都必须填写，不得空着不填，否则，即被视为放弃意见。实质性的项目或数字如工期、质量等级、价格等未填写的，将被为无效或作废的投标文件处理。将投标文件按规定的日期送交招标人，等待开标、决标。

(2)应当编制的投标文件"正本"仅一份，"副本"则按招标文件前附表所述的份数提供，同时要在标书封面标明"投标文件正本"和"投标文件副本"字样。投标文件正本和副本如有不一致之处，以正本为准。

(3)投标文件正本和副本均应使用不能擦去的墨水打印或书写，各种投标文件的填写字迹都要清晰、端正，补充设计图纸要整洁、美观。

(4)所有投标文件均由投标人的法定代表人签署、加盖印鉴，并加盖法人单位公章。

(5)填报投标文件应反复校核，保证分项和汇总计算均无错误。全套投标文件均应无涂改和行间插字，除非这些删改是根据招标人的要求进行的，或者是投标人造成的必须修改的错误。修改处应由投标文件签字人签字证明并加盖印鉴。

(6)如招标文件规定投标保证金为合同总价的某百分比时,开投标保函不要太早,以防泄漏己方报价。但有的投标商提前开出并故意加大保函金额,以麻痹竞争对手的情况也是存在的。

(7)投标人应将投标文件的技术标和商务标分别密封在内层包封,再密封在一个外层包封中,并在内封上标明"技术标"和"商务标"。标书包封的封口处都必须加贴封条,封条贴缝应全部加盖密封章或法人章。内层和外层包封都应由投标人的法定代表人签署、加盖印鉴,并加盖法人单位公章。内层和外层包封都应写明投标人名称和地址、工程名称、招标编号,并注明开标时间以前不得开封。在内层和外层包封上还应写明投标人的名称与地址、邮政编码,以便投标出现逾期送达时能原封退回。如果内外层包封没有按上述规定密封并加写标志,投标文件将被拒绝,并退还给投标人。投标文件应按时递交至招标文件前附表所述的单位和地址。

(8)投标文件的打印应力求整洁、悦目,避免评标专家产生反感。投标文件的装订也要力求精美,使评标专家从侧面产生对投标人企业实力的认可。

61. 技术标的编制应注意哪些问题?

技术标的重要组成部分是施工组织设计,虽然二者在内容上是一致的,但在编制要求上却有一定差别。施工组织设计的编制一般注重管理人员和操作人员对规定和要求的理解和掌握。

(1)针对性。在评标过程中,常常会发现为了使标书比较"上规模",以体现投标人的水平,投标人往往把技术标做得很厚。而其中的内容往往都是对规范标准的成篇引用,或对其他项目标书的成篇抄袭,因而使标书毫无针对性。该有的内容没有,无需有的内容却充斥标书。这样的标书容易引起评标专家的反感,最终导致技术标严重失分。

(2)全面性。对技术标的评分标准一般都分为许多项目,这些项目都分别被赋予一定的评分分值。这就意味着这些项目不能发生缺项,一旦发生缺项,该项目就可能被评为零分,这样中标概率将会大大降低。

(3)先进性。技术标要获得高分,一般来说也不容易。没有技术亮点,没有特别吸引招标人的技术方案,是不大可能得高分的。因此,标书编制时,投标人应仔细分析招标人的热衷点,在这些点上采用先进的技术、设备、材料或工艺,使标书对招标人和评标专家产生更强的吸引力。

(4)可行性。技术标的内容最终都是要付诸实施的,因此,技术标应有较强的可行性。为了突出技术标的先进性,盲目提出不切实际的施工方案、设备计划,都会给今后的具体实施带来困难,甚至导致建设单位或监理工程师提出违约指控。

(5)经济性。投标人参加投标承揽业务的最终目的都是为了获取最大的经济利益,而施工方案的经济性,直接关系到投标人的效益,因此必须十分慎重。另外,施工方案也是投标报价的一个重要影响因素,经济合理的施工方案能降低投标报价,使报价更具竞争力。

62. 投标有效期能否进行延长?

投标有效期一般不应该延长,但在某些特殊情况下,招标单位要求延长投标有效期是可以的,但必须征得投标者的同意。投标者有权拒绝延长投标有效期,业主不能因此而没收其投标保证金。同意延长投标有效期的投标者不得要求在此期间修改其投标书,而且投标者必须同时相应延长其投标保证金的有效期,对于投标保证金的各有关规定在延长期内同样有效。

63. 开标的程序是怎样的?

开标由招标人主持,邀请所有投标人参加。开标时,要当众宣读投标人名称、投标价格、有无撤标情况以及招标单位认为其他合适的内容。开标一般应按照下列程序进行:

(1)检查投标人(或投标授权人)的合法性。

(2)检查投标文件的密封程度的有效性。

(3)根据投标文件送达的时间按先到后开、后到先开的次序开标,投标人宣读标书(监理投标简况表)。

(4)招标代理机构将投标书主要内容登记在册,并由投标人签字认定无误后开标结束。

64. 哪些情况可视为招标文件无效？

投标文件有下列情形之一的将视为无效：

(1)投标文件未按照招标文件的要求予以密封的。

(2)投标文件中的投标函未加盖投标人的企业及企业法定代表人印章的，或者企业法定代表人委托代理人没有合法、有效的委托书（原件）及委托代理人印章的。

(3)投标文件的关键内容字迹模糊、无法辨认的。

(4)投标人未按照招标文件的要求提供投标保函或者投标保证金的。

(5)组成联合体投标的，投标文件未附联合体各方共同投标协议的。

(6)逾期送达。对未按规定送达的投标书，应视为废标，原封退回。但对于因非投标者的过失（因邮政、战争、罢工等原因），而在开标之前未送达的，投标单位可考虑接受该迟到的投标书。

65. 开标的方法是怎样的？

(1)开标时，招标代理机构应与投标人代表共同检查投标文件的密封完整性，并签字确认。

(2)根据招标文件要求，招标代理机构启封核查投标人提交的证件和资料，并审查投标文件的完整性、文件的签署、投标保证金等，但是对于提交了"撤回通知"的投标文件和逾期送达的投标文件不予启封。唱标时应做好开标记录，并请公证人签字确认。

66. 评标委员会是怎样组成的？

评标委员会由5人以上的单数组成，其中，技术经济方面的专家不得少于成员总数的2/3。有关技术、经济方面的专家应当由招标人从国家有关部门或者省、自治区、直辖市人民政府有关部门提供的专家名册或招标代理机构的专家库内随机抽取。对技术特别复杂、专业性要求特别高或国家有特别要求的项目，可由招标人直接确定。评标委员会成员的名单应在开标会前确定，且应当在整个中标结果确定前予以保密。

67. 评标的基本原则是什么？

(1) 平等竞争，机会均等。制定评标定标办法要对各投标人一视同仁，在评标定标的实际操作和决策过程中，要用一个标准衡量，保证投标人能平等地参加竞争。对投标人来说，在评标定标办法中不存在对某一方有利或不利的条款，大家在定标结果正式出来之前，中标的机会是均等的，不允许针对某一特定的投标人在某一方面的优势或弱势而在评标定标具体条款中带有倾向性。

(2) 客观公正、科学合理。对投标文件的评价、比较和分析，要客观公正，不以主观好恶为标准，不带成见，真正在投标文件的响应性、技术性、经济性等方面评出客观的差别和优劣。采用的评标定标方法，对评审指标的设置和评分标准的具体划分，都要在充分考虑招标项目的具体特点和招标人的合理意愿的基础上，尽量避免和减少人为因素，做到客观公正、科学合理。

(3) 实事求是，择优定标。对投标文件的评审，要从实际出发，实事求是。评标定标活动既要全面，又要有重点，不能泛泛进行。

68. 什么是综合评议推荐法评标？

综合评议推荐法是经过评标委员会各成员对每份投标书按照规定的评审要素进行充分的讨论、评议和比较，并提出书面评标意见。

评标时，一般要考虑以下因素：

(1) 总监理工程师、监理组成员的基本情况。
(2) 工程监理大纲与管理措施。
(3) 测量与试验的措施。
(4) 监理费用的报价。
(5) 监理单位的业绩与信誉、监理单位近期承接的监理任务情况。

此种评标的方法较为简单，对于工程技术要求不高、难度低、规模较小的项目较为简捷，对工程设计工作尚未完成的项目较为适用。

69. 什么是评分法评标？

评分法是对招标文件中所载明的各项评审要素按其重要性分别确定其各项分值，由评委按各投标文件对每个评审要素的阐述情况相比较作逐项打分，并计算出各评委评定的总分，然后综合各评委所打出的分值取其平均值，将算出的平均分数自大到小排列名次，应当由高分者中标。

70. 初步评审包括哪些内容？

初步评审包括符合性评审、技术性评审和商务性评审。

71. 什么是符合性评审？

符合性评审，包括商务符合性评审和技术符合性鉴定。投标文件应实质性响应招标文件的所有条款、条件，无显著差异和保留。所谓显著差异和保留包括以下情况：对工程的范围、质量以及使用性能产生实质性影响；对合同中规定的招标单位的权利及投标单位的责任造成实质性限制；而且纠正这种差异或保留，将会对其他实质性响应的投标单位的竞争地位产生不公正的影响。

72. 什么是技术性评审？

技术性评审主要包括对投标人所报的方案或组织设计、关键工序、进度计划，人员和机械设备的配备，技术能力，质量控制措施，临时设施的布置和临时用地情况，施工现场周围环境污染的保护措施等进行评估。

73. 什么是商务性评审？

商务性评审是指对确定为实质上响应招标文件要求的投标文件进行投标报价评估，包括对投标报价进行校核，审查全部报价数据是否有计算上或累计上的算术错误，分析报价构成的合理性。发现报价数据上有算术错误，修改的原则是：如果用数字表示的数额与用文字表示的数额不一致时，以文字数额为准；当单价与工程量的乘积与合价之间不一致时，通常以标出的单价为准，除非评标组织认为有明显的小数点错位，此时应以标出的合价为准，并修改单价。按上述原则调整投标书中的投标报价，经投标人确认同意后，对投标人起约束作用。如果投标人不接受修正后的投标报价，则其投标将被拒绝。

初步评审中，评标委员应当根据招标文件，审查并逐项列出投标文件的全部投标偏差。投标偏差分为重大偏差和细微偏差。出现重大偏差视为未能实质性响应招标文件，作废标处理；细微偏差指实质上响应招标文件要求，但在个别地方存在漏项或者提供了不完整的技术信息和资料等情况，且补正这些遗漏或不完整不会对其他投标人造成不公正的结果。细微偏差不影响投标文件的有效性。

74. 评标中应注意哪些问题？

（1）标价合理。如果采用低的报价中标者，应弄清下列情况，一是是否采用了先进技术确实可以降低造价或有自己的廉价建材采购基地，能保证得到低于市场价的建筑材料，或是在管理上有什么独到的方法；二是了解企业是否出于竞争的长远考虑，在一些非主要工程上让利承包，以便提高企业知名度和占领市场为今后在竞争中获利打下基础。

（2）工期适当。国家规定的建设工程工期定额是建设工期参考标准，对于盲目追求缩短工期的现象要认真分析，是否经济合理。要求提前工期，必须要有可靠的技术措施和经济保证。要注意分析投标企业是否是为了中标而迎合业主无原则要求缩短工期的情况。

（3）要注意尊重业主的自主权。在社会主义市场经济的条件下，特别是在建设项目实行业主负责制的情况下，业主不仅是工程项目的建设者，是投资的使用者，而且也是资金的偿还者。评标组织是业主的参谋，要对业主负责，业主要根据评标组织的评标建议做出决策，这是理所当然的。但是评标组织要防止来自行政主管部门和招标管理部门的干扰。政府行政部门，招投标管理部门应尊重业主的自主权，不应参加评标决标的具体工作，主要从宏观上监督和保证评标决标工作公正，科学，合理，合法，为招投标市场的公平竞争创造一个良好的环境。

75. 评标报告由哪些内容组成？

（1）招标情况。主要包括工程说明，招标过程等。

(2)开标情况。主要有开标时间、地点、参加开标会议人员唱标情况等。

(3)评标情况。主要包括评标委员会的组成及评标委员会人员名单、评标工作的依据及评标内容等。

(4)推荐意见。

(5)附件。主要包括评标委员会人员名单;投标单位资格审查情况表;投标文件符合情况鉴定表;投标报价评比报价表;投标文件质询澄清的问题等。

评标报告批准后,应即向中标单位发出中标函。

参考文献

[1] 张明轩. 园林绿化工程工程量清单计价实施指南[M]. 北京:中国电力出版社,2009.

[2] 张国栋. 一图一算之园林绿化工程造价[M]. 北京:机械工业出版社,2010.

[3] 杜兰芝. 园林绿化工程工程量清单计价全程解析[M]. 长沙:湖南大学出版社,2009.

[4] 朱维益,等. 市政与园林工程预决算手册[M]. 北京:中国建筑工业出版社.2000.